建筑全专业三维识图案例教程

刘　洋　宋隐函　王培竹　王丹菲　主编

中国建筑工业出版社

图书在版编目（CIP）数据

建筑全专业三维识图案例教程／刘洋等主编. —北京：中国建筑工业出版社，2021.3（2022.7 重印）

ISBN 978-7-112-25886-4

Ⅰ．①建⋯　Ⅱ．①刘⋯　Ⅲ．①建筑制图–识图–案例–高等职业教育–教材　Ⅳ．①TU204.21

中国版本图书馆CIP数据核字（2021）第033333号

本书结合高等职业教育新的办学特点和教育理念，以实际工程项目为载体，开展项目化教学，以期实现建筑工程识图在教学与实践之间的无缝衔接。主要内容包括绪论、建筑施工图识读、结构施工图识读、设备施工图识读、室内装饰施工图识读、建筑工程施工图审核、BIM技术在建筑识图中的应用七个项目组成，设计了"相关知识+实例训练+三维模型辅助+学习思考"四步教学结构，每个项目实例训练由实际建筑工程图纸（建筑施工图、结构施工图、设备施工图、装饰施工图、BIM设计模型）贯穿始终，真正实现项目化教学，且部分节点由三维模型辅助教学，更直观生动。学生通过学习，能够实现将基础知识转化为识图能力、纠错能力等综合实务能力。

责任编辑：曹丹丹
策划编辑：徐仲莉
责任校对：张　颖

建筑全专业三维识图案例教程

刘　洋　宋隐函　王培竹　王丹菲　主编

*

中国建筑工业出版社出版、发行（北京海淀三里河路9号）
各地新华书店、建筑书店经销
北京鸿文瀚海文化传媒有限公司制版
北京中科印刷有限公司印刷

*

开本：787毫米×1092毫米　1/16　印张：13¾　字数：335千字
2021年4月第一版　2022年7月第二次印刷
定价：**45.00元**
ISBN 978-7-112-25886-4
（37012）

本书编写委员会

主　编：刘　洋　宋隐函　王培竹　王丹菲

副主编：高文英　杨　岚　高　杰　田　野　延　森

前　言

本书根据教育部对高职高专院校的新要求，结合高等职业教育新的办学特点和教育理念，以实际工程项目为载体，开展项目化教学，教学过程注重学生职业技能训练，培养学生自主学习能力、解决问题能力、独立思考能力，以满足工作岗位需求，真正实现建筑工程识图在教学与实践之间的无缝衔接。本书主要内容包括建筑工程识图综述、建筑施工图识图、结构施工图识图、设备施工图识图、装饰施工图识图、图纸自审和会审以及 BIM 技术在建筑识图中的应用，打破传统理论型教材的教学思维，每个项目教学均结合实例训练，以某高校教学楼建筑工程图纸（建筑施工图，结构施工图，设备施工图，装饰施工图）为实战主线，在基础知识教学的基础上，以工程实例带动学生自主学习，真正实现项目化教学。学生通过学习，能够实现将基础知识转化为识图能力、纠错能力等综合实务能力。

本书编写时对施工图的识图能力标准进行了定位，以职业素质教育为核心，将识图能力分为四个阶段。第一个阶段，掌握识图基本知识；第二个阶段，能够正确识读建筑施工图纸，理解设计意图；第三个阶段，具备独立审校能力，能够对施工图进行审校，发现图纸中的问题，能编写自审记录以备图纸会审时交流讨论；第四个阶段，是施工图识读的提升，能够解决图纸会审时发现的问题或提出修改意见。

本书是沈阳职业技术学院和中冶天工集团有限公司合作完成，教材编写基于学院 CSCI（定制、共享、合作、创新）人才培养模式改革项目，以项目为案例，以教学为依托，以活页讲义为基础。教材内容符合高职教育教学需要，充分体现校企合作理念。

本书适用于高等职业院校土建类各专业教学使用，同时可供相关技术人员参考学习。

书中存在不足之处，敬请读者批评指正。

目　　录

绪 论

单元 1　建筑工程概述

1．建筑工程概述

建筑工程在《中华人民共和国建筑法》中有明确的定义，是指各类房屋建筑及附属设施的建造和与其配套的线路、管道、设备的安装活动。

房屋建筑是指具有屋盖、梁、柱和墙壁，供人们生产、生活等使用的建筑物，包括民用住宅、厂房、仓库、办公楼、影剧院、体育馆、学校宿舍的各类房屋。一幢建筑物一般是由基础、墙体（或柱）、楼地层（或梁）、楼梯、屋顶、门窗六大部分组成。

附属设施是指与房屋建筑配套建造的围墙、水塔等附属的建筑设施。

"配套的线路、管道、设备的安装活动"是指建筑配套的电气、通信、煤气、给水、排水、空气调节、电梯、消防等线路、管道和设备的安装活动。

2．建筑工程图的类别

建筑工程图是以投影原理为基础，按国家制图标准，把建筑工程的形状、大小等准确地表达在平面上的图样，并同时标明建筑工程所用材料以及生产、安装等的要求。建筑工程图是建筑工程建设的技术依据和重要的技术资料。

根据建筑工程建设过程中各个阶段的不同要求，建筑工程图分为方案设计图、建筑工程施工图和建筑工程竣工图。

由于建设过程中各个阶段的任务要求不同，各类图纸所表达的内容、深度和方式也有差别。方案设计图主要是为征求建设单位的意见和供有关主管部门审批；建筑工程施工图是施工单位组织施工的依据；建筑工程竣工图是工程完工后按实际建造情况绘制的图样，作为技术档案存起来，以便于需要的时候查阅。

单元 2　建筑设计

1．建筑设计内容

建筑物的设计包括三方面的内容，即建筑设计、结构设计和设备设计。

（1）建筑设计

在总体规划的前提下，根据建设任务要求和工程技术条件进行房屋的空间组合设计和细部设计，并以建筑设计图的形式表示出来。建筑设计是整个设计工作的先行，常常处于主导地位。随着社会的进步、建设规模越来越大、建筑技术日趋复杂、建筑质量要求越来越高，没有其他设计工种的配合是难以做好建筑设计的。建筑设计一般由建筑师完成。

（2）结构设计

主要任务是通过结构构件的计算和设计，配合建筑设计选择切实可行的结构方案，并用结构设计图表示。结构设计通常由结构工程师完成。

（3）设备设计

指建筑物的给水排水、采暖、通风和电气等方面的设计。这些设计一般是由有关的工程师配合建筑设计完成，并分别以水、暖（或通风空调）、电等设计图表示。

2. 建筑设计程序

（1）设计前的准备

1）熟悉设计任务书

设计任务书包括以下内容：

① 建设项目的总要求、建筑面积以及各种用途之间的面积分配；

② 建设项目的总投资、单方造价，并说明土建费用、设备费用以及道路等室外设施费用；

③ 建设基地范围大小、周围原有建筑物、道路、地段环境的描述，并附有地形测量图；

④ 供电、供水和采暖、空调等设备方面的要求，并附有水源、电源的许可文件；

⑤ 设计期限和项目的进度要求。

2）调查研究

① 访问使用单位对建筑物的要求、调查同类建筑物实际使用情况，进行分析和总结；

② 了解建筑材料供应和结构施工等技术条件；

③ 基地踏勘、根据当地城市建设管理部门所规定的红线进行现场踏勘，了解基地周围建筑环境的现状；

④ 了解当地传统建筑经验和生活习惯。

设计人员应在熟悉设计任务的基础上进行调查研究，为设计阶段做好准备。

（2）建筑设计阶段

一个建筑工程项目，从可行性研究到最终建成，必须经过一系列的过程。

建筑工程设计，是由设计单位根据设计任务书的要求及有关设计资料，如房屋的用途、规模、建筑物所在现场的自然条件、地理情况，以及计算用的数据、建筑艺术风格等多方面的因素设计绘制成图。根据建筑工程的复杂程度，其设计过程分为两阶段设计和三阶段设计两种。两阶段设计包括初步设计和施工图设计，一般情况下按照两阶段设计，对于较大的或技术上较复杂、设计要求高的工程，应在初步设计和施工图设计之间插入一个技术设计阶段。

1）初步设计阶段

这一阶段主要是根据建设单位提出的设计任务和要求，进行调查研究、收集资料、提出设计方案，然后初步绘出草图，有一些要求绘出透视图和制作模型。初步设计的图纸和有关文件只能作为研究和审批使用，不能作为施工的依据。

2）技术设计阶段

这一阶段主要是根据初步设计确定的内容，进一步解决建筑、结构、材料、设备（水、暖、电、通风）上的技术问题，使各工种之间取得统一，达到互相协调配合，为第三阶段施工图设计提供比较详细的资料。

3）施工图设计阶段

建筑工程施工图是建筑工程从设计到建成过程中的一个重要环节。施工图设计主要是为满足工程施工中的各项具体技术要求，提供一切准确可靠的施工依据，包括全套工程图纸和相配套的有关说明。整套施工图纸是设计人员的最终成果，是施工单位进行施工的依据。

单元 3　施工图的编制依据和要求

1. 施工图的编制依据

施工图设计的编制必须贯彻执行国家有关工程建设的政策法规，符合国家（包括行业和地方）现行的建筑工程建设标准、设计规范和制图标准，进行设计工作程序。住房和城乡建设部等实施的制图标准分别为《房屋建筑制图统一标准》GB/T 50001—2017、《总图制图标准》GB/T 50103—2010、《建筑制图标准》GB/T 50104—2010、《建筑结构制图标准》GB/T 50105—2010、《建筑给水排水制图标准》GB/T 50106—2010 和《暖通空调制图标准》GB/T 50114—2010 等标准。建筑电气图采用了国际电工委员会（IEC）《电气简图用图形符号》，国家标准号为 GB/T 4728。这些标准在国际上具有通用性。

施工图设计中应因地制宜地积极推广和使用国家、行业和地方的标准设计，并在图纸总说明或有关图纸说明中注明图集名称与页次。当采用标准设计时，应根据其使用条件正确选用。重复利用其他工程图纸时，要详细了解原图利用的条件和内容，并作必要的核算和修改。

2. 施工图的编制要求

各专业施工图设计文件的编制应满足《建筑工程设计文件编制深度规定》要求。对施工图的要求主要有以下几方面。

（1）设计文件要求

施工图设计根据已批准的初步设计及施工图设计任务书进行编制。其主要内容以图纸为主，应包括：图纸目录、设计总说明（或首页）、图纸、工程预算书等。

施工图设计内容应完整，文字说明、图纸要准确清晰，并应经过严格核审及有关专业会审。施工图完成后必须经本设计技术责任者（设计、制图、校审、主任设计师、主任工程师、室主任、总设计师等）签字，并经有关专业设计人会签认可，方可发图。

（2）施工图深度要求

① 能根据施工图设计编制施工图预算；

② 能根据施工图设计安排材料、设备订货；

③ 能根据施工图设计进行施工和安装；

④ 能根据施工图设计进行工程验收。

单元 4　建筑工程施工图种类和编排顺序

一套房屋建筑施工图按其建筑的复杂程度不同，可以由几张或几十张图纸组成，大型复杂的建筑工程图纸甚至有几百张。建筑工程施工图按专业分工不同，可分为建筑施工图、结构施工图和设备施工图，土建一次装饰装修图包含在建筑施工图内，二次装饰装修的施工图需根据房屋的使用特点和业主的要求由装饰装修公司在建筑工程图的基础上进行装饰设计，并绘制相应的装饰装修施工图。

施工图一般以子项为编排单位。

1. 建筑施工图

建筑施工图主要包括建筑总平面图、各层平面图、各方向立面图、剖面图和建筑施工详图。在图类中以建施 ×× 图标识。

2. 结构施工图

结构施工图包括基础平面图、基础详图、结构平面图、楼梯结构图、结构构件详图及其说明书等。在图类中以结施 ×× 图标识。

3. 给水排水施工图

给水排水施工图主要表明房屋中用水点的布置及其排出的装置。包括设备平面布置图、系统图、施工详图及其说明书等。在图类中以水施 ×× 图标识。

4. 采暖和通风空调施工图

采暖和通风空调施工图主要是为控制室内温度、调节空气，需装置的设备及其线路的图纸。包括平面图、剖面图、系统图、施工详图及其说明书等。在图纸中以暖施 ×× 图或空施 ×× 图标识。

5. 电气设备施工图

电气设备施工图主要说明房屋内电气设备位置、线路走向、总线功率、用线规格和品种等。包括平面图、剖面图、系统图和施工详图及其说明书等。在图类中以电施 ×× 图标识。

各专业的施工图一般包括基本图和详图两部分。基本图表示全局性的内容；详图则表示某些构配件和局部节点构造等详细情况。

如果是以某专业为主体的工程，则应突出该专业的施工图而另外编排。各专业的施工图，应按照图纸内容的主次关系，进行系统地编排。例如，基本图在前，详图在后；总图在前，局部图在后；主要部分在前，次要部分在后；布置图在前，构件图在后等。

单元 5　识图一般方法及步骤

一套完整的建筑工程施工图通常由建筑、结构、给水排水、电气、暖通空调等多个专业的图纸组成。图纸是工程师的通用语言，设计人员通过绘制施工图来表达设计构思和设计意图，而施工人员通过正确地识读施工图理解设计意图，并按图施工，使工程图纸变成工程实物。

对于识读图纸的初学者来说，由于图纸数量和专业较多，且各专业图纸之间相互配合、紧密联系，初学者往往会感到毫无头绪、抓不住要点、分不清主次。如何识读施工图，准确理解设计意图，应注意以下几点：首先应掌握投影原理和熟悉房屋建筑构造、结构构造及常用图例，这是识图读图的前提条件；其次应正确掌握识读图纸的方法和步骤；最后就是需要耐心细致，并结合实践反复练习，不断提高识读图纸的能力。

1. 识读建筑工程施工图的方法

根据经验，可将施工图识读方法归纳为：从下往上、从左往右；由先到后；由粗到细、由大到小；建施图与结施图结合、其他设备施工图参照看。

（1）从下往上、从左往右、从大到小的看图顺序是施工图识读的一般顺序。比较符合看图的习惯，同时也是施工图绘制的先后次序。

（2）由先到后看是指根据施工先后顺序，比如识读结构施工图，从基础、墙柱、楼面到屋面依次看，此顺序基本上也是结施图编排的先后顺序。

（3）由粗到细、由大到小：先粗看一遍，了解工程概况、总体要求等；然后看每张图，熟悉柱网尺寸、平面布置、构件布置等；最后详细看每个构件的详图，熟悉做法。

（4）建施图与结施图结合、其他设备施工图参照看。各专业的施工图是相互配合、紧密联系的。只有结合起来看，才能全面理解整套施工图。

2. 建筑施工图的识读步骤

识读施工图没有捷径可走，必须按部就班、系统阅读，相互参照、反复熟悉，才不致疏漏。

（1）看目录表，了解图纸的组成。

（2）看建施图，了解建筑外形、平面布置、内部构造等。

（3）看结施图，了解建筑物的基础、柱（墙）、梁、板等承重结构情况。

（4）看水施、电施、暖施等设备施工图，了解建筑给水排水、电气、暖通等设备方面的情况。

（5）结施图与建施图相结合，并参照设备施工图，从整体到局部，从局部到整体，系统看图。

项目一　建筑施工图识读

单元 1　建筑施工图概述

　　房屋建筑施工图是按建筑设计要求绘制的、用以指导施工的图纸，是建造房屋的依据。工程技术人员必须能够看懂整套施工图，按图施工，才能体现出房屋的功能用途、外形规模及质量安全。因此，识读和绘制房屋建筑施工图是建筑专业工程技术人员的基本技能。

1. 建筑施工图的基本概念

　　建筑施工图由设计单位根据设计任务书的要求、相关的设计资料、计算数据及建筑艺术等多方面因素设计绘制而成。根据建筑工程的复杂程度，其设计过程分为两阶段设计和三阶段设计两种。一般情况都按两阶段进行设计，对于较大的或技术上较复杂、设计要求较高的工程，会按照三阶段进行设计。两阶段设计包括初步设计和施工图设计两个阶段。

　　（1）初步设计的主要任务

　　初步设计的主要任务是根据建设单位提出的设计任务要求，进行调查研究、搜集资料、提出设计方案。其内容包括必要的工程图纸（如简略的平面图、立面图、剖面图等图样）、设计概算和设计说明等。

　　有时还需要向业主提供建筑效果图、建筑模型及电脑动画效果图，以便直观地反映建筑物的真实情况。方案图需报业主征求意见，并报规划、消防、卫生、交通、人防等相关部门审批。初步设计的工程图纸和相关文件只作为提供方案研究和审批用，不能作为施工的依据。

　　（2）建筑施工图设计的主要任务

　　建筑施工图设计的主要任务是满足工程施工各项具体技术要求，提供一切准确可靠的施工依据，其内容包括工程施工所有专业（即土建、装饰、水暖电等专业）的基本图、详图及其说明书、计算书等。

　　整套施工图纸是设计人员的最终成果，是施工单位进行施工的依据。因此，施工图设计的图纸必须详细完整、前后统一、尺寸齐全、准确无误，符合国家建筑制图标准。

　　为表达出建筑设计的要求，建筑施工图有建筑物的总体布局、外部造型、内部布置、内外装修、细部构造、设备和施工要求等多种图样。施工放样、砌墙、门窗安装、室内外装修及预算的编制和施工组织计划等，都需要建筑施工图提供依据。

2. 建筑施工图的编排顺序

　　为了便于查阅图纸和档案管理、方便施工，一套完整的建筑施工图需要按照一定的顺序进行编排、装订。各专业图在编排时按以下要求进行：

（1）基本图在前，详图在后；

（2）先施工的在前，后施工的在后；

（3）重要的在前，次要的在后。

一套完整的建筑施工图的编排顺序一般为：建筑施工总说明（包括门窗表、构造表）、总平面图、建筑平面图（首层平面图、标准层平面图、顶层平面图、屋顶平面图）、建筑剖面图、建筑立面图（正立面图、背立面图、侧立面图）、建筑详图（厨厕详图、屋顶详图、外墙身详图、楼梯详图、门窗详图、安装节点详图）等。

单元 2　建筑施工图基本知识

1. 建筑施工图的图示

（1）轴线

在施工时要用定位轴线定位放样，因此，凡是承重墙、柱、大梁或屋架等主要承重构件都应画出轴线以确定其位置。对于非承重的隔断墙及其他次要承重构件等，一般不画轴线，仅注明它们与附近轴线的相关尺寸以确定其位置。

定位轴线用细点画线表示，末端画细实线圆，圆的直径为 8 ～ 10 mm，圆心应在定位轴线的延长线上或延长线的折线上，并在圆内注明编号（图 1-1）。水平方向编号采用阿拉伯数字从左到右顺序编写；竖向编号采用大写拉丁字母从下至上顺序编写。拉丁字母中的 I、O、Z 不得用于轴线编号，以免与数字 1、0、2 混淆。如字母数量不够用，可增用双字母或单字母加数字注脚，如 AA，BB…YY 或 A_1，B_1…Y_1。

两轴线之间，有时需要用附加轴线表示，附加轴线用分数编号（图 1-2）。分子表示附加的第几根轴线，分母表示在第几根轴线后附加轴线。如在轴线之前附加轴线，在分母前加 0（图 1-2）。

一个详图适用于多根定位轴线时，应同时注明有关轴线的编号（图 1-3）。

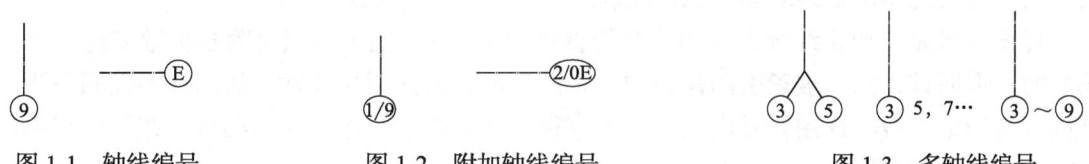

图 1-1　轴线编号　　　　图 1-2　附加轴线编号　　　　图 1-3　多轴线编号

（2）标高

标高用来表示建筑各部位的高度，分为绝对标高和相对标高两种。

绝对标高：把青岛附近黄海的平均海平面定为绝对标高的零点，其他各地标高都以此作为基准。如在总平面图中的室外整平标高为绝对标高，用实心的三角号表示（图 1-4）。

相对标高：在建筑物的施工图上要注明很多标高，如果全部采用绝对标高，不但数字繁琐，而且不容易直接得出各部分的高差。因此除总平面图外，一般都采用相对标高，即把首层室内主要的地坪标高定为相对标高的零点，标注为 ±0.000（图 1-4），而在建筑工程图的总说明中说明相对标高和绝对标高的关系，再根据当地附近的水准点（绝对标高）

测定拟建工程的首层地面标高。

标高符号用细实线画出。短横线是需注高度的界线；长横线之上或之下注出标高数字；小三角形高约 3mm，是等腰直角三角形；标高符号的尖端，应指至被注的高度。在同一图纸上的标高符号，应上下对正，大小相等（图 1-5）。

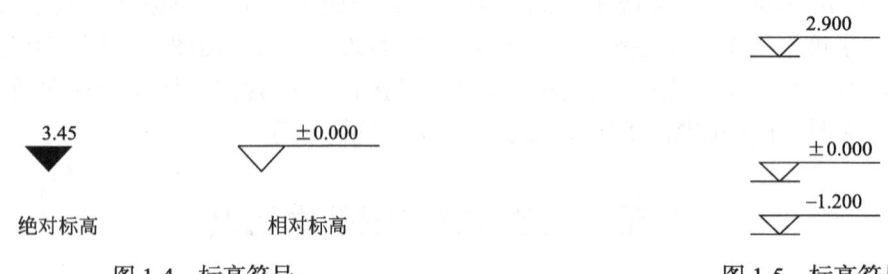

绝对标高	相对标高
图 1-4　标高符号	图 1-5　标高符号

标高数字以 m 为单位，注写到小数点后第三位（在总平面图中可注写到小数点后第二位）。零点标高应注写成 ±0.000，正数标高不注"+"，负数标高应注"−"。例如，3.300、−0.450。

（3）索引、详图符号

施工图中如某一部位或某一构件另有详图，既可画在同一张图纸内，也可画在其他有关的图纸上。为了便于查找，可通过索引符号和详图符号来反映该部位或构件与详图及有关专业图纸之间的关系。

索引符号是用细实线画出来的，圆的直径为 10mm。当索引出的详图与被索引的图在同一张图纸内时，在上半圆中用阿拉伯数字注出该详图的编号，在下半圆中间画一段水平细实线；当索引出的详图与被索引的图不在同一张图纸内时，在下半圆中用阿拉伯数字注出该详图所在图纸的编号；当索引出的详图采用标准图时，在圆的水平直径延长线上加注标准图册编号（图 1-6）。

索引的详图是局部剖面（或断面）详图时，索引符号在引出线的一侧加画一剖切位置线，引出线在剖切位置线的哪一侧，就表示向哪一侧投射（图 1-7）。

详图符号是用粗实线画出来的，圆的直径为 14mm。当圆内只用阿拉伯数字注明详图编号时，说明该详图与被索引图样在同一张图纸内；若详图与被索引的图样不在同一张图纸内，可用细实线在详图符号内画一水平直径，在上半圆中注明详图编号，在下半圆中注明被索引图样的图纸号（图 1-8）。

图 1-6　详图索引	图 1-7　剖切索引	图 1-8　详图编号

（4）其他符号

引出线：建筑物的某些部位需要用文字或详图加以说明时，可用引出线（细实线）从该部位引出。引出线用水平方向的直线，或与水平方向呈 30°、45°、60°、90° 的直线，或经上述角度再折为水平的折线。文字说明可注写在横线的上方，也可注写在横线的端部。索引详图的引出线，应对准索引符号的圆心（图1-9）。

同时引出几个相同部分的引出线可画成平行线，也可画成集中于一点的放射线（图1-10）。

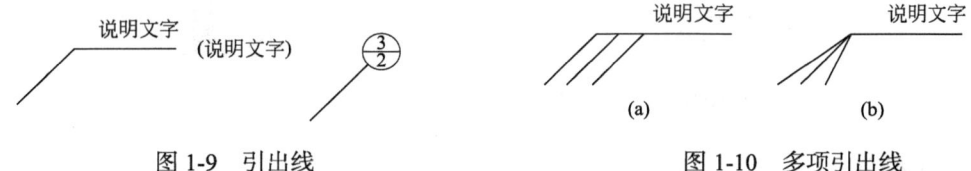

图1-9　引出线　　　　　　　　　图1-10　多项引出线

用于多层构造的共同引出线，应通过被引出的多层构造；文字说明可注写在横线的上方，也可注写在横线的端部。说明的顺序自上至下，与被说明的各层要相互一致。若层次为横向排列，则由上至下的说明顺序要与从左到右的各层相互一致（图1-11）。

对称符号：如果构配件的图形为对称图形，绘图时可画对称图形的一半，并用细点画线画出对称符号（图1-12）。对称符号中平行线的长度为 6～10mm，平行线的间距宜为 2～3mm，平行线在对称线两侧的长度应相等。

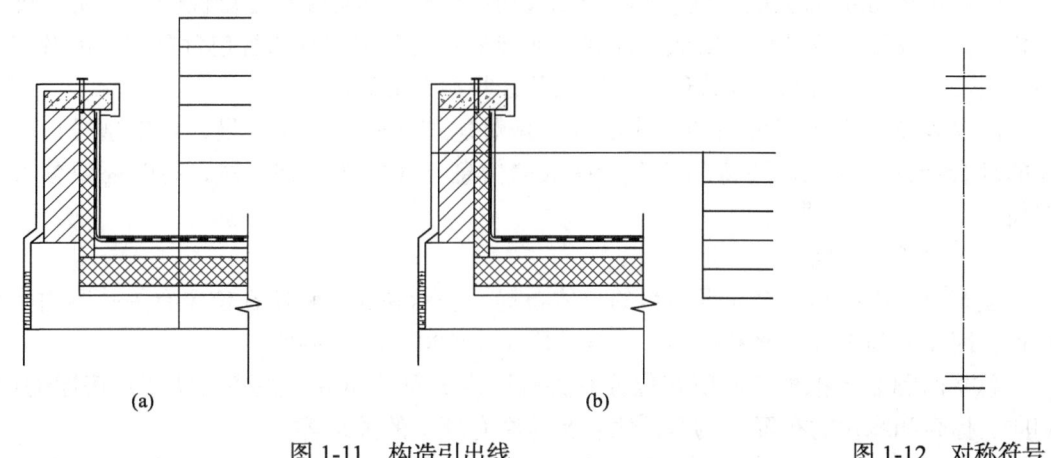

图1-11　构造引出线　　　　　　　　　　图1-12　对称符号

折断线：一个构件如果绘制位置不够，或没有必要画出全部物体，可以只画出一部分，在截断的部位用折断线表示。在折断线两端靠近图样一侧，用大写拉丁字母表示连接编号；两个被连接的图样，必须用相同的字母编号（图1-13）。

指北针：指北针符号的圆用细实线绘制，其直径为24mm，指北针尾部的宽度宜为3mm，指北针头部应注"北"或"N"字（图1-14）。

2. 施工说明和总平面图

（1）施工说明与门窗表

施工说明是设计者的纲领性文件，是建筑物总体、建筑、结构、设备、消防、人防、环境等设计要点的概述。在施工说明中可以了解到建筑单体与总体设计的关系，建筑物的抗震、防火等级、人防要求、交通组织、设计使用年限、各部位可以承担的荷载以及地基

图 1-13　折断线

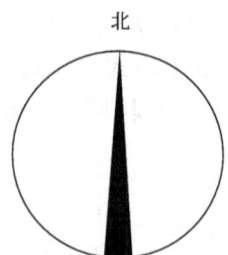

图 1-14　指北针

与基础的做法等。

在施工说明中要着重注明建筑物各部位的做法，它是工程施工和计价的依据。施工说明在具体的图纸中可以分为建筑施工说明、结构施工说明、设备施工说明等。建筑施工说明着重于墙体、内外装修、楼地面、屋面、防潮层、室外做法等内容。结构施工说明着重于结构构件的做法，包括钢筋混凝土结构、钢结构、砌体结构、木结构等构件。在钢筋混凝土结构中着重于构件的材料组成、施工要点、部分节点措施等。设备施工说明主要包括水、电、暖、风等设计理念、材料组成、部分节点措施等。

随着国民经济的发展，施工图的施工说明已与工程项目的可行性研究、初步设计紧密相连，各设计单位已约定俗成，称其为标准格式的条文，其内容包含极广，涉及许多标准、图集、规程，因此工程管理者必须配备这些参考书籍。

门窗表是建筑施工说明的组成部分，是对建筑图中的门窗数量、规格型号、分布情况的综合统计。施工时要将门窗表所反映的信息与大样图仔细核对，有时还要参考相关图集。

（2）建筑总平面图

建筑总平面图是一个建设项目的总体布局，表示新建筑物所在位置有关范围内的平面布置，因此范围较大，比例较小，一般采用 1：500、1：1000。

总平面图表示拟建房屋所在位置有关范围内的总体布局，主要反映新建房屋的位置、朝向、标高和绿化的布置、地形、地貌及与原有环境的关系等。

总平面图能够具体表达新建房屋的周围环境，包括原有建筑、交通道路、绿化、地形等基本情况。总平面图简称总图，在总图中用一条粗虚线来表示用地红线，所有新建（拟建）房屋不得超出此红线并满足消防、日照等规范要求。总图中的建筑密度、容积率、绿地率、建筑占地、停车位、道路布置等应满足设计规范和当地规划局提供的设计要点。

总平面图是新建房屋施工定位、施工放线、土方工程及绘制施工总平面图的依据（图 1-15）。

总平面图包括以下几个基本内容：

① 表明新建区的布置，如放线位置，各建筑物、道路和绿化的布置等。

② 确定新建房屋的位置，一般依据原有建筑物或道路定位，标注定位尺寸。建造成片建筑或大型公共建筑物、厂房等，常采用坐标确定建筑群及道路的位置，地形复杂时还需要画出等高线，或者在地形图上绘制出总平面图。注意，用粗实线画出的图形是新建房

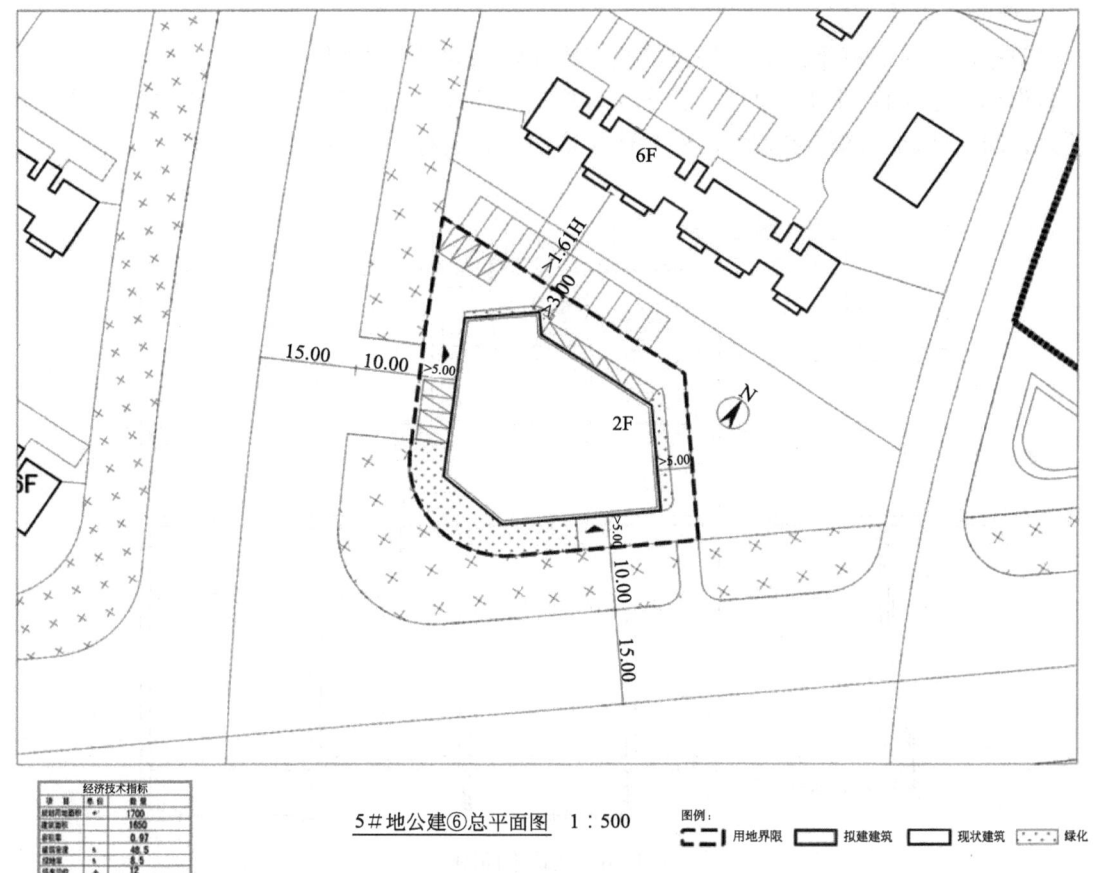

经济技术指标		
项　目	单位	数　量
规划用地面积	m²	1700
建筑面积		1650
容积率		0.97
建筑密度	%	48.5
绿地率	%	8.5
停车总位	个	12

<u>5#地公建⑥总平面图</u>　1∶500

图例：┏━┓用地界限　□拟建建筑　□现状建筑　∴绿化

图 1-15　总平面图

屋的首层平面轮廓，用细实线画出的是原有建筑物，其中四周带"×"的是应拆除的建筑物，用中虚线画出的是计划建造的房屋。

③ 表明新建房屋室内地坪的绝对标高及室外地坪、道路的绝对标高。

④ 表明新建房屋的朝向，一般用指北针表示，有时用风向频率玫瑰图表示。

⑤ 用小黑点表示建筑的层数。

⑥ 表明新建建筑物周围地形地貌情况。

在识别总平面图时，应按照以下顺序：

① 熟悉总平面图的图例，阅读文字说明，以便顺利看图。

② 明确工程项目的性质，这是决定建筑物朝向、建筑规模的依据。

③ 查看拟建工程位置的地形、基地范围，以便研究新建房屋和道路的布置是否合理。

④ 了解新建房屋的室内外高差、道路标高、坡度及排水情况是否适宜，土方填挖量是否经济合理。

⑤ 查找新建房屋定位的依据。

⑥ 有关管线平面是否整齐、合理、经济。

3. 建筑平面图

建筑平面图（简称平面图）是建筑施工中非常重要的基本图。

假设用一水平面剖切平面，沿着房屋各层门、窗洞口处将房屋切开，移去剖切平面以上部分，向下所画的水平剖面图，称为建筑平面图，简称平面图（图1-16）。

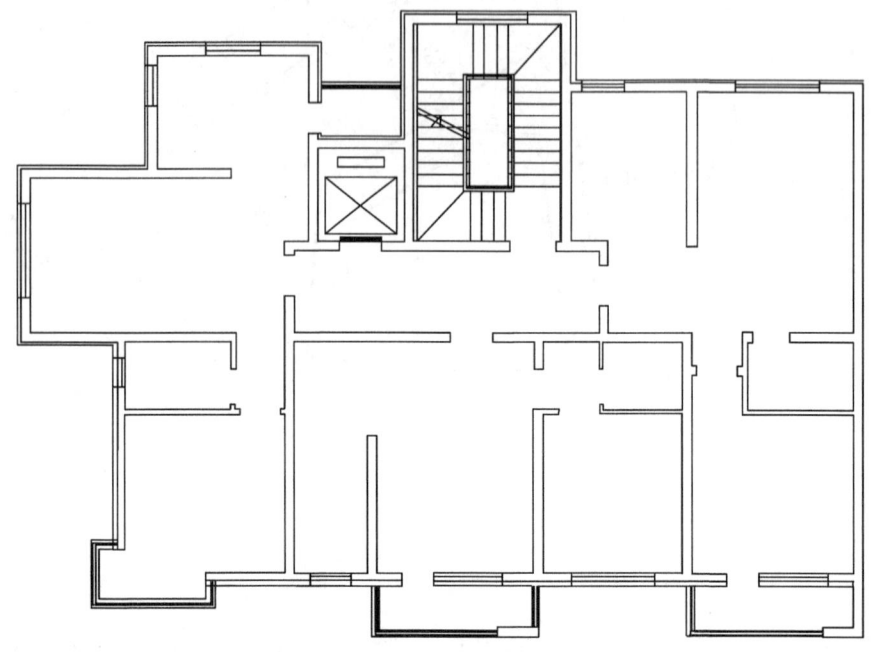

图 1-16　建筑平面图

剖切平面沿房屋首层门、窗洞口剖切，所得到的平面图称为首层平面图。通常楼层房屋应画出各层平面图（称为二层、三层……平面图）。当楼层平面布置相同，或者只有局部不同时，也可只画一个共同的平面图（标准层平面图）；对于局部不同的地方，则另画局部平面图。

平面图是放线、砌筑墙体、安装门窗、室内装修及编制预算、备料等的基本依据。平面图的主要内容包括：图名、比例；纵横定位轴线及其编号；各房间的布置和分隔；墙、柱断面形状和大小；门、窗布置及其型号；楼梯梯段的走向；台阶、花坛、阳台、雨篷等的位置；盥洗间、厕所、厨房等固定设施的布置，以及雨水管、沟等的布置；平面图的轴线尺寸、各建筑构配件的大小尺寸和定位尺寸，以及楼地面的标高、某些坡度及其下坡方向；剖面图的剖切位置线和投射方向及其编号；表示房屋朝向的指北针（仅在首层平面图中表示）；详图索引符号；施工说明等。

（1）首层平面图

在首层平面图中可以看出该建筑物首层的平面形状，各房间的平面布置情况，出入口、走廊、楼梯的位置，各种门、窗的布置等。在厨房、卫生间内还可以看到固定设备及其布置情况。

首层平面图不仅要反映室内情况，还须反映室外可见的台阶、明沟（或散水）、花坛等。

由于首层平面图是首层窗台上方的一个水平剖面图，故楼梯只画出第一个梯段的下半部分楼梯，并按规定用倾斜折断线断开。

为了使图面清晰、主次分明，便于识读，对首层平面的表示方法存在以下规定：

① 定位轴线：凡承重的墙、柱，都必须标注定位轴线，并按规定进行编号。

② 图线：凡被剖切到的墙、柱的断面轮廓用零实线画出（墙、柱轮廓线均不包括粉刷层的厚度，粉刷层在 1 ∶ 100 的平面图中不必画出）；未剖切到的可见轮廓线，如墙身、窗台、梯段等用中粗实线画出；尺寸线、引出线用细实线画出；轴线用细点划线画出。

③ 图例：在平面图中，门、窗均按规定的图例画出，在门、窗图例旁应注明它们的代号（门的代号是 M，窗的代号是 C），对于不同类型的门、窗，应在代号后面写上编号，以示区别。各种门、窗的形式和具体尺寸，可在汇总编制的门、窗表中查对。在 1 ∶ 100 的平面图中，剖切到的砖墙材料图例不必画出（有时为了醒目，在透明描图纸的背后涂红表示），剖切到的钢筋混凝土构件的断面，其材料图例用涂黑表示。

④ 剖切符号与索引符号：建筑剖面图的剖切位置和投射方向，应在首层平面图中用剖切符号表示，并应编号；凡套用标准图集或另有详图表示的构配件、节点，均需画出详图索引符号，以便对照阅读。

⑤ 尺寸标注：上下、左右都对称的建筑平面图形，其外墙尺寸一般注写在平面图形的下方和左侧；如果平面图形不对称，则四周都要标注尺寸。外墙尺寸一般分三道标注：最外面一道是外包尺寸，表示建筑物的总长度和总宽度；中间一道尺寸表示定位轴线间的距离，是房屋的"开间"或"进深"尺寸；最里面的一道尺寸，表示门窗洞口、洞间墙以及墙厚的尺寸。内墙尺寸要标注内墙厚度、内墙上的门窗洞尺寸及门窗洞与墙或柱的定位尺寸。此外还应标注某些局部尺寸，如固定设备的定位尺寸，台阶、花坛、散水等尺寸。在首层平面图中，还应注写室内外地面的标高。

⑥ 朝向：在首层平面图外面，有时还要画出指北针符号，以表明房屋的朝向。

（2）楼层平面图

楼层平面图的图示内容与首层平面图相同。因为室外的台阶、花坛、明沟、散水和雨水管的形状和位置已经在首层平面图中表达清楚了，所以中间各层平面图除要表达本层室内情况外，只需画出本层的室外阳台和下一层室外的雨篷、遮阳板等。此外，由于剖切情况不同，楼层平面图中楼梯间部分表达梯段的情况与首层平面图也不相同。

（3）屋顶平面图

屋顶平面图比较简单，可采用较小的比例绘制。屋顶平面图表明了屋顶的形状，屋面排水方向及坡度，天沟或檐沟的位置，还有女儿墙、屋檐线、雨水管、上人孔及水箱的位置等。

（4）局部平面图

当某些楼层的平面布置图基本相同，仅有局部不同时，则不同的部分可用局部平面图表示。当某些局部布置由于比例较小而固定设备较多，或者内部组合比较复杂时，也可另外绘制较大比例的局部平面图。局部平面图的图示方法与首层平面图相同。为了清楚表明局部平面图所处的位置，必须标注与平面图一致的轴线及其编号。常见的局部平面图有厕所间、盥洗室、楼梯间等。

4. 建筑立面图

建筑立面图（简称立面图）是建筑施工图的基本图之一，其比例应与建筑平面图相同，以便相互对照阅读。

立面图是正投影图。建筑物的各个立面（即外墙面）向平行于它的投影面上投影所得的正投影图，就形成了建筑物的各立面图，也就是一栋房屋的正立面图和侧立面图。

建筑物各立面的名称通常按各立面的朝向来命名，如南立面图、北立面图、东立面图、西立面图。也可按轴线的编号来命名，如1—12立面图、A—G立面图等（图1-17）。对于比较简单的房屋立面图，也可用正立面图、侧立面图等命名。此外，还可在平面图上标注各立面图观看方向的箭头线，并用字母作编号，立面图的名称就以编号来命名，如A立面图、B立面图等。当某些立面图相同时，立面图可省略不画，注明即可。

图 1-17　立面图

建筑立面图是表示建筑物的体型和外貌的图样，并表明外墙装修要求，因此立面图主要为室外装修使用。

（1）立面图的主要内容

① 图名、比例。

② 立面两端的定位轴线及其编号。

③ 门窗的形状、位置及开启方向。

④ 屋顶外形及可能有的水箱位置。

⑤ 窗台、雨篷、阳台、台阶、雨水管、水斗、外墙面勒脚等的形状和位置，注明各部分的材料和外部装饰的做法。

⑥ 标高及必须标注的局部尺寸。

⑦ 详图索引符号。

⑧ 施工说明。

（2）立面图的基本要求

① 表明一栋建筑物的立面形式及外貌。

② 反映立面上门窗的布置、外形及其开启方向。

③ 表示室外台阶、花坛、勒脚、窗台、雨篷、阳台、檐沟、屋顶及雨水管等的位置、立面形状及材料做法。

④ 表明外墙面装饰的做法及分格。

⑤ 用标高及竖向尺寸表示建筑物的总高及各部位的高度。

⑥ 另画详图的部位用详图索引符号标注。

⑦ 用图无法表示的地方，用文字说明。

（3）立面图表示方法的相关规定

① 定位轴线：在立面图中一般只画出两端的轴线及其编号，以便与平面图对照识读。

② 图线：一般立面图的外形轮廓线用粗实线表示；室外地面线用特粗实线绘制；阳台、雨篷、门窗洞、台阶、花坛等轮廓线用中粗实线表示；门窗扇及其分格线、雨水管、墙面引条线、有关说明引出线、尺寸线、尺寸界线和标高等均用细实线表示。

③ 图例及符号：由于立面图的比例较小，所以门窗可按规定图例绘制。有时在立面图中阳台门和部分窗中画有斜的细线，那是门窗开启方向的符号。细实线表示外开，细虚线表示内开，开启线两条斜线的交点表示门窗转轴的位置。凡是门窗型号相同的，只要画其中一个就可以了，其余部分可只画出门窗洞轮廓线。

有关详图索引符号的要求与平面图、剖面图相同。

④ 尺寸标注：在立面图中，一般应在室外地面、室内地面、各层楼面、檐口、窗台、窗顶、雨篷底、阳台面等处注写标高，并沿高度方向注写各部分的高度尺寸。

⑤ 其他规定：平面形状曲折的建筑物，可绘制展开立面图，圆形或多边形平面的建筑物，可分段展开绘制立面图，但均应在图名后加注"展开"二字。较简单的对称式建筑物或对称的构配件等，在不影响构造处理和施工的情况下，立面图可只绘制一半，并在对称轴线处画对称符号。

5. 建筑剖面图

建筑剖面图（简称剖面图）是建筑施工的基本图之一，其比例应与建筑平面图、立面图相同，以便和它们对照阅读，也可将其比例放大。

假设用一个垂直剖切平面把房屋剖开，将观察者与剖切平面之间的部分房屋移走，把留下的部分对与剖切平面平行的投影面作正投影，所得到的正投影图称为建筑剖面图，简称剖面图（图 1-18）。

建筑剖面图简要的表示建筑物内部垂直方向的结构形式、分层情况、内部构造及各部位的高度等。

剖面图的剖切位置应选择在内部结构和构造比较复杂或有代表性的部位，其数量应依据房屋的复杂程度和施工实际需要而定。两层以上的楼房至少要有一个楼梯间的剖面图。剖面图的剖切位置和剖视方向可以从首层平面图中找到。

（1）剖面图的主要内容

① 图名、比例。

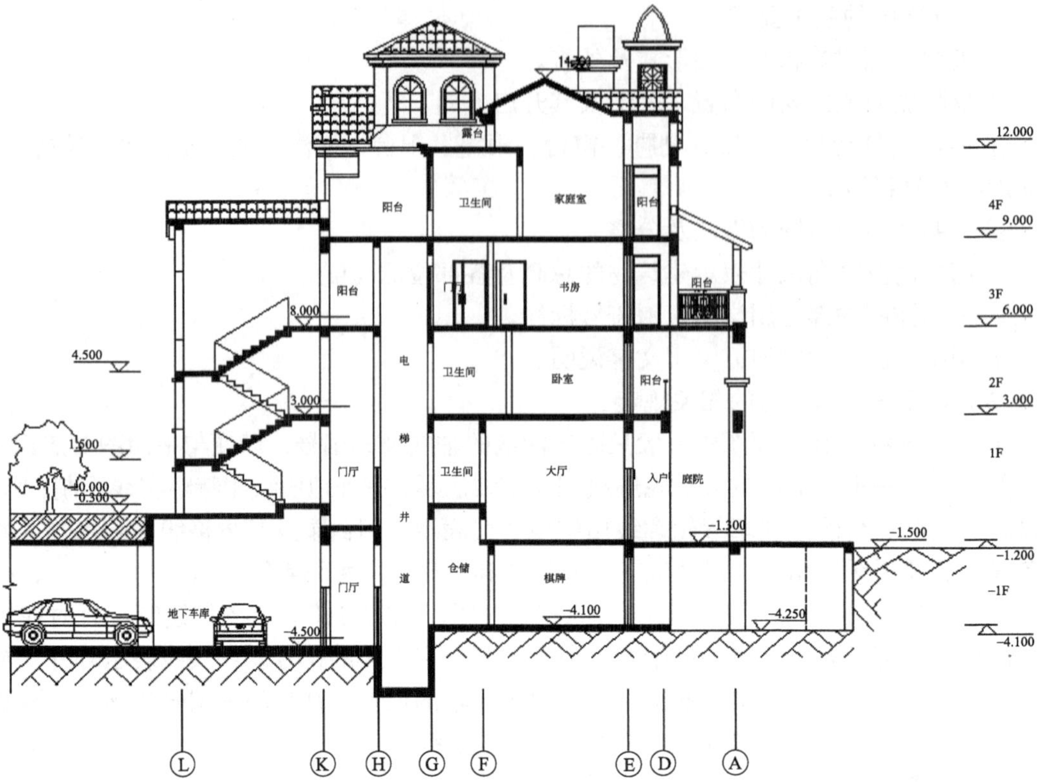

1-1 剖面图 1:200

图 1-18　剖面图

② 定位轴线及其尺寸。

③ 剖切到的屋面（包括隔热层及吊顶）、楼面、室内外地面（包括台阶、明沟及散水等），剖切到的内外墙身及其门、窗（包括过梁、圈梁、防潮层、女儿墙及压顶），剖切到的各种承重梁和连系梁、楼梯梯段及楼梯平台、雨篷及雨篷梁、阳台、走廊等。

④ 未剖切到的可见部分，如可见的楼梯梯段、栏杆扶手、走廊端头的窗，可见的梁、柱，可见的水斗和雨水管，可见的踢脚和室内的各种装饰等。

⑤ 垂直方向的尺寸及标高。

⑥ 详图索引符号。

⑦施工说明等。

（2）剖面图的基本要求

① 表明建筑物从地面到屋面的内部构造及其空间组合情况。

② 用标高和竖向尺寸表示建筑物的总高、层高、各楼层地面的标高、室内外地坪标高及门窗等各部位的高度。

③ 表示建筑物主要承重构件的位置及其相互关系，即各层的梁、柱及墙体的连接关系等。

④ 表示各层楼地面、内墙面、屋顶、顶棚、吊顶、散水、台阶、女儿墙体、压顶等的构造做法。

⑤ 表示屋顶的形式及排水坡度。

⑥ 用详图索引符号表明另画详图的部位、详图编号及所在位置。

⑦ 在剖面图中，除了必须画出被剖切到的构件外，还应画出未剖切到的可见部分（如门窗、楼梯段、楼梯扶手等）。

（3）剖面图表示方法的相关规定

① 定位轴线：剖面图中的定位轴线一般只画出两端的轴线及其编号，以便与平面图对照。

② 图线：室内外地面线用特粗实线表示；剖切到的墙身、楼板、屋面板、楼梯段、楼梯平台等轮廓线用粗实线表示；未剖切到但可见的门窗洞、楼梯段、楼梯扶手和内外墙的轮廓线用中粗实线表示；门、窗扇及其分格线、水斗及雨水管等用细实线表示；尺寸线、尺寸界线、引出线和标高符号按规定画成细实线。

③ 图例：门、窗要按规定的图例绘制。

在剖面图中，剖切到的砖墙和钢筋混凝土的材料图例画法与平面图相同。

④ 尺寸标注：建筑剖面图中，必须标注垂直尺寸和标高。

外墙的高度尺寸一般标注三道：最外侧一道为室外地面以上的总高尺寸；中间一道为层高尺寸，即首层地面到二层楼面、各层楼面到上一层楼面、顶层楼面到檐口处屋面的尺寸等，同时还注明室内外地面的高差尺寸；里面一道为门、窗洞及洞间墙的高度尺寸。此外，还应标注某些尺寸，如室内门窗洞、窗台的高度及有些不另画详图的构配件尺寸等。剖面图上两轴线间的尺寸也必须注出。

在建筑剖面图上，室内外地面、楼面、楼梯平台面、屋顶檐口顶面都应注明建筑标高。某些梁的底面、雨篷底面等应注明结构标高。

6. 建筑详图

建筑详图是建筑物某些细部及建筑构件的施工图。在建筑施工图中，平面图、立面图及剖面图等都是表示整幢建筑物概况的基本图样，它们的比例一般都较小，建筑物的某些细部及配件的详细构造及尺寸无法表达清楚，无法满足施工需要。因此，在一套施工图中，除了有表示全局性的基本图样外，必须另外绘制许多比例较大的图样加以补充说明，才能表达清楚和满足施工要求，这样的图称为建筑详图。对于套用标准图或通用详图的建筑构配件和剖视节点等，只要标明图集名称、编号或页次，可不必另绘详图。

建筑详图包括的主要图样有：墙身剖面图、楼梯详图、门窗详图，以及厨房、浴室、卫生间详图等；同时还包括某些细部节点详图（也称大样图）。

建筑详图的比例较大，常用比例为 1 : 20、1 : 10、1 : 5、1 : 2、1 : 1 等。建筑详图的尺寸标注齐全、准确，文字说明详细、清楚。详图与其他图纸的联系主要采用详图索引符号及详图符号，有时也用轴线编号、剖切符号及详图名称。

建筑详图的基本内容包括：表示建筑构配件（如门窗、楼梯、阳台、各种装饰等）的详细构造及连接关系；表示建筑细部及剖面节点（如檐口、窗台、楼梯扶手、踏步、楼地面层、屋顶层等）的形成、层次、做法、用料、规格及详细尺寸；表明施工要求及制作

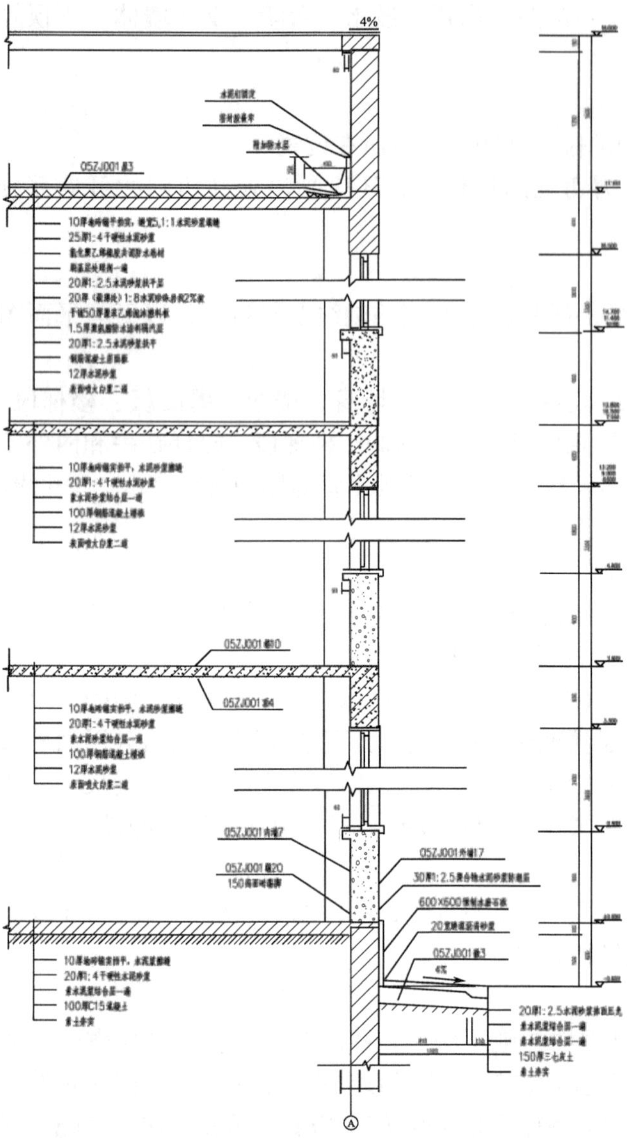

图 1-19　墙身剖面图

方法。

（1）墙身剖面图

墙身剖面图是建筑详图之一，通常采用的比例为 1∶20。

假设用一个垂直墙体轴线的铅垂剖切平面，将墙体某处从防潮层剖切到屋顶，所得到的局部剖面图称为墙身剖面图（图 1-19）。墙身剖面图详细地表明墙体从防潮层到屋顶各个主要节点的构造做法及尺寸。它主要表达屋顶、檐口、楼地面的构造及其与墙体的连接；还表明女儿墙、门窗顶、窗台、圈梁、过梁、勒脚、散水等处的构造尺寸，是施工的重要依据。

在画墙身剖面图时，一般门窗洞口中间用折线断开，实际上它成了几个节点详图的组合。有时，也可把各节点详图分开、单独绘制。在多层或高层建筑中，如果中间各层墙体的构造相同，则只画首层、中间层及顶层三个部位的组合图。基础部分不画，用折线断开。

识读墙身剖面图时，先明确该详图是表示哪面墙体或哪几面墙体的构造，是从何处剖切的。这就需要根据该详图的轴线编号及图名去查阅有关图纸，墙身剖面图的剖切符号一般标注在一层平面图上，有时也标注在各个立面上，墙身剖面图一般都是在外墙；看图时，应先看全墙的厚度变化，然后看细部构造情况，最后再明确墙体与楼板、檐口、圈梁、过梁、雨篷等构件的关系；注意观察墙体的防潮防水及排水的做法；该详图不能详细表达的地方，应根据索引符号去查阅有关大样图。

（2）楼梯详图

一栋房屋除了有满足使用要求的各种房间外，还需要有交通连系的部分。水平交通连系部分为门、门厅、走廊等；垂直交通连系部分有楼梯、电梯、自动扶梯及坡道等。楼梯在低层或多层建筑中为主要的交通设施；在高层建筑中，虽然以电梯为主要交通设施，但也必须设置楼梯，楼梯是楼层房屋不可缺少的垂直交通设施。楼梯除了要满足行走方便和人流疏散畅通外，还应有足够的坚固和耐久性，目前多采用预制或现浇钢筋混凝土楼梯。

楼梯由楼梯段、平台和栏杆扶手等组成。

楼梯详图一般分为建筑详图与结构详图，并分开绘制，分别编入建筑施工图和结构施工图中。但对于构造和装修比较简单的楼梯，其建筑和结构详图可合并绘制，编入建筑施工图中，或者编入结构施工图中（图1-20）。楼梯详图是楼梯施工及放样的主要依据。

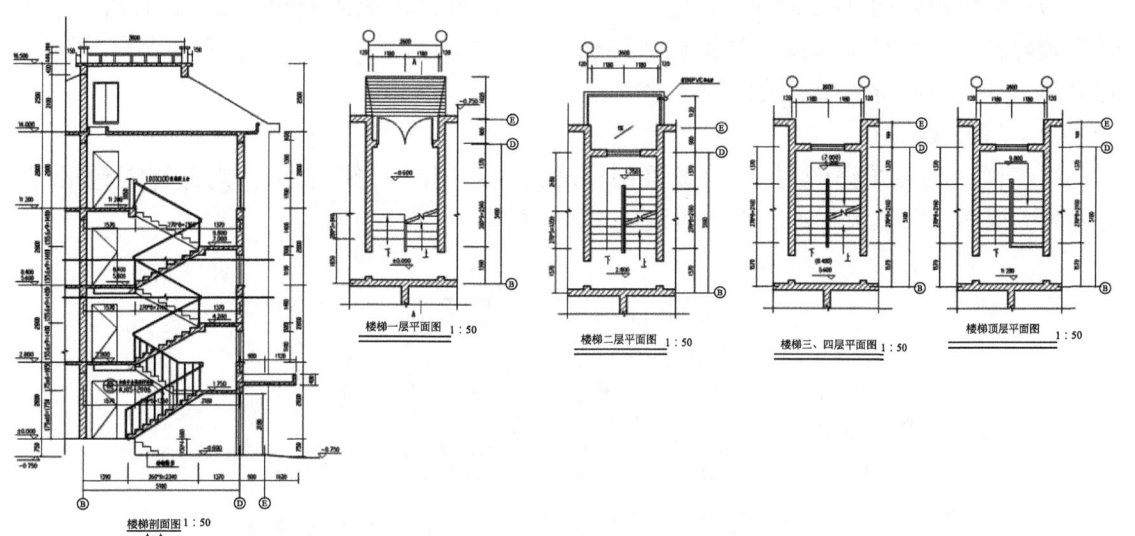

图1-20　楼梯详图

楼梯建筑详图一般包括楼梯平面图，楼梯剖面图，以及栏杆（或栏板）、扶手、踏步等大样图。

① 楼梯平面图。

楼梯平面图是距每层地面（楼面）1m以上沿水平方向剖开（尽量剖切到楼梯间的门窗），向下投影所得到的水平剖面图。

楼梯平面图一般应分层绘制，但如果中间各层楼梯构造及结构、层高均相同时，可只画首层、中间层和顶层的楼梯平面图。在楼梯平面图中，被剖切的楼梯用45°折断线表示；用带箭头的细实线表示楼梯的走向，并注写上（或下）及步数。

楼梯平面图主要表示楼梯间的位置，开间、进深尺寸及各细部尺寸，楼梯的类型，踏步数量和踏步尺寸，平台、楼地面等处标高，楼梯的走向以及栏杆（或栏板）的形成等。看楼梯平面图时，应通过轴线编号先明确楼梯间在建筑物中的位置，了解楼梯间的平面形状及开间、进深尺寸，楼梯的形式、踏步数量及尺寸，栏杆（或栏板）的形式，休息平台等处的标高及细部尺寸。

② 楼梯剖面图。

假设用一个铅垂剖切平面，沿着各层同一个方向（上行方向或下行方向）的楼梯段和门窗洞口，将楼梯从一层到顶层剖开，向另一个方向（下行方向或上行方向，即未剖到的楼梯段方向）投影，所得的竖向剖面图即为楼梯剖面图。

楼梯剖面图能清晰地表达出建筑物的层数、楼梯梯段数、步级数、楼梯的类型及结构形式，以及平台、栏杆等各部位的高度和材料做法等。查阅楼梯剖面图时应该与楼梯平面图互相对照，才能完整地明确楼梯各部位的构造情况。

在多层建筑中，如果中间各层的楼梯构造相同时，则剖面图只画一层，中间层和顶层中间用折断线断开。习惯上，若楼梯间的屋面没有特殊之处，一般可不画出。

③栏杆（或栏板）、扶手、踏步大样图。

为了清楚地表达这些细部的构造情况，这部分图样比例更大一些，故名大样图。主要表明楼梯栏板（栏杆）及扶手的构造及详细尺寸，踏步与平台、楼板的连接情况，踏步、防滑条、平台板的材料做法及详细尺寸等。

（3）门窗详图

门窗详图为建筑详图之一，一般采用标准图或通用图（图1-21）。门窗详图包括门、窗的外立面图、节点大样图、五金表及文字说明等。

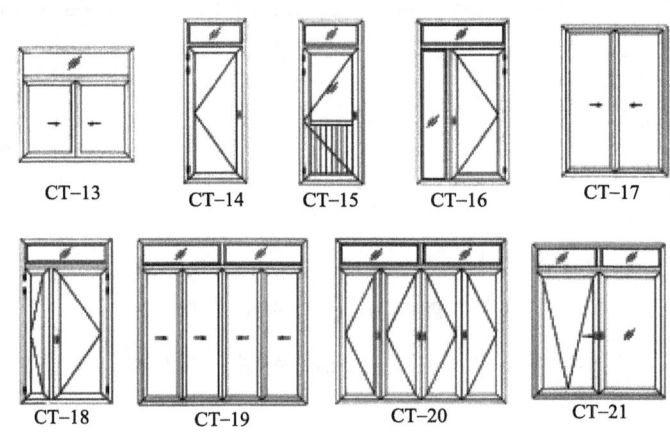

图 1-21　门窗详图

①门窗立面图：门窗立面图表明门窗的形式、开启方向及主要尺寸，还标注索引符号，以便查阅大样图。在立面上一般标注三道尺寸：最外一道为门、窗洞口尺寸；中间一道为门、窗框的外沿尺寸；最里面一道为门、窗扇尺寸。

②节点大样图：节点大样图为门、窗的局部剖面图，表示门、窗框和门、窗扇的断面形状、尺寸、材料及互相的构造关系，也表明门、窗与四周过梁、窗台、墙体等的构造关系。

③截面图：截面图是用比较大的比例（如1：5、1：2等）将不同的门、窗用料和截口形状、尺寸单独绘制，以便于下料加工。在门窗标准图集中，通常将截面图与节点大样图画在一起。

单元 3　建筑施工图案例识读

采用某高校教学楼的建筑施工图作为案例进行识读。

任务一 建筑设计说明

在阅读设计说明时，一定要逐条仔细阅读，因为设计说明中所包含的信息往往是该工程中非常重要的信息（图 1-22）。

1. 设计依据

设计依据中说明了本建筑所遵循的建筑法规和设计规范，还有地方政府所颁布的一些政策文件等。

2. 工程概况

工程概况包括该项目所有的工程信息，如区位选址、地块特点以及建筑本身的基本信息。从这部分可以了解到该建筑的总建筑面积为 21397.32m²，是一个地上五层、地下一层的教学类建筑。该工程层数为地上五层，地下一层。地下一层层高为 4.50m，一层层高为 5.40m，二、三、四、五层层高均为 4.50m，室内外高差为 0.45m，建筑高度为 23.85m。

还可以了解到该建筑的其他一些信息。

耐火等级：地上建筑耐火等级为二级，地下建筑耐火等级为一级。

结构形式：本工程采用钢筋混凝土框架结构，抗震等级为三级，建筑结构安全等级为二级。

基础形式：筏板基础；抗震设防烈度 7 度，构造措施按 7 度考虑。

建筑设计合理使用年限：50 年。

停车数量：本工程地下停车 95 辆。

设计标高：本工程 ±0.000 相当于绝对标高 75.45m。

3. 无障碍设计

这一部分说明该工程中的无障碍设计依据以及无障碍设计的部位，并对各部位的设计做了必要的说明。

如主要入口设计为平开门宽度大于 1.50m，主要入口处设置 1：12 的无障碍坡道，一层卫生间内均设计无障碍卫生间，停车场内设有无障碍机动停车位 2 个，无障碍坡道、无障碍卫生间等部位均设有无障碍标识等。

4. 消防设计

消防设计是建筑设计方案中非常重要的部分，这一部分包括建筑消防设计的法规规范依据、防火分区、疏散设计、防排烟设计、消防设施布置和防火构造等多项内容。

从图 2-22 可以看出，地上一层与二层的公共活动区为一个防火分区，防火分区建筑面积为 4643.72m²，其中二层活动区部分向相邻防火分区开设甲级防火门作为疏散出口，二层其余部分为一个防火分区，并设有四部疏散楼梯，防火分区建筑面积为 2862.18m²。地上三层为一个防火分区，防火分区建筑面积为 3213.27m²，设有四部疏散楼梯作为安全疏散口。地上四层为一个防火分区，防火分区建筑面积为 3213.27m²，设有四部疏散楼梯作为安全疏散口。地上五层为一个防火分区，防火分区建筑面积为 3051.79m²，设有四部疏散楼梯作为安全疏散口。防火分区按有自动喷淋灭火条件划分，每个防火分区面积均小于 5000m²。

地下部分：地下分为设备用房及地下车库两个防火分区，防火分区按有自动喷淋灭火

图1-22 建筑设计说明

图 1-22　建筑设计说明

条件划分，其中：地下车库防火分区建筑面积为 3248m²，设有两部疏散楼梯作为安全疏散口，防火分区面积小于 4000m²；设备用房防火分区建筑面积为 732.47m²，设有一部疏散楼梯作为安全疏散口，并向相邻防火分区设置甲级防火门作为第二个安全疏散出口，防火分区面积小于 1000m²。地下防火分区不包含消防水池建筑面积以及卷帘外入口坡道处建筑面积。

关于安全疏散，本工程地上部分每个防火分区均设置四部封闭式楼梯间作为疏散口，其中二层的公共活动区作为一层的防火分区向相邻防火分区设置独立的两个疏散口，疏散门采用甲级防火门。疏散楼梯首层距离直通室外出入口直线距离均小于 15m。地上的疏散距离遵循教育类建筑计算，由于本建筑设置自动喷淋系统，因此疏散距离限值为 43.75m。地上所有房间均为袋形走道之间的房间，距离疏散口最远处的房间为三层和四层中心区的普通教室，其疏散门的疏散安全距离为 42.69m。地下车库设有两部疏散楼梯作为安全疏散口，疏散距离为 60m。设备用房设有一部疏散楼梯作为安全疏散口，并向相邻防火分区设置甲级防火门作为第二个安全疏散出口。安全疏散距离均满足《建筑设计防火规范》GB 50016—2014 第 5.5.17 条的规定以及《汽车库、修车库、停车场设计防火规范》GB 50067—2014 第 6.0.6 条的相关要求；各层人员疏散宽度经计算均满足《建筑设计防火规范》GB 50016—2014 第 5.5.21 条及表 5.5.21-1 的要求。

5. 节能设计

这部分描述了本工程节能设计的规范依据及基本情况，从中可以得到很多节能相关的信息。如建筑的体型系数为 0.15，各向窗墙比、天窗窗墙比为 0.25 以及所采取的节能措施。

6. 工程做法说明

这部分描述了各个分项工程的具体做法，这些做法在图纸中是无法或不方便表达的，因此在设计说明中用文字的形式做了详细的表述。

例如第 3 项屋面工程中的第 8 条："屋面工程施工中，应按施工工序、层次进行检验，合格后方可进行下道工序、层次的作业。当下道工序或相邻工程施工时，对屋面工程已完成的部分应采取保护措施。屋面工程所采用的防水、保温材料应有材料质量证明文件，并经指定的质量检验部门认证，确保其质量符合技术要求。伸出屋面的管道、设备或预埋件等，应在防水层施工前安设完毕。"

再例如第 4 项门窗工程中的第 7 条："防火门：墙和公共走廊上疏散用平开防火门应设闭门器，双扇平开防火门应设闭门器和顺序器。设置在经常有人通行处的防火门采用常开防火门，常开防火门应在火灾时自行关闭，并且具有信号反馈的功能。"

7. 室外工程

这部分说明了室外工程的形式及做法，包括雨篷、台阶和散水等。

8. 设备与设施

这里描述了建筑设备与设施的信息，如卫生洁具的形式、灯具等设备的形式以及一些特殊设备的情况。

9. 注意事项

这部分提出了很多施工时应特别注意的事项。本工程共列出了 16 项，每一项都需要认真地阅读。

① 施工中各专业应密切配合，保证预留洞口、预埋管线的准确，避免遗漏。

② 凡预埋木件处均做防腐处理，木件接触墙体处刷防腐油二道；凡预埋铁件处均须做防锈处理，铁件刷樟丹防锈漆二道。

③ 凡穿楼板的管道孔洞，施工完毕后，应用 1∶2 水泥砂浆堵严，再饰以相应饰面；管道穿通有防水层的楼板时，应采用防水套管，管道井待安装完工后，每层均浇筑与楼板防火等级相同的混凝土。

④ 本工程门窗过梁见结构图纸。门窗须牢固与墙、梁、柱相连接，凡应设埋件而未设者，应用射钉枪或膨胀螺栓补设。

⑤ 室内楼梯栏杆、护栏及平台栏杆由厂家设计制作，各部栏杆净高及垂直杆件、净空要求均需参照《中小学校设计规范》GB 50099—2011 第 8.7.5 条及第 8.7.6 条执行。

⑥ 本工程采用的岩棉保温板、挤塑板等须由厂家提供有关部门的使用合格证；防水产品厂家须提供省级以上工程质量检测中心的合格检验报告。

⑦ 施工中应严格执行国家施工质量验收规范。发现缺、漏、碰等问题请及时与设计人员联系解决。

⑧ 两种材料的墙体交接处，应根据饰面材质在做饰面前加钉金属网或在施工中加贴玻璃丝网格布，防止裂缝。

⑨ 烟道和通风道伸出屋面的高度应符合《民用建筑设计统一标准》GB 50352—2019 第 6.14.4 条的规定。

⑩ 加气混凝土砌块与混凝土构配件相接处抹灰前应铺设金属网，金属网与基层的搭接宽度不小于 100mm，并绑紧贴牢，金属网孔尺寸为 10mm，金属丝直径为 ϕ0.6mm。

⑪ 凡窗上口墙面转折处均作滴水。

⑫ 回填土必须分层夯实。

⑬ 施工时应以图纸所注尺寸为准，不能从图上度量。

⑭ 其他未尽事宜按现行有关技术、施工及验收规范执行。

⑮ 本图需经施工图审查通过后，方可用于施工。

⑯ 建筑配件的固定与管线的敷设。

10. 绿色建筑设计

这部分里介绍了绿色建筑设计的法规、标准等设计依据，以及在工程各部分设计中的绿色节能体现。

任务二　总平面图

从总平面图中可以看出，房屋轮廓线加粗，表示该建筑为新建建筑，其外形基本为矩形，层数为五层，其位置距南侧的劳动路 15m，主入口设置在南侧，地下车库入口在北侧。室外平整地面后的绝对标高为 75.45m，室外地坪距屋面结构层的高度是 23.85m。另外，应注意总平面图的尺寸单位是"m"，且图样比例较小，本图比例为 1∶500（图 1-23）。

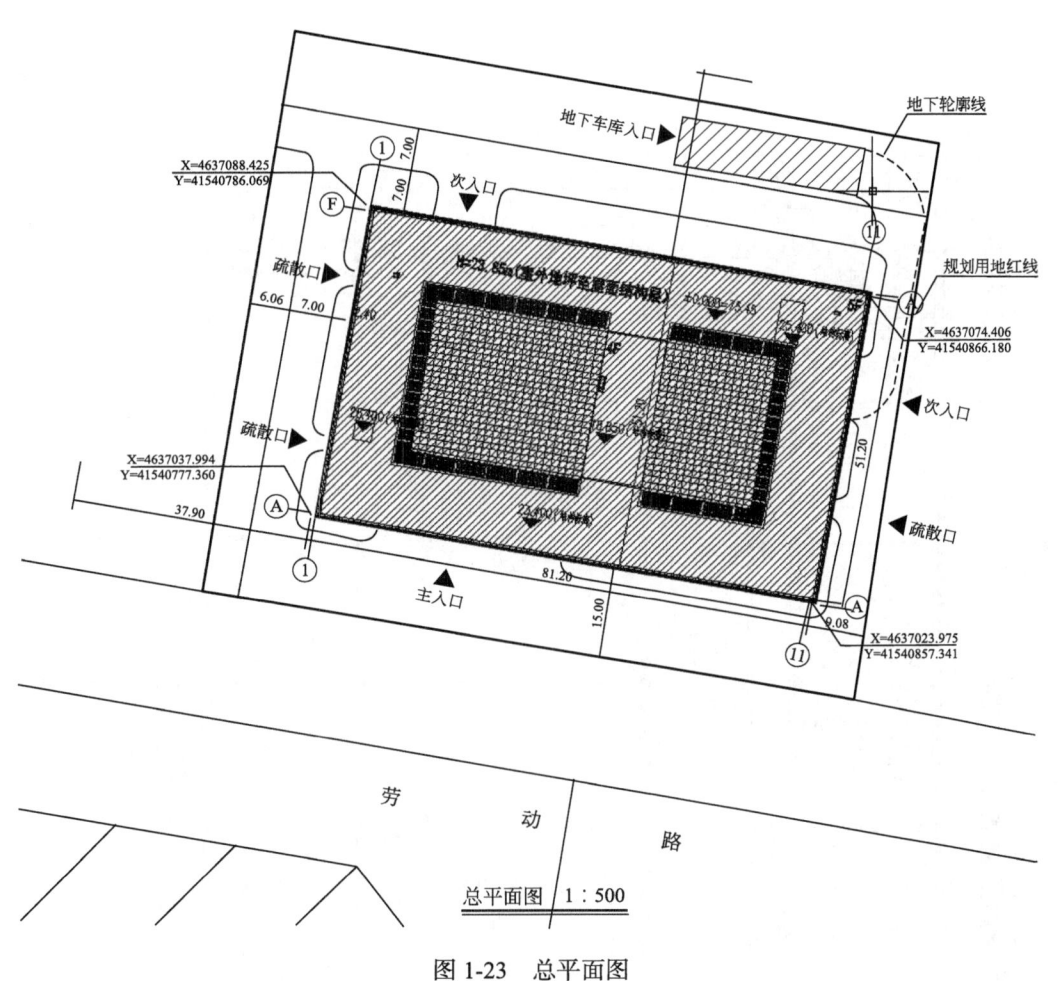

图 1-23　总平面图

任务三　建筑平面图

建筑平面图一般按照自下而上的顺序识读，即从一层平面图开始，向上至屋顶平面图逐层识读。有地下部分的图纸，可以从最下一层向上逐层识读，也可以先识读一层平面图，然后识读地下部分，再向上逐层识读。

由于一层平面图通常会包含很多基本信息，因此本案例先从一层平面图开始识读（图 1-24）。

一层建筑平面图表示出各房间的布局、建筑入口、门厅以及楼梯的布置情况（图 1-24），从图中可以看出，图像比例为 1 ∶ 150，具体识读信息为：

① 指北针指向。说明该建筑的朝向是坐北朝南，稍稍偏西。

② 建筑总体尺度。建筑总长 81.5m，总宽 51.5m，除附加轴线外，横向 11 道轴线，纵向 6 道轴线。

③ 房间布置情况。6 间可容纳 30 人的实训室，其中 4 间朝南，1 间朝东，1 间朝北。1 间可容纳 200 人的报告厅，1 间可容纳 200 人的多功能厅，1 间会议室，1 间接待室。6 部步行楼梯，4 部电梯，2 套卫生间，一个无障碍卫生间，一个中庭。

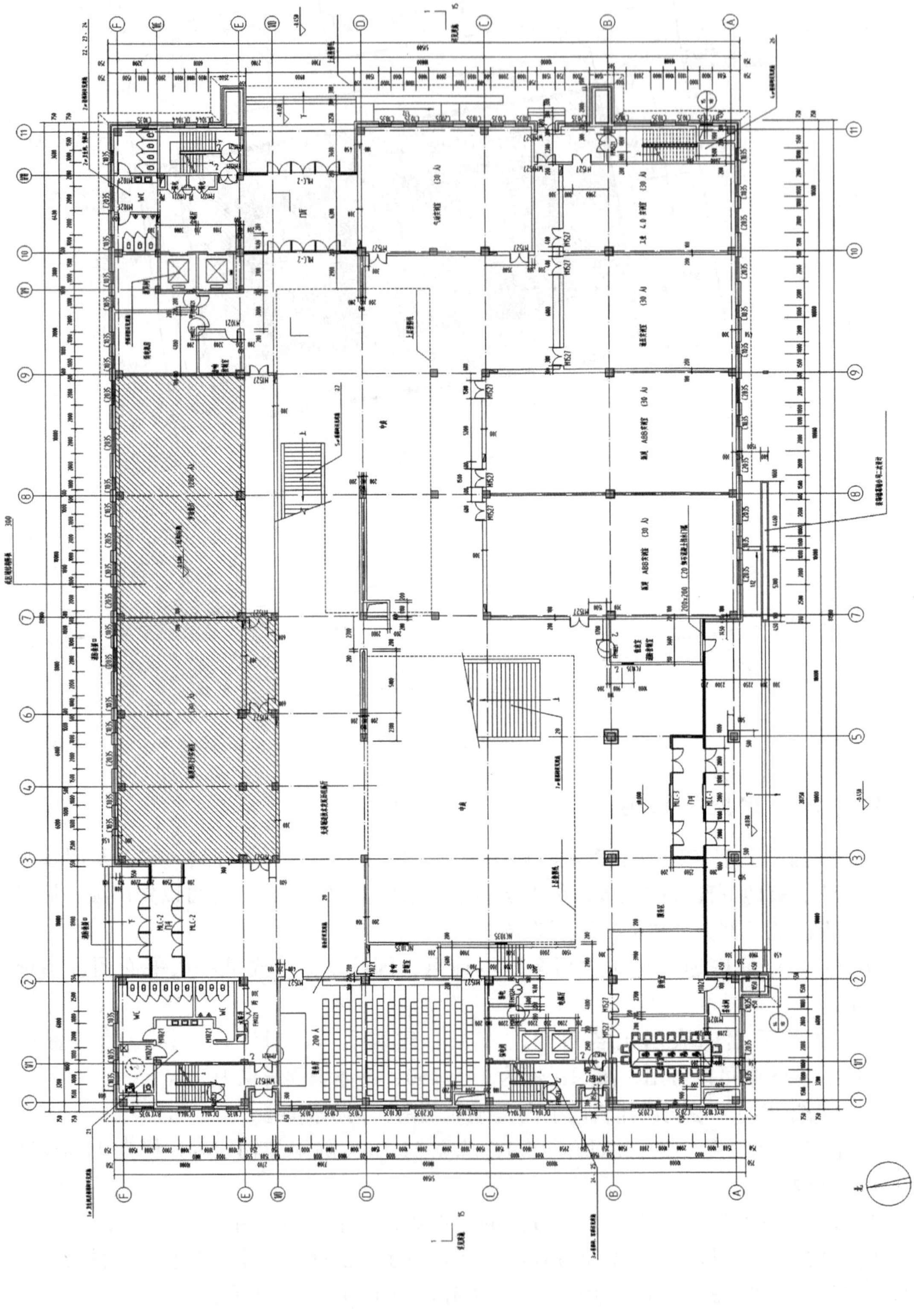

图 1-24 一层建筑平面图

④ 轴线平面尺寸。柱网纵横尺寸相等，均为 10m。外墙厚度为 450mm，内墙厚度为 200mm。结构柱尺寸为 600mm×600mm。

⑤ 门窗情况。主入口两道门联窗分别为 MLC-1 和 MLC-3，两个次入口都是两道 MLC-2，三个疏散口为 WM1527。四面外墙都有较为均匀的开窗，窗大多为 C2035 和 C1035。具体门窗类型及尺寸参见门窗表。

⑥ 地面标高情况。室内地面相对标高为 ±0.000，室内外高差为 450mm。

⑦ 剖断线。共有 3 对剖断线，可知后面共有三个剖面图。

一层平面图的信息基本了解后，回到地下室平面图，将地下室平面图与一层平面图进行对照识读（图 1-25）。

地下室作为地下停车场，其平面布置较为简单，轴网尺寸与地上一层基本相同，只是多出一条进入地下室的车道。从图 2-25 中可以看出，该停车场可以容纳小型汽车 95 辆，其中包括两个无障碍停车位。垂直交通包括三部步行楼梯，4 部电梯。除停车场和交通空间外，基本都为设备用房。地面标高为 −4.5m，表示地下车库的层高为 4.5m。另外，为了符合人防要求，建筑四壁均为剪力墙。

地下室平面图识读完继续向上看，开始识读二层平面图（图 1-26）。

从图 1-26 可以看出，二层平面图的轴线网布置、房间大小、尺寸、门窗、墙厚等情况与一层平面图基本一致，不同的是门厅入口处的门改成了窗，主入口门厅改成了综合办公室。楼梯画法有些不同，并出现了中空楼板。楼面标高为 5.4m，表示一层层高为 5.4m。

三层平面图的轴线网布置、房间大小、尺寸、门窗、墙厚等情况与二层平面图基本相同，只是中空楼板有所变化（图 1-27）。楼面标高为 9.9m，可以计算出二层层高为 4.5m。

四层平面图与三层平面图几乎完全相同，这里不再赘述（图 1-28）。

五层平面图的中空楼板有了一些变化，个别房间的功能做了一些调整，其他内容跟四层平面图基本相同（图 1-29）。

最后是屋顶平面图（图 1-30）。从图中可以了解到的最重要信息就是屋顶的坡度走向。本案例的屋顶为平屋顶，各向排水坡度均为 2%。屋顶有大面积玻璃采光顶，排水形式为内排水。

任务四　建筑立面图

本案例建筑为矩形平面，共有四个立面图。由于立面图的识读方法基本相同，此处只讲解拥有主入口的①—⑪轴立面图，即南立面图（图 1-31）。

从该立面图中可以了解以下信息：

① 南立面为正立面，出入口在③—⑤轴之间。

② 轴线编号与平面图编号一致，门窗编号、数量均与平面图相对应。

③ 门窗按国家标准规定图例做了表示，从图中可以看到门窗的开启方向和形式。

④ 主要部位高度用相对标高进行标注，如室外设计地坪标高为 −0.45m，室内首层地面标高为 ±0.000，屋顶板结构标高为 23.4m 等。

⑤ 装修做法：窗下墙采用深灰色金属板，其余墙面均为白色高密度硅酸盐彩色外墙板（表面做拉丝处理）。带有三角形标识的窗为防火救援窗，采用了易碎玻璃。

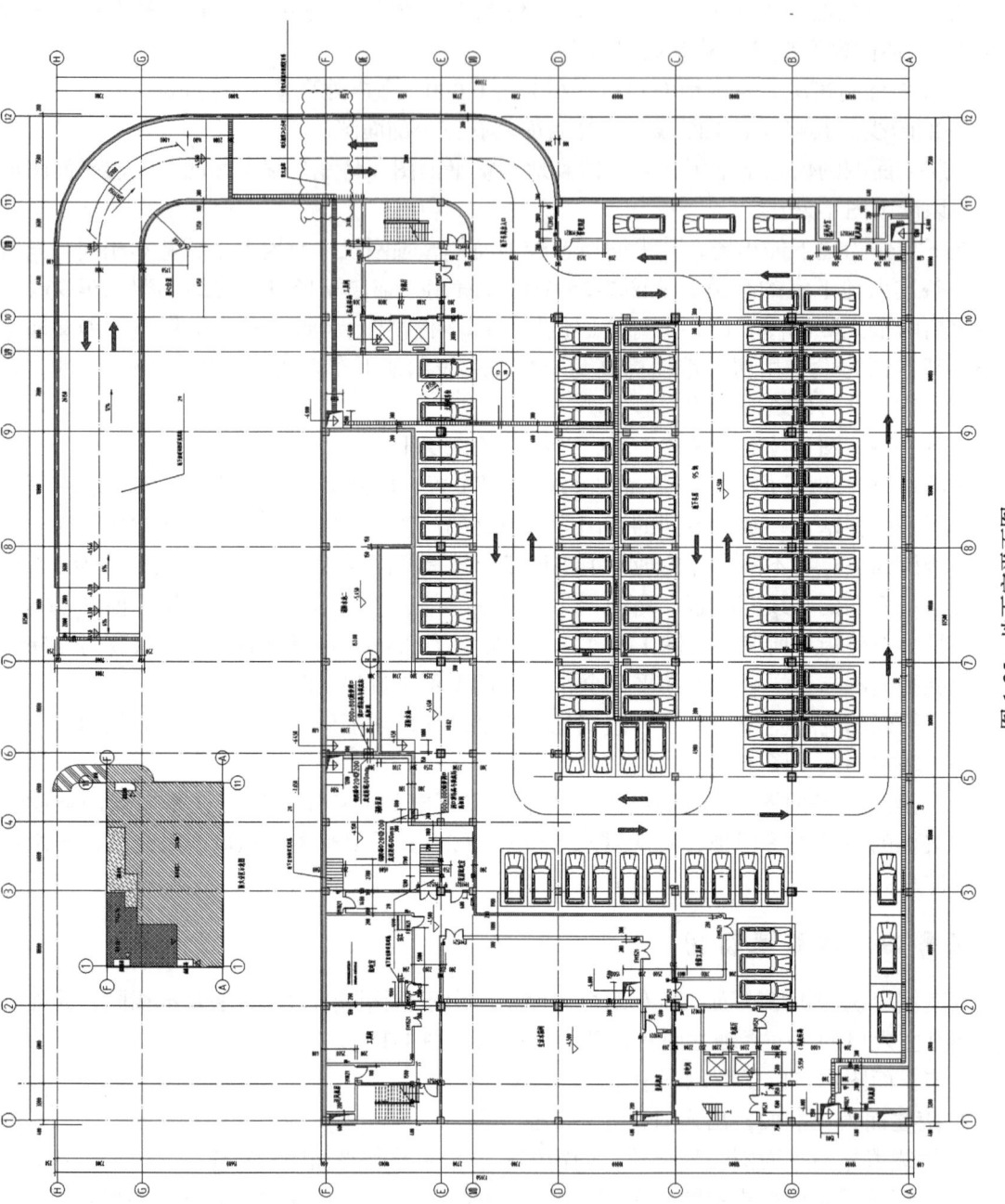

图 1-25　地下室平面图

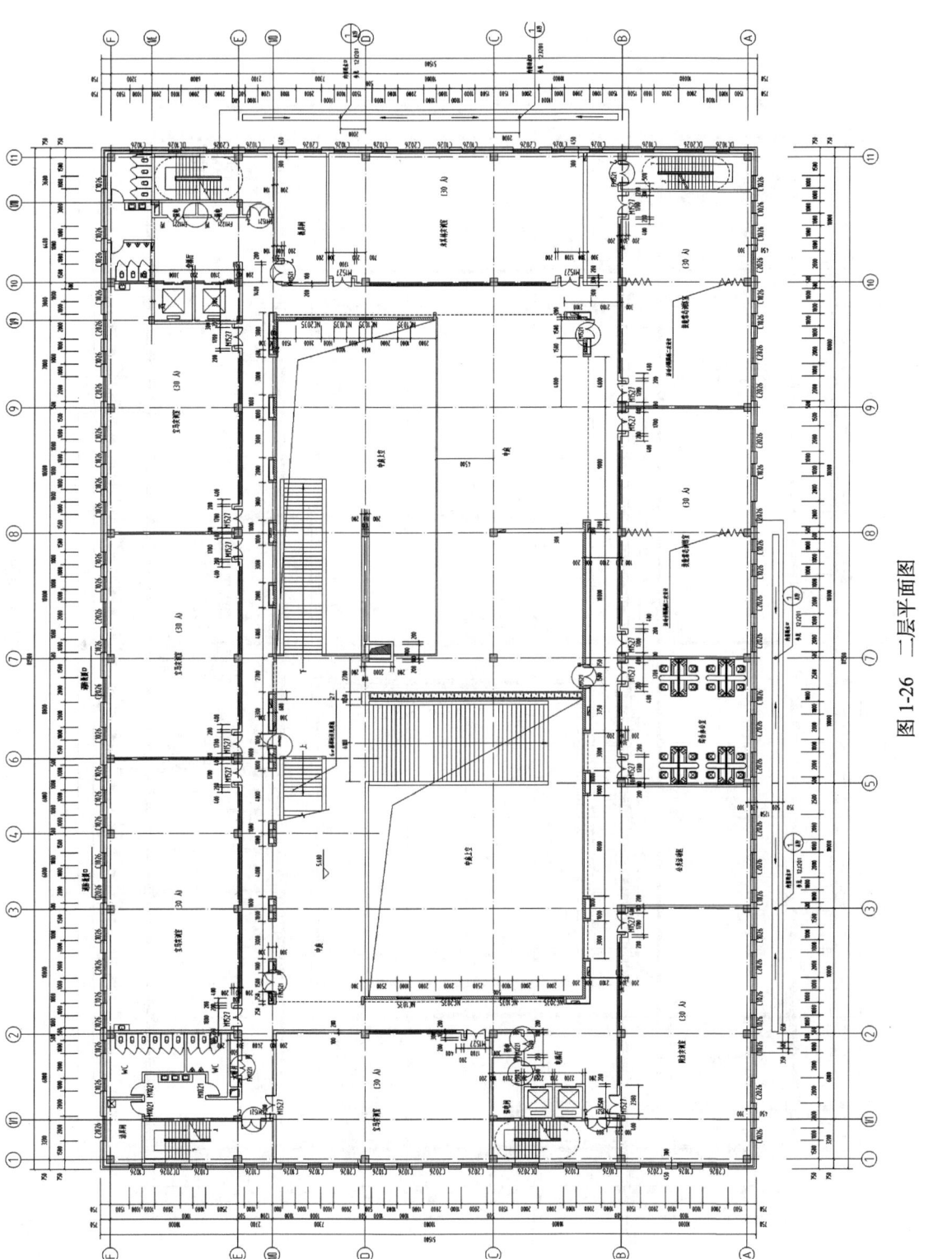

图 1-26　二层平面图

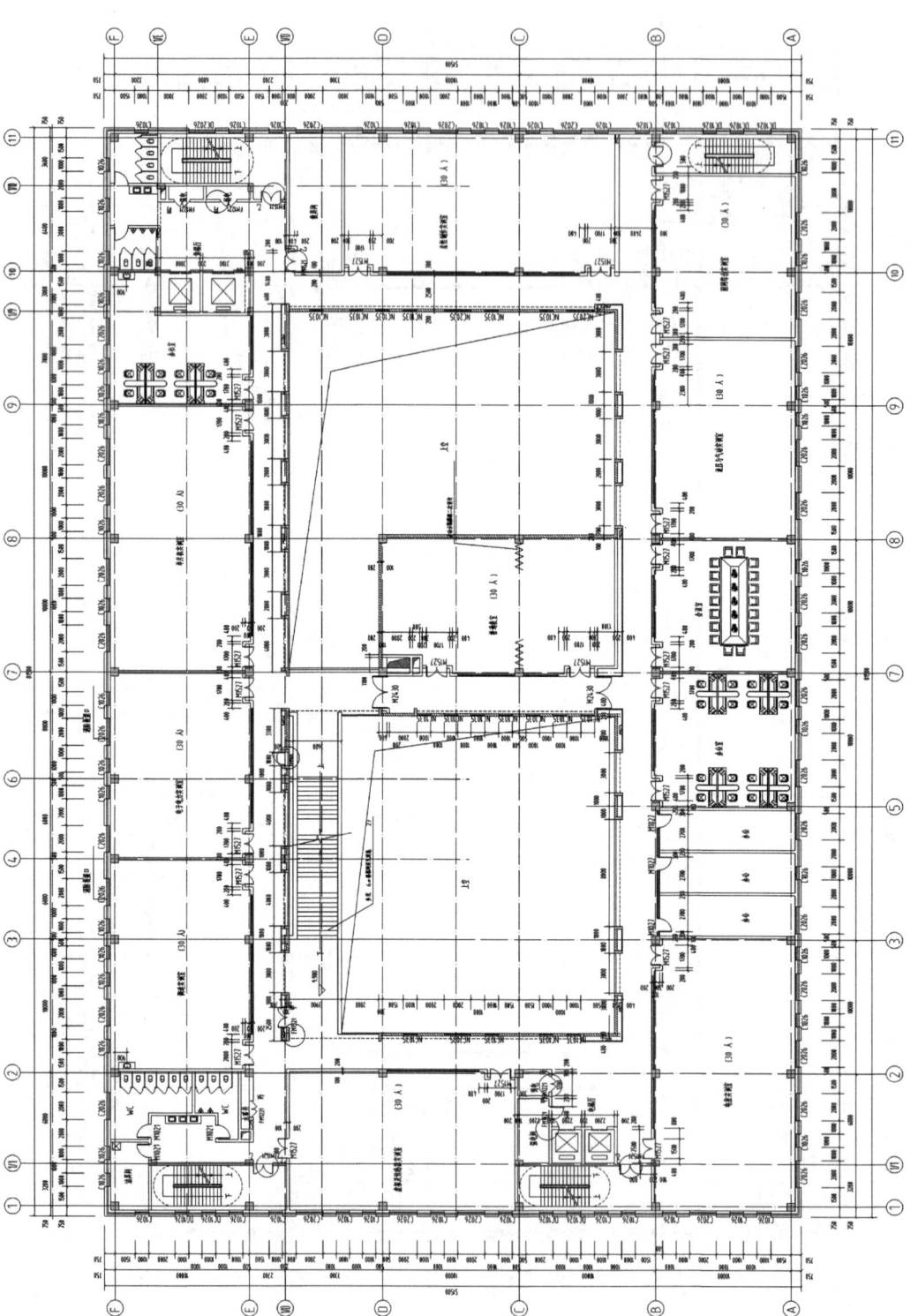

图 1-27　三层平面图

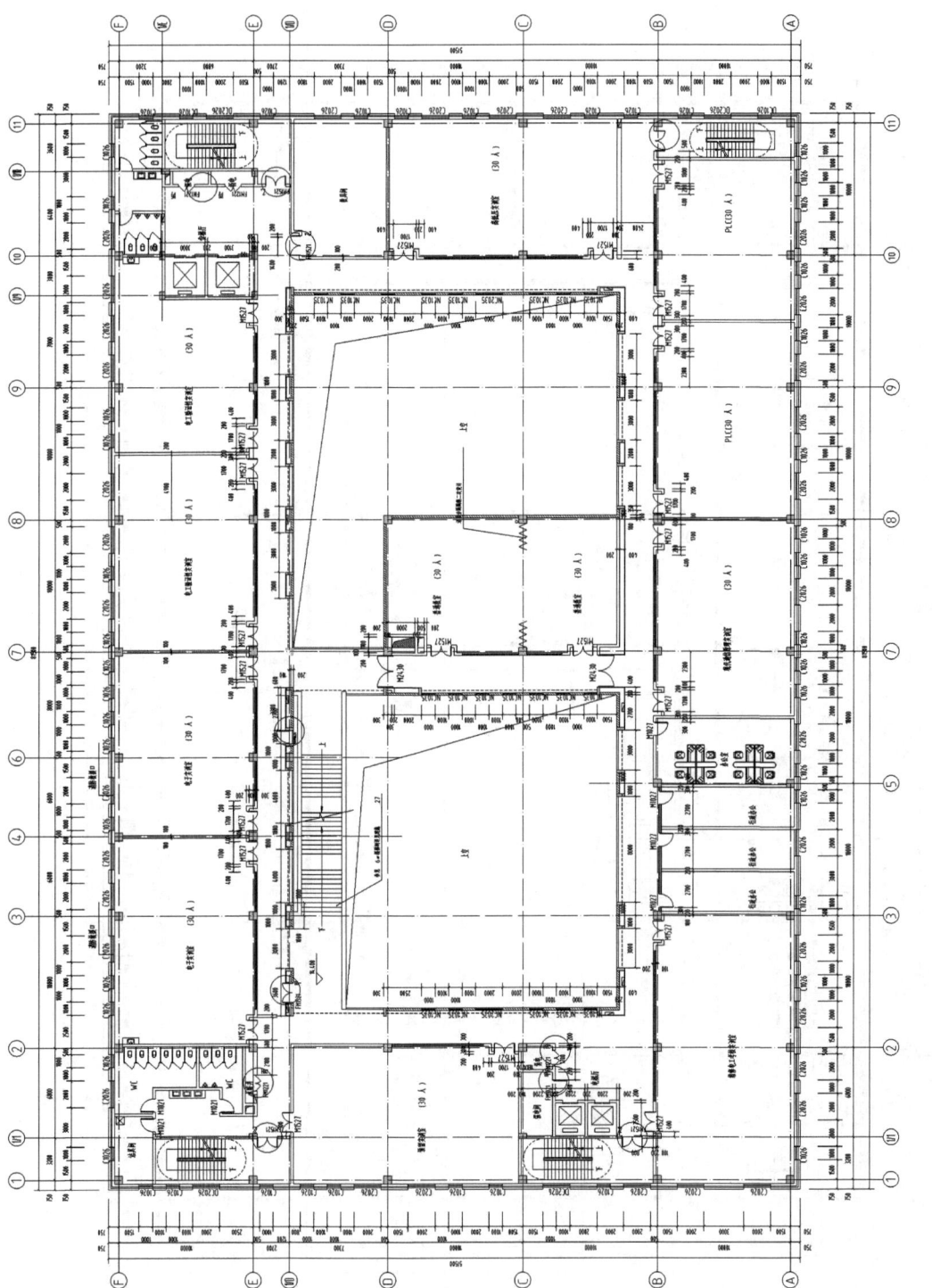

图 1-28 四层平面图

031

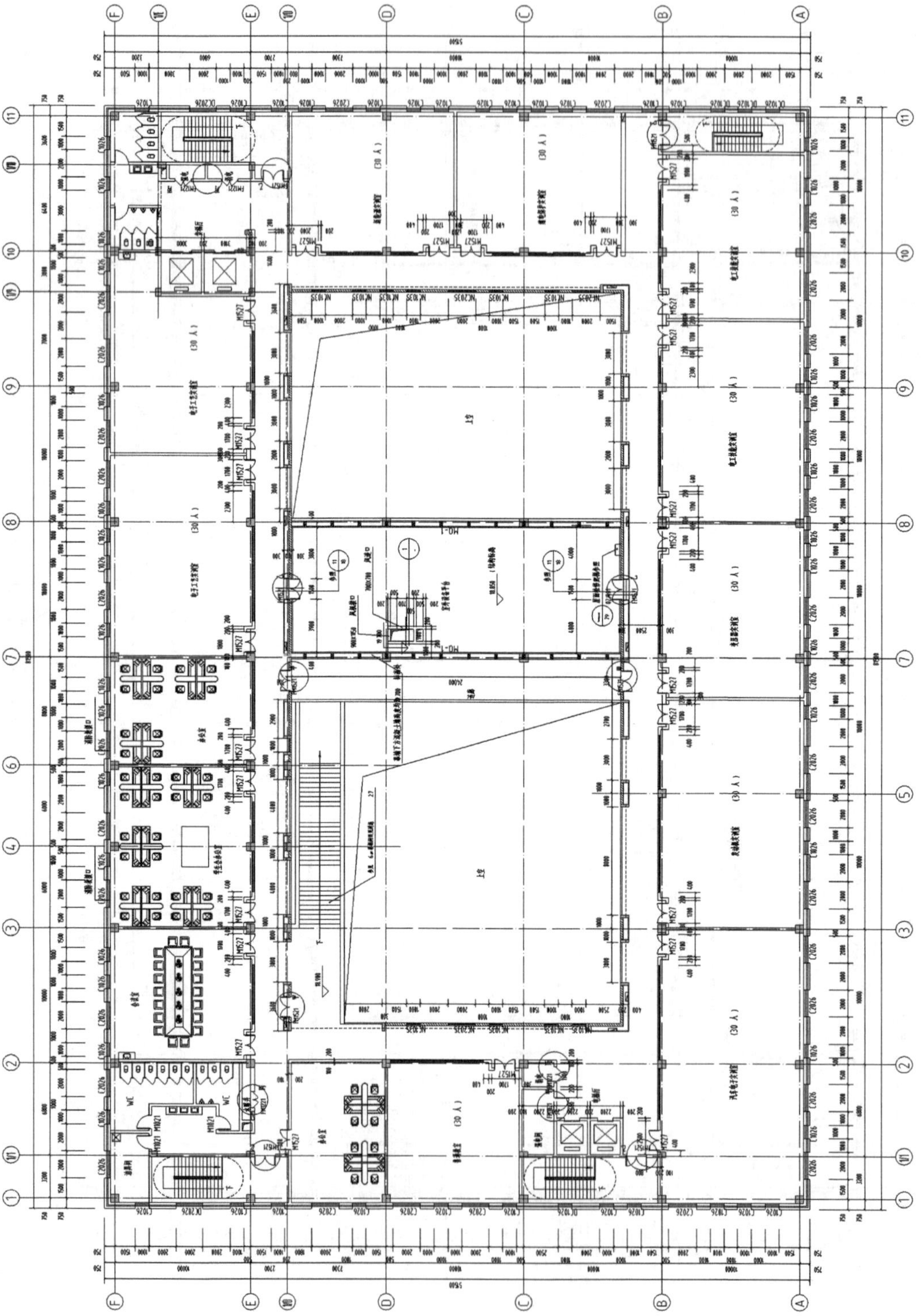

图 1-29　五层平面图

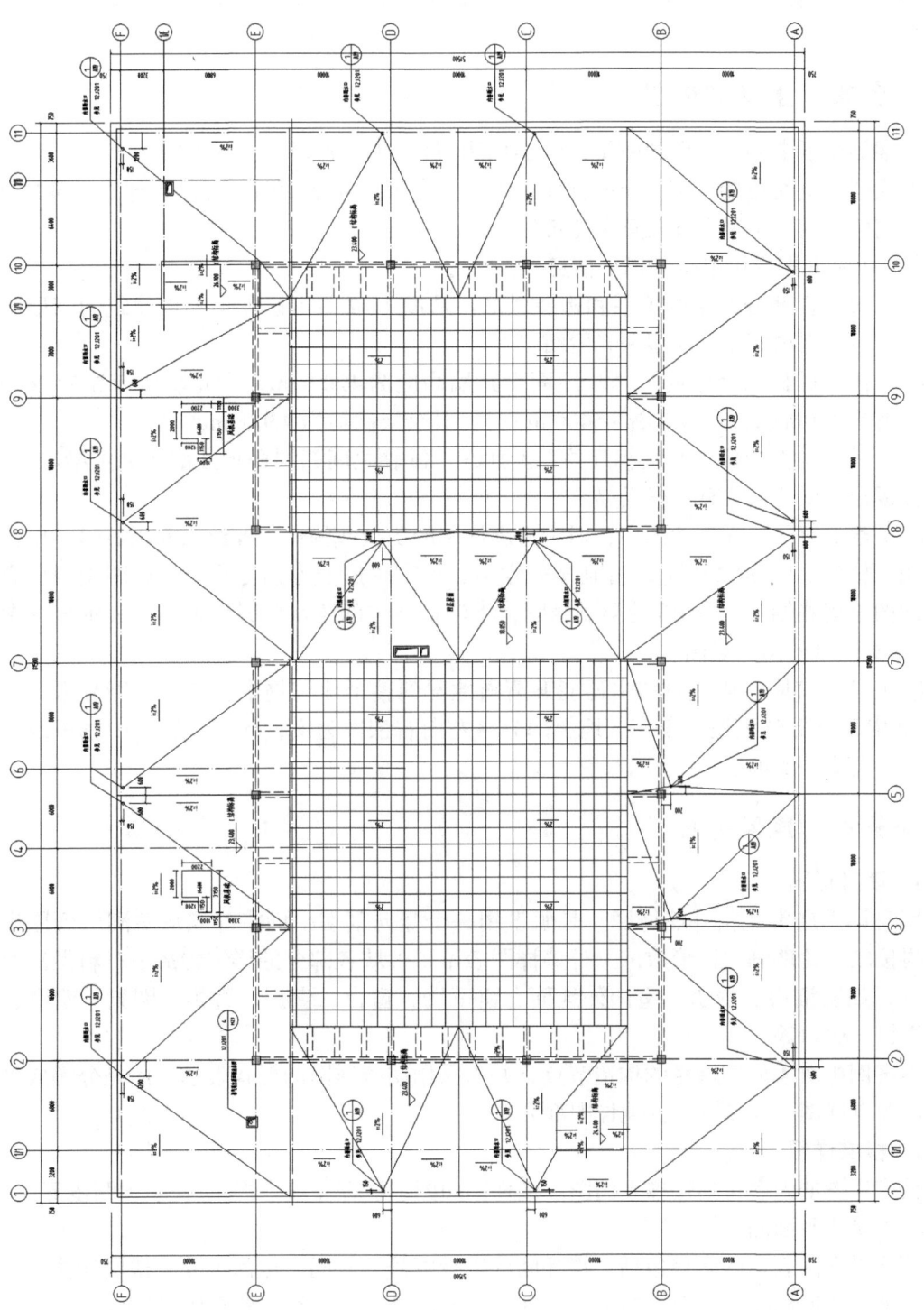

图 1-30 屋顶平面图

⑥ 檐口形式为女儿墙，由于排水形式为内排水，因此外立面并无雨水管。室外台阶踏步为三步。另外，本建筑有一部分装饰幕墙在图中并未表示，预留给幕墙公司做二次设计。

任务五　建筑剖面图

本案例图纸中共有三个剖面图，以 1-1 剖面图为例进行讲解（图 1-32）。

剖面图的剖切位置要到一层平面图中查找。返回一层平面图，可以看到 1-1 剖面图是东西向剖切，剖切位置大概在整个建筑的中间部位。

从 1-1 剖面图中可以得到以下信息：

（1）被剖切部分的结构关系和构造做法。从图 1-32 中可以看出，该建筑的五层中部有一个空洞，空洞两侧为大型采光屋面。

（2）标注的标高及竖向尺寸。屋面女儿墙高度为 1200mm，女儿墙顶标高为 24.6m，室内外高差 450mm，除一层层高 5400mm 外，其余层高均为 4500mm。

（3）承重构件的位置及其相互关系。如⑤—⑥轴之间四层楼板处剖切到主梁和次梁，五层楼板处主梁的上方有一段反梁。

（4）索引符号。在剖面图中，对于需画详图的部位或构件，要给出索引符号，以便互相查阅、核对。图 1-32 中可以看到多处索引，如①轴最上方的女儿墙处详图索引，表示该详图的位置在第 17 页图纸的第 1 号图；①轴最下方的泛水处详图索引，表示该详图位于第 17 页图纸的第 3 号图。

（5）房间布局。从剖面图中还能够清晰地看到整个建筑物中立体的功能分区。比如图 2-32 中底下部分为地下车库，地上部分自左向右依次为实训区→走廊→中庭→教学区→中庭→走廊→实训区。

任务六　建筑详图

1. 墙身详图

墙身详图通常是指外墙详图，是假设用一个竖向剖切平面将外墙从防潮层到屋顶切开，再按较大比例画出而形成的。外墙详图表示了外墙各部分的详细构造、材料做法及详细尺寸，如防潮层、散水、室内外地面、窗下墙、窗台、窗户、过梁、圈梁、墙厚、阳台、雨篷、檐口等。

本案例中对于外墙墙身的构造节点，并未采用墙身详图的形式表达，而是分解成多个单独的节点详图（参见本书其他详图部分）。

2. 楼梯详图

楼梯详图的内容包括楼梯平面图、楼梯剖面图、栏杆（或栏板）、扶手、踏步等详图。

（1）楼梯平面图

楼梯平面图表达的内容包括：楼梯间的轴线编号、开间、进深尺寸、楼层和休息平台标高、梯段长度和宽度、楼梯的走向、踏步数量，以及索引符号和剖切符号等。

楼梯平面图应分层绘制，若中间几层的楼梯构造、结构尺寸均相同，可以只画首层、标准层、顶层楼梯平面图（图 1-33）。

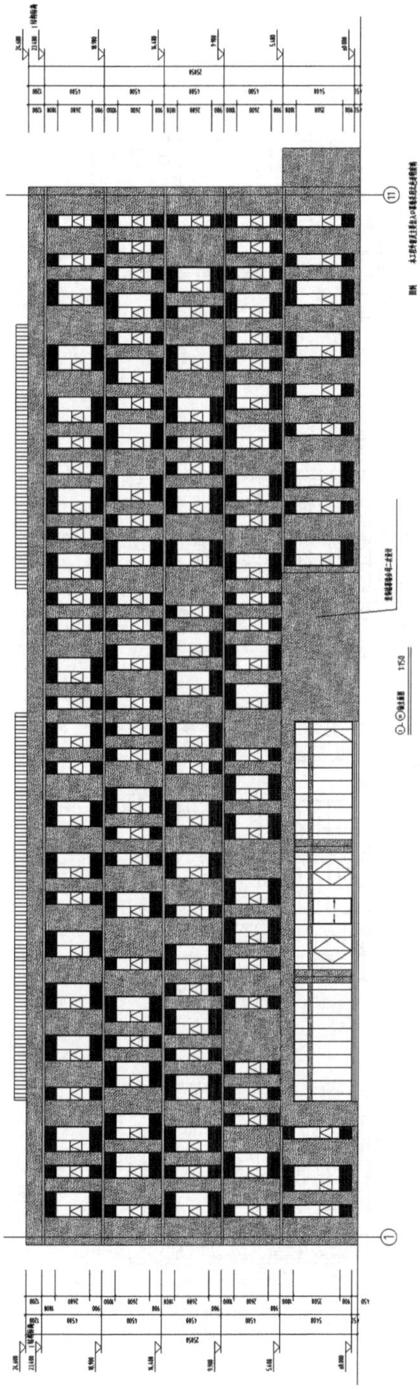

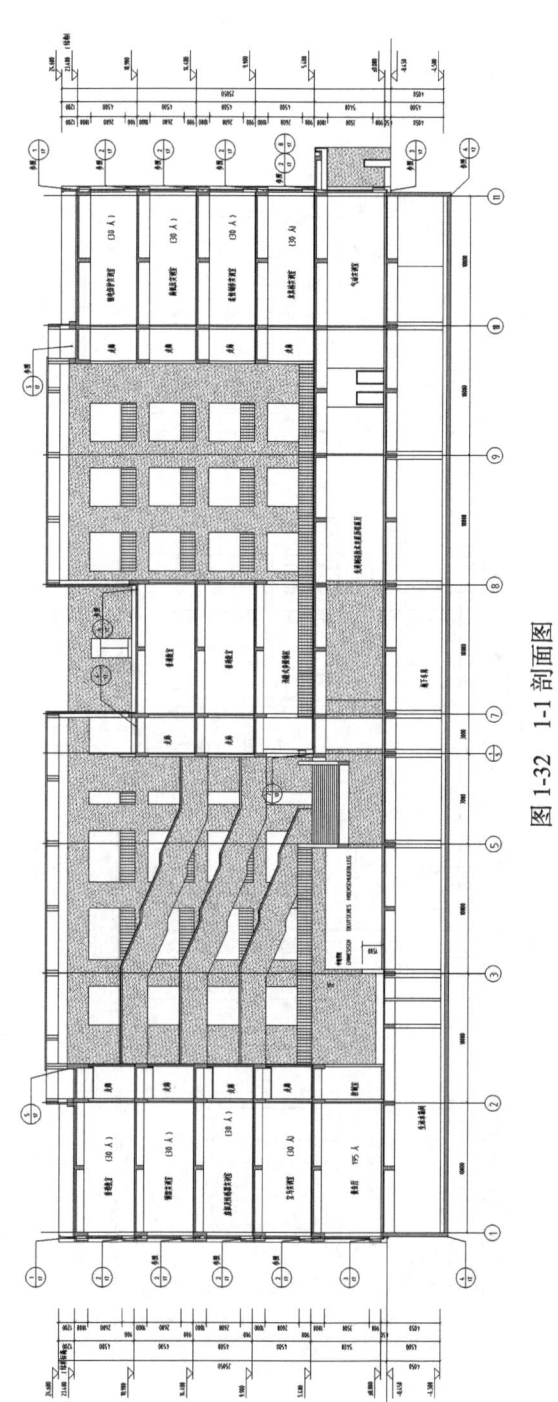

图 1-31 南立面图

图 1-32 1-1 剖面图

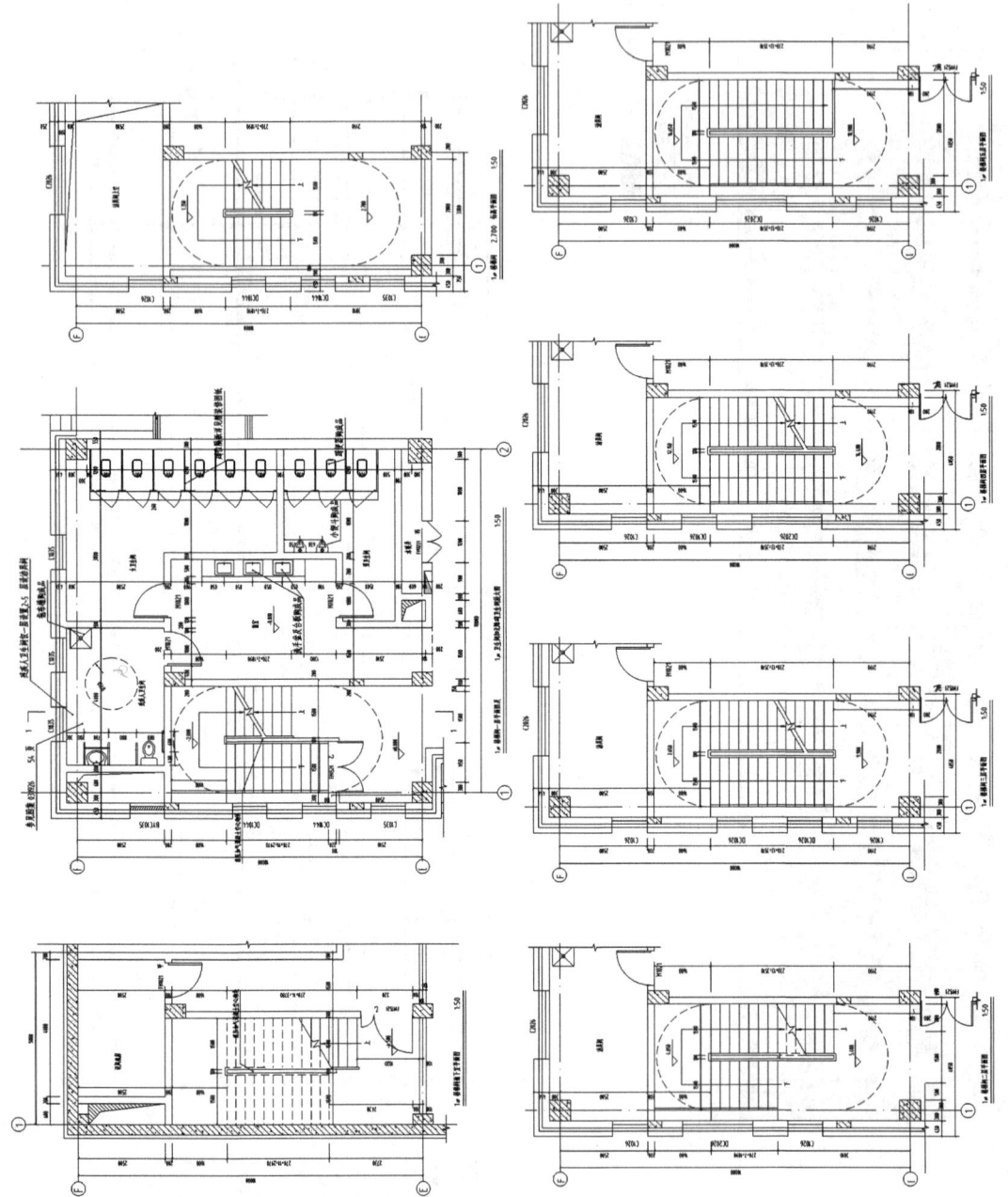

图 1-33　楼梯平面图

以本案例中的 4 号楼梯进行讲解。

楼梯间各层被剖切到的梯段，以 45° 折断线表示，图中标注的"上""下"表明从该层楼地面往上或往下走多少步可到达上（或下）一层楼地面（图 1-34）。

首层平面图应有剖切符号，如图 1-35 中 1-1 剖面。

楼梯间开间 2.8m，进深 10m，二层楼梯休息平台标高为 2.7m，休息平台净宽为 2.8m，梯段宽 1250mm，楼梯井宽 100mm。

楼梯间门采用乙级防火门，双扇平开门，宽度为 1500mm。

每个踏步宽度 270mm，从首层地面到休息平台有 16 个踏步，从休息平台到二层楼面也有 16 个踏步。自二层起，每个梯段变为 13 个踏步。

各休息平台处有一外窗，首层为 C1035，二层至顶层为 C1026。

二层休息平台下方有一个送风风道。

五层平面图为顶层平面图（图 1-36），由于剖切位置在栏板之上，向下作投影，有两段完整的梯段，从五层楼面 18.9m 到四层楼面 14.4m，需下 26 个踏步。

（2）楼梯剖面图

楼梯剖面图中的信息包括：楼梯结构形式、材料、梯段长、踏步数量、每个踏步尺寸、休息平台宽度及与墙的连接方式、栏杆（或栏板）高度、墙体的构造、楼层和休息平台的标高、索引符号和详图符号等。

仍然以本案例中的 4 号楼梯间进行讲解（图 1-37）。

对照楼梯首层平面图，找到剖切符号 1-1，可以看出剖面图为在剖切位置剖切后向左做的投影。

定位轴线编号为Ⓐ～Ⓑ，楼梯间进深 10m。

剖切到的部分，用钢筋混凝土的图例填充，轮廓线加粗；未剖切到的部分，轮廓线为细实线。

图中标注了竖向尺寸和标高，每个踏步高 160.7mm，第一跑 16 个踏步，一层休息平台标高 2.7m，二层楼面标高 5.4m，楼梯间门的高度为 2.1m，栏杆高 0.9m。

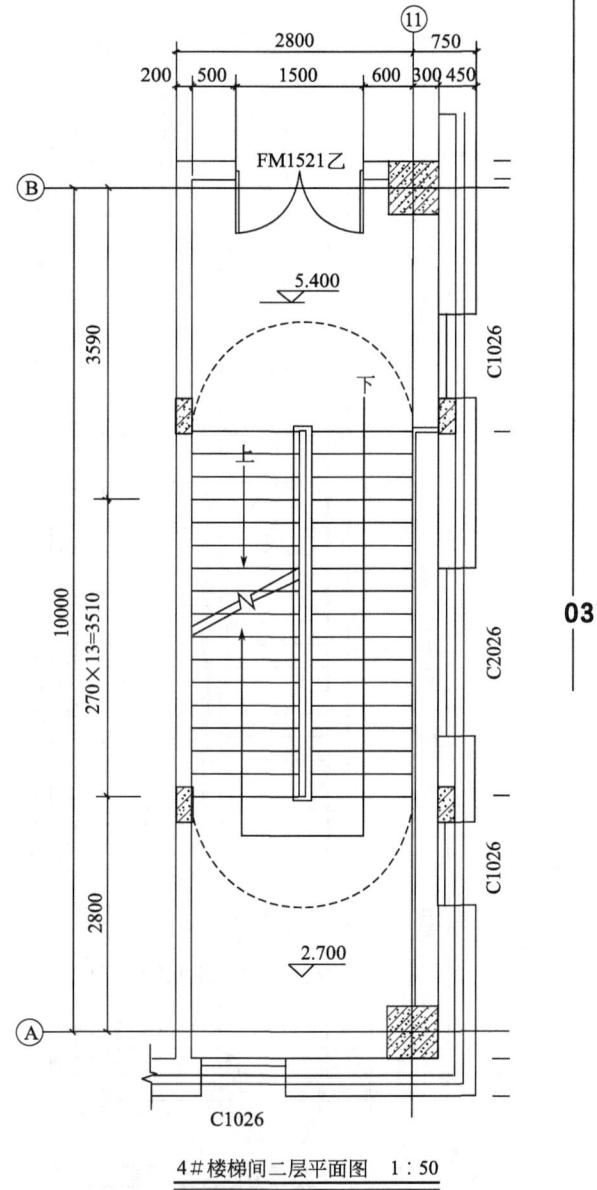

4#楼梯间二层平面图　1：50

图 1-34　楼梯间平面图（二层）

037

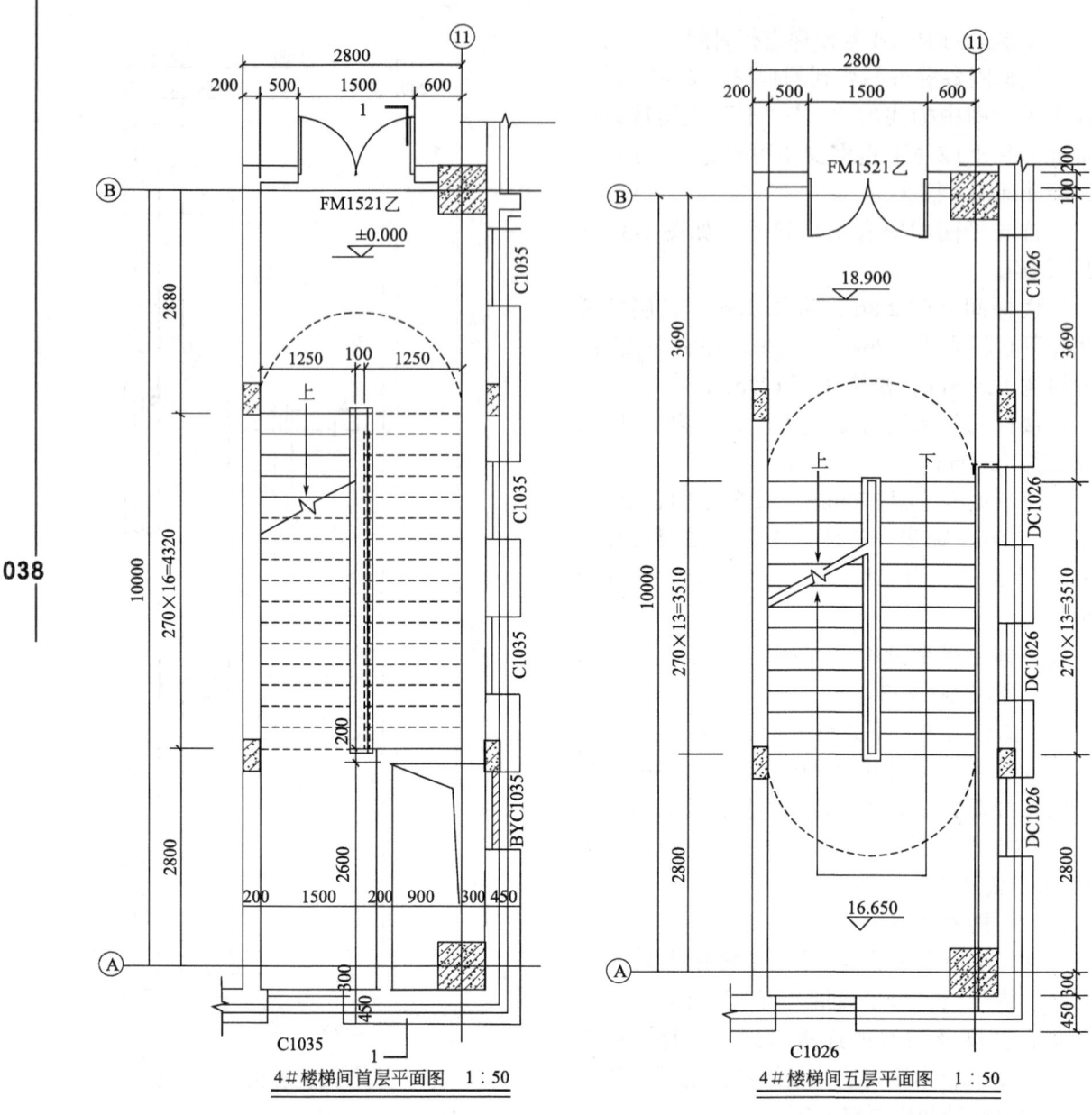

图 1-35　楼梯间平面图（首层）　　　　　图 1-36　楼梯间平面图（五层）

　　外纵墙墙厚 300mm，墙上包括窗户、过梁、窗台、休息平台下梁等构件。

　　在识读楼梯剖面图时，要注意如果中间各层的楼梯构造相同，可只画首层、中间层、顶层剖面，中间用折断线断开。

　　（3）栏杆、扶手、踏步详图

　　本案例存在内装修的二次设计，因此栏杆、扶手、踏步的详图会在内装修施工图中体现，这里不作介绍。

　　3. 门窗详图

　　门窗详图，一般各省市都有统一制定的不同规格的标准图集，所以在施工图中只要

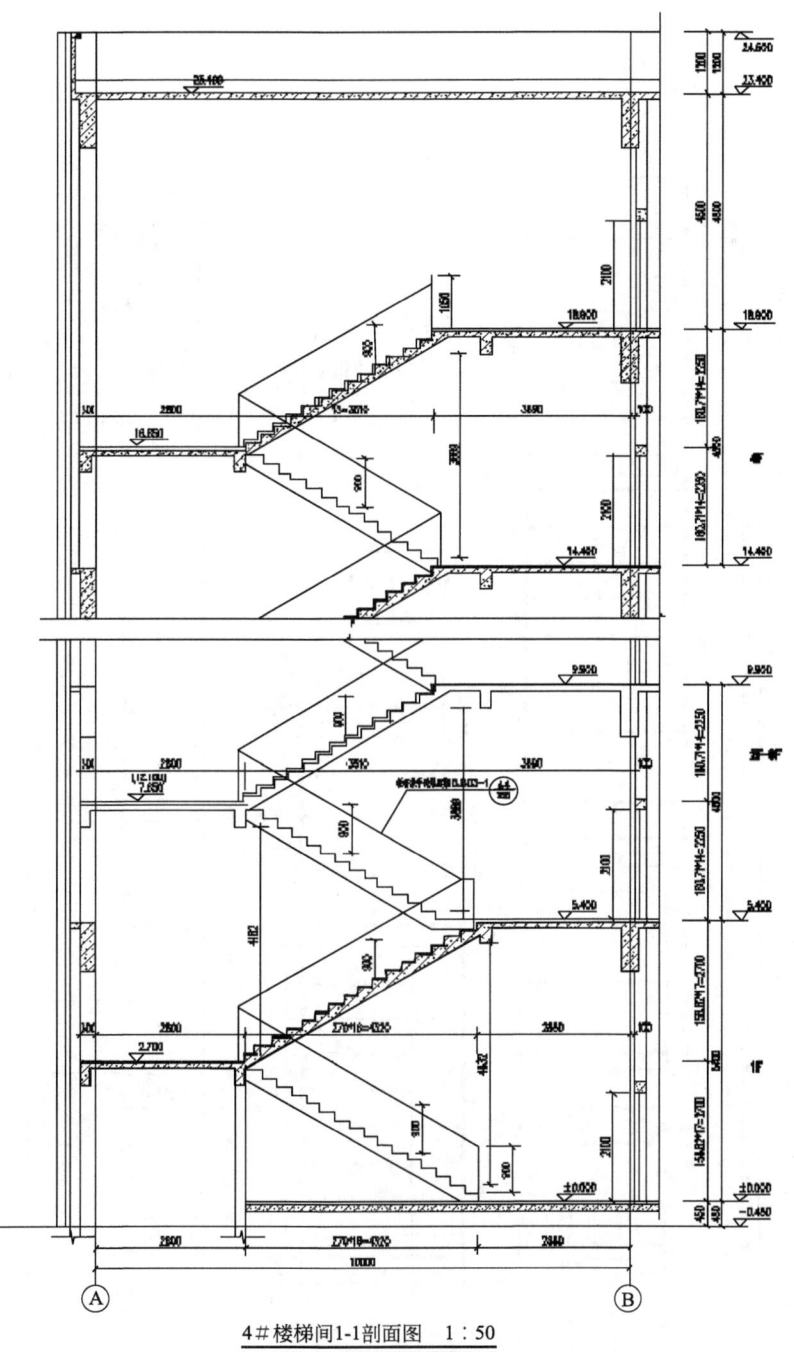

4#楼梯间1-1剖面图　1∶50

图 1-37　楼梯剖面图

注明该详图所在标准图册中的编号，可不必另画详图。没有标准图册的，则一定要画出详图。本案例画出了门窗详图（图 1-38）。

　　门窗详图一般包括：立面图、节点详图、截面图、五金表及文字说明等内容。

　　以本案例中的 C2026 窗详图进行讲解（图 1-39）。

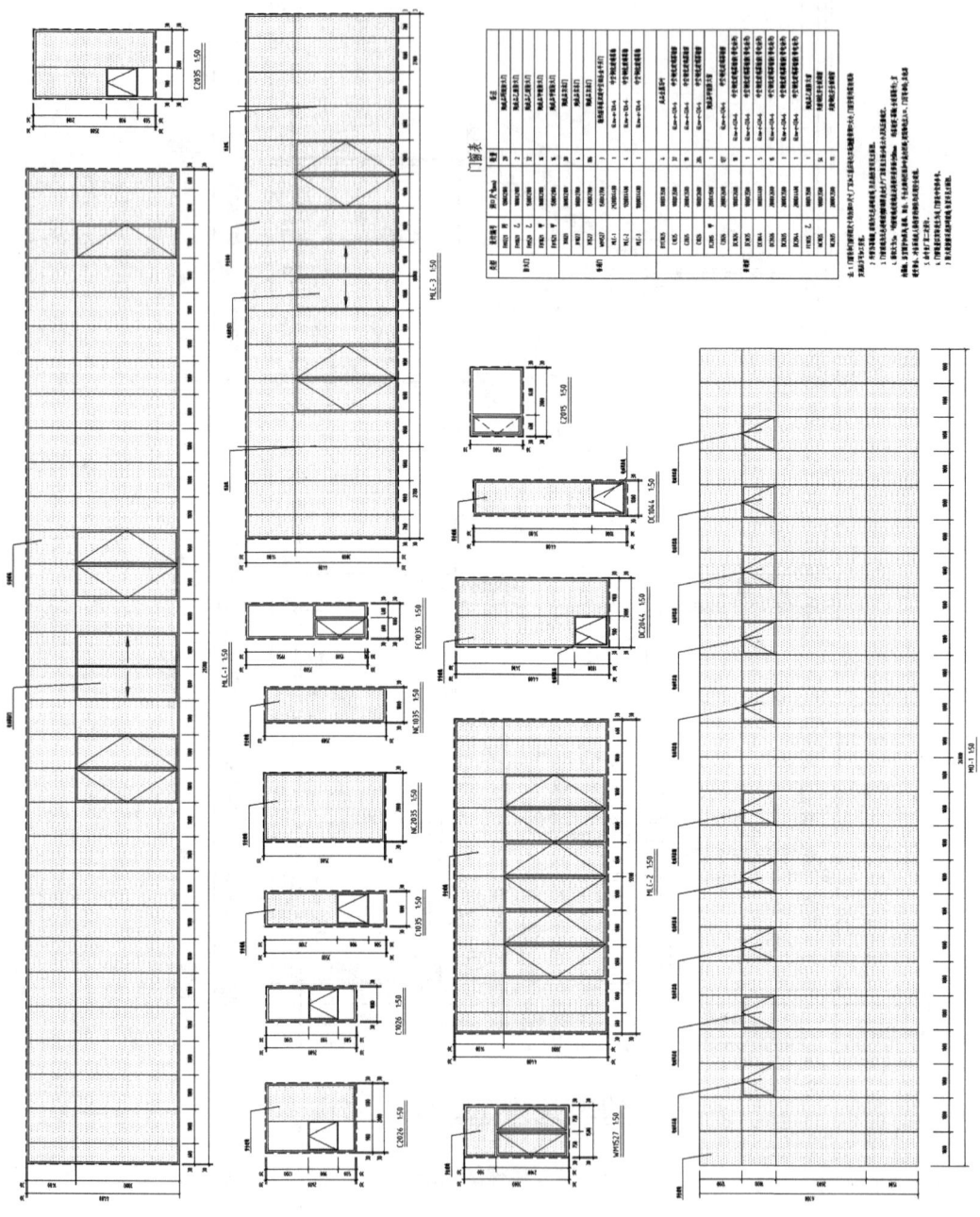

图 1-38 门窗详图

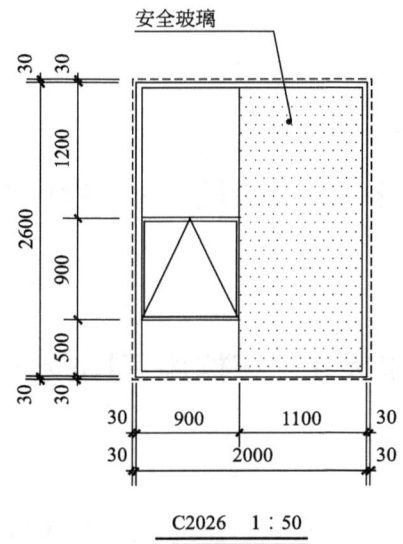

图 1-39　窗详图

　　从图中可以看出，C2026 详图所用的比例是 1 ： 50。

　　窗的尺寸做了细致的表达，整扇窗宽 2000mm，窗高 2600mm。

　　整扇窗被划分为左右两部分，左半部分在竖向上又分为三部分，其中上下两部分为固定窗，中间部分为可开启窗。右半部分为使用了带安全玻璃的固定窗。各部分尺寸都做了详细的标注。

项目二 结构施工图识读

单元 1 结构施工图概述

1. 结构施工图基本知识

（1）结构施工图定义

结构施工图（简称结施图），主要表达建筑工程的结构类型，在建筑施工图的基础上对房屋各承重构件或单体（如基础、柱、梁、板、剪力墙和楼梯）的布置、材料选择、截面尺寸设定、配筋以及构件间的连接、构造的要求。

（2）结构施工图作用

结构施工图是设计人员综合考虑建筑的规模、使用功能、业主的要求、当地材料的供应情况、场地周边的现状、抗震设防要求等因素，根据国家及省市现行有关规范、规程、规定，以经济合理、技术先进、确保安全为原则而形成的结构工程设计文件。

结构施工图是施工放线、挖槽、支模板、绑扎钢筋、浇筑混凝土、安装梁板柱等构件、编制预决算和施工组织设计的依据，是监理单位工程质量检查与验收的依据。

（3）结构施工图组成

结构施工图的组成一般包括以下内容：结构图纸目录、结构设计总说明、基础施工图、主体结构施工图和结构详图。

① 结构图纸目录：从结构图纸目录可以了解图纸的排列、总张数和每张图纸的内容，核对图纸的完整性，查找所需要的图纸。

② 结构设计总说明。

结构设计总说明是结构施工图的纲领性文件，是施工的重要依据。根据现行的规范要求，结合工程结构的实际情况，将设计的依据、对材料的要求、所选用的标准图和对施工的特殊要求等，以文字表达为主的方式形成的设计文件。

③ 基础施工图。

基础施工图包括基础平面图和基础详图，主要表达建筑物的地基处理措施及要求、基础形式、位置、所属轴线，以及基础内留洞、构件、管沟、基底标高等平面布置情况；基础详图主要说明基础的具体构造。

④ 主体结构施工图。

主体结构施工图是指标高在 ±0.000 以上的结构，主要表达柱、梁、板、剪力墙等构件的平面布置，各构件的截面尺寸、配筋等。

⑤ 结构详图包括楼梯、电梯间、屋架结构详图及柱、梁、板的节点详图。

结构施工图一般按施工顺序排序，依次为图纸目录、结构设计总说明、基础平面图、基础详图、柱（剪力墙）平面及配筋图（自下而上按层排列）、梁平面及配筋（自下而上按层排列）、楼（屋）面结构平面图（自下而上按层排列）、楼梯及构件详图等。

2. 结构施工图的识读方法

在实际施工中，结构施工图的识读方法和步骤通常是要同时查看建筑图和结构图。只有把两者结合起来，把它们融合在一起，一栋建筑物才能进行施工。

（1）建筑施工图和结构施工图的关系

① 相同的地方。轴线位置、编号都相同；墙体厚度应相同；过梁位置与门窗洞口位置应相符等。凡是应相符的地方都应相同，如果有不符合时就有了矛盾和问题，在看图时应记下来，在图纸会审时提出，或随时与设计人员联系，以便得到解决，图纸对应才能施工。

② 不同的地方。建筑标高与结构标高是不一样的；结构尺寸和建筑（做好装饰后的）尺寸是不相同的；承重结构墙在结构平面图上有，非承重的隔断墙则在建筑图上才有等。这些要从看图积累经验后，了解到哪些内容应在哪种图纸上看到，才能了解建筑物的全貌。

③ 相关联的地方。建筑施工图和结构施工图相关联的地方，必须结合起来看。民用建筑中如雨篷、阳台的结构图和建筑装饰图须结合起来看；如圈梁结构布置图中的圈梁通过门、窗口处对门窗高度有无影响，这也需要把两种图纸结合起来看；楼梯的结构图往往与建筑图结合在一起绘制等。随着施工经验和看图纸经验的积累，建筑图和结构图相关联处的结合看图就会慢慢熟练起来。

（2）结构施工图识读的一般原则

结构施工图要表达的内容较多，是施工的重要依据。结构施工图的识读应在了解结构施工图内容、表达方法、常用的结构构造做法以及相关结构规范的基础上，结合建筑施工图按照由浅入深、先粗后细、先大后小、互相对照的方法进行识读，这样才能迅速全面地读懂结构施工图，理解结构施工图的设计意图。

结构施工图识读一般宜遵循以下原则：

① 先建筑、后结构。

一般先看建筑施工图，了解建筑概况、使用功能及要求、内部空间的布置、层数与层高、墙柱布置、门窗尺寸、内外装修、节点构造及施工要求等基本情况，在正确识读建筑施工图、理解建筑设计意图的基础上，再看结构施工图，根据正确的识读方法，按照图纸编排顺序对结构施工图进行逐张识读。

② 由浅入深，先粗后细，先大后小。

先了解结构工程概况、结构类型、基础形式（仔细阅读结构设计总说明），再逐一翻阅结构施工图，了解基础、柱（剪力墙）、梁、板、楼梯等各结构构件的布置情况，最后逐步细化，仔细识读每一张结构施工图中的每一个构件、每一个节点的详图，熟悉结构构件的材料要求、截面尺寸、配筋以及结构构件间的连接、构造要求等内容。

③ 结施图与建施图对照看，其他设施图参照看。

在阅读结构施工图的同时，还需要对照相应的建筑施工图，应特别注意各层平面柱梁的布置与建筑施工图中相应各层的平面布置、梁的截面高度与相应门窗尺寸、结构标高与建筑标高及面层做法、结构详图与建筑详图等相互之间的统一关系。最后阅读设备施工图，应特别注意设备的布置与建筑施工图的平面布置、设备的预留孔位置及尺寸与结构构件的布置与尺寸的全貌、构件预留孔的位置等相互之间的统一关系。只有把三者结合起来看，才能正确全面地了解施工图的全部内容。

单元 2　结构施工图基本知识

1. 图纸目录和结构设计总说明的识读

（1）图纸目录识读

一套结构施工图纸的第一张图纸便是目录。通过图纸目录可以了解图纸的专业类别、总张数、每张图纸的图名、工程名称、建设单位和设计单位等内容。

图纸目录的形式由设计单位自行确定，没有统一格式，但大体如表 2-1 内容所示。

图纸目录　　　　　　　　　　　　　　　　　表 2-1

序号	图号	图纸名称	备注
1	结施 -01	结构设计总说明	
2	结施 -02	基础平面布置图	
3	结施 -03	柱平面布置图	
4	结施 -04	梁配筋图	
5	结施 -05	板配筋图	
6	结施 -06	楼梯详图	

（2）结构设计总说明识读

结构设计总说明主要说明该图样的设计依据和施工要求，是整套结构施工图的首页。

结构设计总说明主要表达在图纸中无法直接表示的内容，在总说明中用文字或详图对图纸内容进行补充，是识读结构施工图纸所必须了解的，需要认真阅读。主要内容为：

① 工程概况。如结构类型、层数、结构总高度、±0.000 相对应的绝对标高等。

② 设计的主要依据。如设计采用的有关规范、主体结构的荷载取值（尤其是荷载规范中没有明确规定或与规范取值不同的活荷载标准值及其作用范围）、采用的地质勘查报告、设计计算所采用的软件、建筑抗震设防类别、建设场地抗震设防烈度、设计基本地震加速度值、所属的设计地震分组以及混凝土结构的抗震等级、人防工程抗力等级、场地土的类别、基本风压值、地面粗糙度类别、设计使用年限、混凝土结构所处的环境类别、结构安全等级等。

③ 采用的标准图集名称与编号。

④ 地基及基础。如场地土的类别、基础类型、持力层的选用、基础所选用材料及强度等级、基坑开挖、验槽要求、基坑土方回填、沉降观测点设置与沉降观测要求；若采用桩基础，还应注明桩的类型、所选用桩端持力层、桩端进入持力层的深度、桩身配筋、桩长、单桩承载力、桩基施工控制要求、桩身质量检测的方法及数量要求；地下室防水施工与基础中需要说明的构造要求与施工要求、验收要求以及对不良地基的处理措施与技术

要求。

⑤ 材料的选用及强度等级的要求。如混凝土的强度等级，钢筋的强度等级，焊条、基础砌体的材料及强度等级，主体结构砌体的材料及强度等级等，所选用的结构材料的品种、规格、型号、性能及强度，对地下室、屋面等有抗渗要求的混凝土抗渗等级。

⑥ 一般构造要求。如钢筋的连接、锚固长度、箍筋要求、变形缝与后浇带的构造做法、主体结构与围护的连接要求等。

⑦ 主体结构的有关构造及施工要求。如预制构件的制作、起吊、运输、安装要求，梁板中开洞的洞口加强措施、梁、板、柱及剪力墙各构件的抗震等级和构造要求，构造柱、圈梁的设置及施工要求等。

⑧ 其他需要说明的内容。

2. 筏形基础平法施工图的识读

【知识储备】筏形基础是指当建筑物上部荷载较大而地基承载力较弱时，用简单的独立基础或条形基础已不能适应地基变形的需要，可以将墙或柱下基础连成一片，使整个建筑物的荷载承受在一块整板上，这种满堂式的板式基础称为筏形基础。筏形基础由于其底面积大，故可以减小基底压强，同时也可以提高地基土的承载力，并能有效增强基础的整体性，调整不均匀沉降。

筏形基础分为平板式筏形基础和梁板式筏形基础，一般根据地基土质、上部结构体系、柱距、荷载大小及施工条件等确定。

（1）梁板式筏形基础

1）梁板式筏形基础的一般规定。

① 梁板式筏形基础平法施工图，是在基础平面布置图上采用平面注写的方式进行表达。当绘制基础平面布置图时，应将梁板式筏形基础与其所支承的柱、墙一同绘制。

② 梁板式筏形基础以多数相同的基础平板底面标高作为基础底面基准标高。当基础底面标高不同时，需注明与基础底面基准标高不同之处的范围和标高。通过选注基础梁底面与基础平板底面的标高高差来表达两者间的位置关系，可以明确其"高板位"（梁顶与板顶一平）、"低板位"（梁底与板底一平）以及"中板位"（板在梁的中部）三种不同位置组合的筏形基础，方便设计表达。

③ 对于轴线未居中的基础梁，应标注其定位尺寸。

2）梁板式筏形基础构件的类型与编号。

梁板式筏形基础由基础主梁、基础次梁、基础平板等构成，编号按表2-2的规定。

梁板式筏形基础构件编号　　　　　　　　　　　　　　　　表 2-2

构件类型	代号	序号	跨数及是否带有悬挑
基础主梁（柱下）	JL	××	（××）　（××A）　（××B）
基础次梁	JCL	××	（××）　（××A）　（××B）
梁板筏基础平板	LPB	××	—

注：1. （××A）为一端有外伸，（××B）为两端有外伸，外伸不计入跨数。
2. 梁板式筏形基础平板跨数及是否有外伸分别在X、Y两向的贯通纵筋后表达。图纸平面从左至右为X向，从下至上为Y向。

3）基础主梁与基础次梁的平面注写方式。

基础主梁 JL 与基础次梁 JCL 的平面注写方式，分为集中标注与原位标注两部分内容。当集中标注中的某项数值不适用于梁的某部位时，则采用原位标注，施工时原位标注优先。

① 基础主梁 JL 与基础次梁 JCL 的集中标注。

基础主梁 JL 与基础次梁 JCL 的集中标注内容为：基础梁编号、截面尺寸、配筋三项必须标注的内容，以及基础梁底面标高高差（相对于筏形基础平板底面标高）一项选注内容。

具体规定为：

A．注写基础梁的编号，见表 2-2。

B．注写基础梁的截面尺寸。以 $b \times h$ 表示梁截面宽度与高度；当为竖向加腋梁时，用 $b \times h Y c_1 \times c_2$ 表示，其中 c_1 为腋长，c_2 为腋高。

C．注写基础梁配筋。

注写基础梁箍筋：

当采用一种箍筋间距时，注写钢筋级别、直径、间距与肢数（写在括号内）。

当采用两种箍筋时，用"/"分隔不同箍筋，按照从基础梁两端向跨中的顺序注写。先注写第 1 段箍筋（在前面加注箍数），在"/"后再注写第 2 段箍筋（不再加注箍数）。

例：$7\phi16@100/\phi16@200$（6），表示配置 HRB 400，直径为 16 的箍筋，间距为两种，从梁两端起向跨内按箍筋间距 100 每端各设置 7 道，梁其余部位的箍筋间距为 200，均为 6 肢箍。

注写基础梁的底部、顶部及侧面纵向钢筋：

以 B 打头，表示梁底部贯通纵筋。当跨中所注根数少于箍筋肢数时，需要在跨中加设架立筋以固定箍筋，注写时用"+"将贯通纵筋与架立筋相连，架立筋注写在"+"后面的括号内。

以 T 打头，表示梁顶部贯通纵筋值。注写时用"；"将底部与顶部纵筋分隔开，如有个别跨与其不同，按原位标注处理。

例：B4Φ28；T7Φ28，表示梁的底部配置 4 根Φ28 贯通纵筋，梁的顶部配置 7 根Φ28 贯通纵筋。

当梁底部或顶部贯通纵筋多于一排时，用"/"将各排纵筋自上而下分开。

例：梁底部贯通纵筋注写为 B8Φ30 3/5，表示上一排纵筋为 3Φ30，下一排纵筋为 5Φ30。

以 G/N 打头，注写基础梁两侧对称设置的纵向构造钢筋/抗扭钢筋的总配筋值，梁两侧钢筋数值对称。

例：G8Φ16，表示梁的两个侧面共配置 8Φ16 的纵向构造钢筋，每侧各配置 4 根。

例：N8Φ16，表示梁的两个侧面共配置 8Φ16 的纵向抗扭钢筋，每侧各配置 4 根。

D．注写基础梁底面标高高差（指相对于筏形基础平板底面标高的高差值），该项为选注值。有高差时需将高差写入括号内（如"高板位"与"中板位"基础梁的底面与基础平板底面标高的高差值），无高差时不注写（如"低板位"筏形基础的基础梁）。

② 基础主梁 JL 与基础次梁 JCL 的原位标注

基础主梁与基础次梁的原位标注规定为：

A．梁支座的底部纵筋，是指包含贯通纵筋与非贯通纵筋在内的所有纵筋。

当底部纵筋多于一排时，用"/"将各排纵筋自上而下分开。

例：梁端（支座）区域底部纵筋注写为 6Φ25 2/4，表示上一排纵筋为 2Φ25，下一排纵筋为 4Φ25。

当同排纵筋有两种直径时，用"+"将两种直径的纵筋相连。

例：梁端（支座）区域底部纵筋注写为 4Φ28+2Φ25，表示一排纵筋由两种不同直径的钢筋组合。

当梁中间支座两边的底部纵筋配置不同时，需在支座两边分别标注配筋值；当梁中间支座两边的底部纵筋相同时，可仅在支座的一边标注配筋值。

当梁端（支座）区域的底部全部纵筋与集中注写过的贯通纵筋相同时，可不再重复进行原位标注。

竖向加腋梁加腋部位钢筋，需在设置加腋支座处以 Y 打头注写在括号内。

例：竖向加腋梁端（支座）处注写为 Y4Φ25，表示竖向加腋部位斜纵筋为 4Φ25。

B．注写基础梁的附加箍筋或（反扣）吊筋。将其直接画在平面图中的主梁上，用线引注总配筋值（附加箍筋的肢数注写在括号内），当多数附加箍筋或（反扣）吊筋相同时，可在基础梁平法施工图中统一注明，少数与统一注明值不同时，再原位引注。

C．当基础梁外伸部位变截面高度时，在该部位原位注写 $b×h_1/h_2$，h_1 为根部截面高度，h_2 为顶端截面高度。

4）梁板式筏形基础平板平面注写方式。

梁板式筏形基础平板 LPB 的平面注写，分为集中标注与原位标注两部分内容。

① 梁板式筏形基础的集中标注。

梁板式筏形基础平板 LPB 贯通纵筋的集中标注，应在所表达的板区双向均为第一跨（X 与 Y 双向首跨）的板上引出（图纸平面从左至右为 X 向，从下至上为 Y 向）。

板区划分条件：板厚相同、基础平板底部与顶部贯通纵筋配置相同的区域为同一板区。

集中标注内容的规定为：

A．注写基础平板的编号，见表 2-2。

B．注写基础平板的截面尺寸，$h=×××$ 表示板厚。

C．注写基础平板的底部与顶部贯通纵筋及其跨数和外伸情况。先注写 X 向底部（B 打头）贯通纵筋与顶部（T 打头）贯通纵筋及纵向长度范围；再注写 Y 向底部（B 打头）贯通纵筋与顶部（T 打头）贯通纵筋及其跨数和外伸情况（图纸平面从左至右为 X 向，从下至上为 Y 向）。

贯通纵筋的跨数及外伸情况注写在括号中，注写方式为"跨数及有无外伸"，其表达形式为：（××）（无外伸）、（×× A）（一端有外伸）或（×× B）（两端有外伸）。

例：图 2-1 中基础平板 1 的集中标注为，

X：BΦ16@200；TΦ18@200（7B）；

Y：BΦ18@200；TΦ18@200（7B）；

表示基础平板 X 向底部配置Φ16 间距 200 的贯通纵筋，顶部配置Φ18 间距 200 的贯通纵筋，共 7 跨，两端有外伸；Y 向底部配置Φ18 间距 200 的贯通纵筋，顶部配置Φ18 间距200 的贯通纵筋，共 7 跨，两端有外伸。

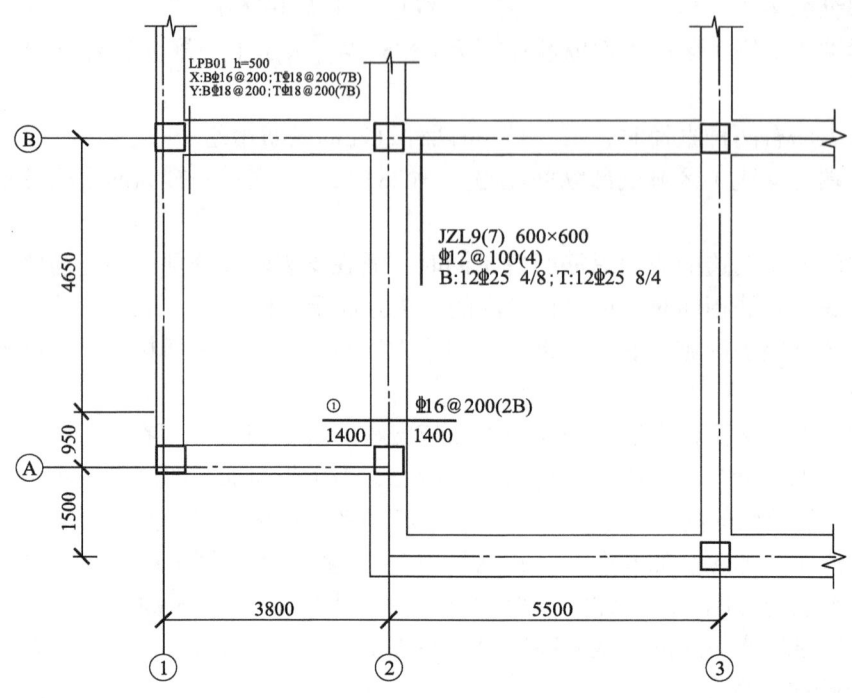

图 2-1　某梁板式筏形基础施工图

② 梁板式筏形基础平板 LPB 的原位标注

梁板式筏形基础平板 LPB 的原位标注，主要表达板底部附加非贯通纵筋。

A．原位注写位置及内容。板底部原位标注的附加非贯通纵筋，应在配置相同跨的第一跨表达（当在基础梁悬挑部位单独配置时则在原位表达）。在配置相同跨的第一跨（或基础梁外伸部位），垂直于基础梁绘制一段中粗虚线（当该通长设置在外伸部位或短跨板下部时，应画至对边或贯通短跨），在钢筋线上注写编号（如①、②等）、配筋值、横向布置的跨数及是否布置到外伸部位。

注：（××）为横向布置的跨数，（××A）为横向布置的跨数及一端基础梁的外伸部位，（××B）为横向布置的跨数及两端基础梁的外伸部位。

板底部附加非贯通纵筋自支座中线向两边跨内伸出长度值注写在线段的下方位置。当该筋向两侧对称伸出时，可仅在一侧标注，另一侧不标注；当布置在边梁下时，向基础平板外伸部位一侧伸出长度与方式按标准构造，设计不标注。底部附加非贯通筋相同者，可仅注写一处，其他只注写编号。横向连续布置的跨数及是否布置到外伸部位，不受集中标注贯通纵筋的板区限制。

原位注写的底部附加非贯通纵筋与集中标注的底部贯通钢筋，宜采用"隔一布一"的方式布置，即基础平板（X 向或 Y 向）底部附加非贯通纵筋与贯通纵筋间隔布置，其标注间距与底部贯通纵筋相同（两者实际组合后的间距为各自标注间距的 1/2）。

B．注写修正内容。当集中标注的某些内容不适用于梁板式筏形基础平板某板区的某一板跨时，应由设计者在该板跨内注明，施工时应采用注明内容。

C．当若干基础梁下基础平板的底部附加非贯通纵筋配置相同时（其底部、顶部的贯通纵筋可以不同），可仅在一根基础梁下进行原位标注，并在其他梁上注明"该梁下基础平板底部附加非贯通纵筋同××基础梁"。

例：如图 2-1 所示，①号非贯通钢筋原位标注表示，非贯通纵筋⊕16，钢筋间距 200，两跨两端悬挑，长度为沿梁中心线向两侧各伸出 1400。

（2）平板式筏形基础

1）平板式筏形基础一般规定。

① 平板式筏形基础平法施工图，是在基础平面布置图上采用平面注写方式表达。

② 当绘制基础平面布置图时，应将平板式筏形基础与其所支承的柱、墙一同绘制。当基础底面标高不同时，需注明与基础底面基准标高不同之处的范围和标高。

2）平板式筏形基础构件的类型与编号。

平板式筏形基础的平面注写方式有两种：一是划分为柱下板带和跨中板带进行表达；二是按基础平板进行表达。平板式筏形基础构件编号按表 2-3 的规定。

平板式筏形基础构件编号　　　　　　表 2-3

构件类型	代号	序号	跨数及是否带有悬挑
柱下板带	ZXB	××	（××）、（××A）、（××B）
跨中板带	KZB	××	（××）、（××A）、（××B）
平板式筏形基础平板	BPB	××	—

注：1.（××A）为一端有外伸，（××B）为两端有外伸，外伸不计入跨数。
例：ZXB5（4A）表示第 5 号柱下板带，4 跨，一端有外伸。
2.平板式筏形基础平板，其跨数及是否有外伸分别在 X、Y 两向的贯通纵筋后表达。图纸平面从左至右为 X 向，从下至上为 Y 向。

3）柱下板带、跨中板带和平板筏形基础平板的平面注写。

平板式筏形基础由柱下板带、跨中板带构成；当设计不区分板带时，可按基础平板进行表达。柱下板带与跨中板带标注如图 2-2 所示，平板式筏形基础平板标注如图 2-3 所示。

柱下板带 ZXB 与跨中板带 KZB 的平面注写，分为板带底部与顶部贯通纵筋的集中标注、板带底部附加非贯通纵筋的原位标注两部分。

① 集中标注的内容有：编号、截面尺寸、底部与顶部贯通纵筋。截面尺寸要标注板带的宽度，用 b=×× 表示（基础平板厚度在图注中说明）。

底部与顶部非贯通纵筋的注写规则与布置方式，与梁板式筏形基础的基础平板相同。

基础平板 BPB 的平面注写与柱下板带 ZXB、跨中板带 KZB 的平面注写是不同的表达方式，但可以表达同样的内容。平板式筏形基础平板 BPB 的集中标注除编号不同外，其他内容与梁板式筏形基础的基础平板注写规则相同。

② 原位标注除将延伸长度"自梁中心线"改为"自柱中心线"外，其他基本相同。

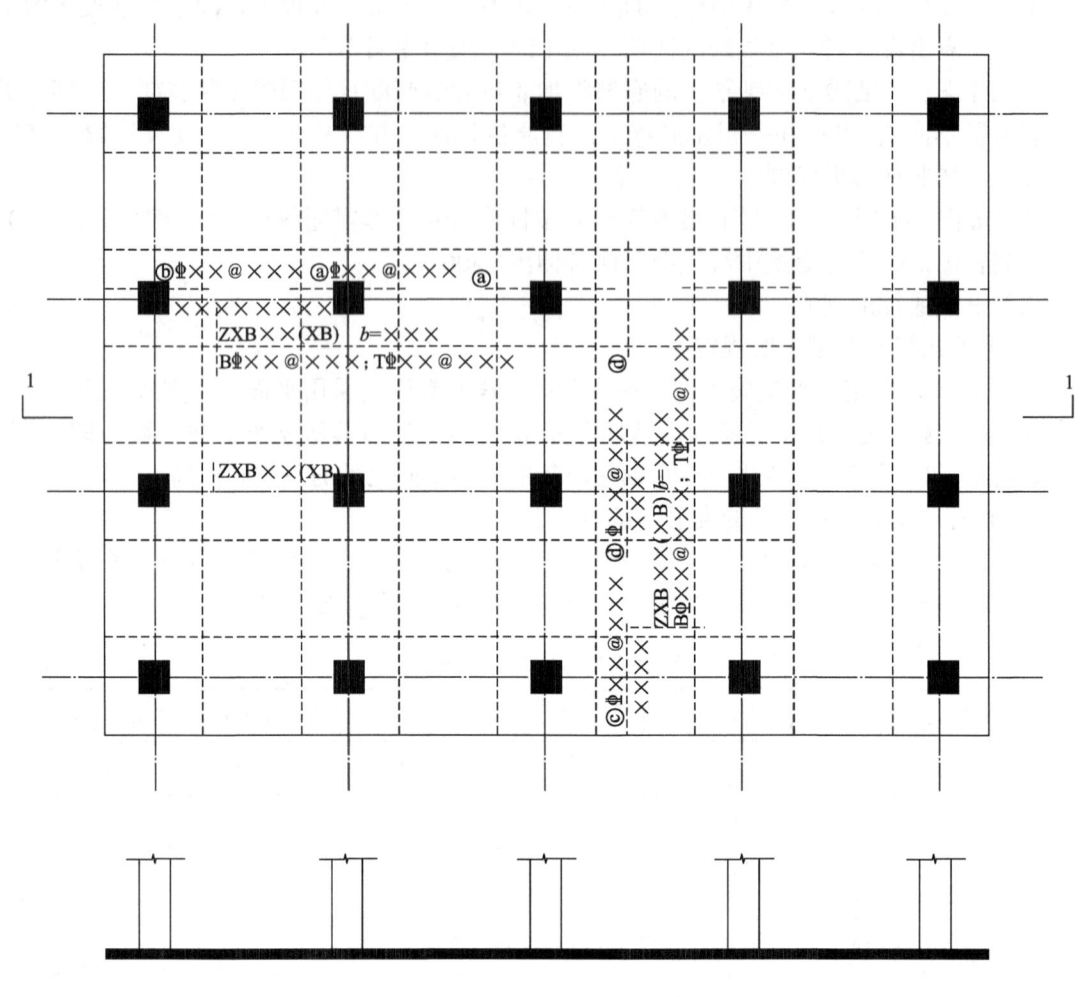

图 2-2　柱下板带与跨中板带标注示意图

（3）基础相关构造

基础相关构造的平法施工图设计，是在基础平面布置图上采用直接引注的方式表达。基础相关构造类型与编号，按表 2-4 的规定。

1）后浇带

后浇带 HJD 直接引注。后浇带的平面形状及定位由平面布置图表达，后浇带留筋方式等由引注内容表达，引注内容为：

① 后浇带编号及留筋方式代号。

② 后浇混凝土的强度等级 C××。宜采用补偿收缩混凝土，设计应注明相关施工要求。

③ 后浇带区域内，留筋方式或后浇混凝土强度等级不一致时，设计者应在图中注明与图示不一致的部位及做法。

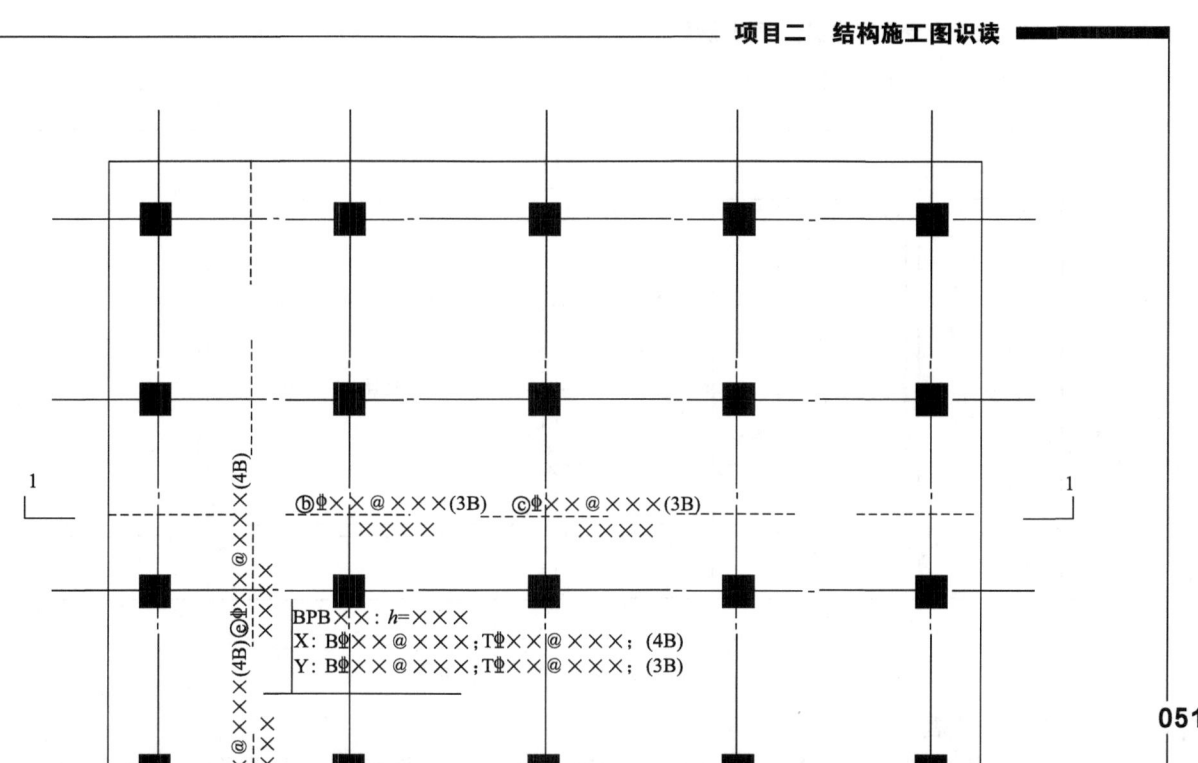

图 2-3 平板式筏形基础平板标注示意图

基础相关构造类型与编号 表 2-4

构造类型	代号	序号	说明
后浇带	HJD	××	用于梁板、平板筏形基础、条形基础等
上柱墩	SZD	××	用于平板筏形基础
下柱墩	XZD	××	用于梁板、平板筏形基础
基坑（沟）	JK	××	用于梁板、平板筏形基础

设计者应注明后浇带处附加防水层做法：当设置抗水压垫层时，还应注明其厚度、材料与配筋；当采用后浇带超前止水构造时，设计者应注明其厚度与配筋。后浇带引注见图 2-4。

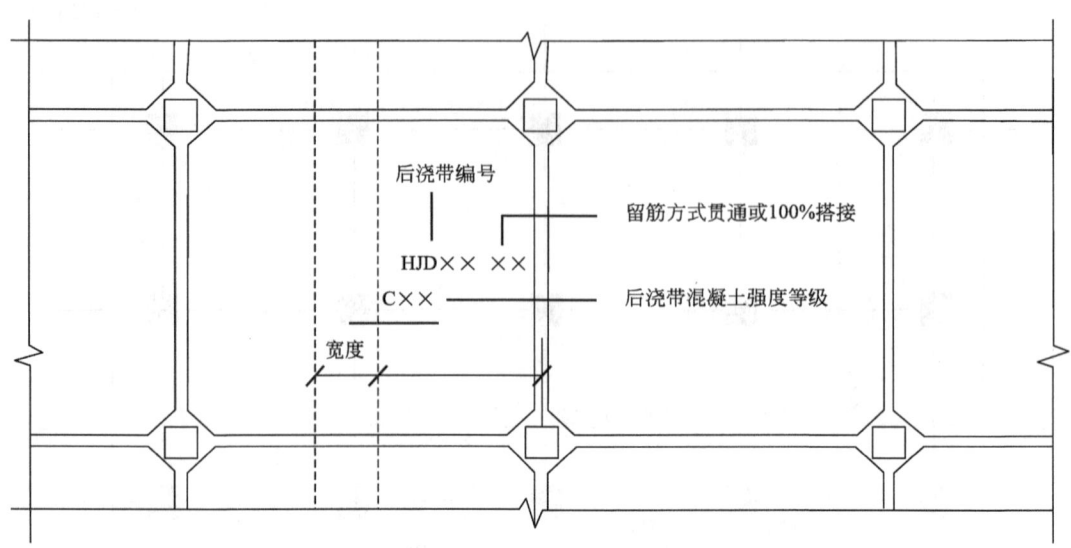

图 2-4 后浇带引注示意图

2）上柱墩

上柱墩 SZD，是根据平板式筏形基础受剪或受冲切承载力的需要，在板顶面以上混凝土柱的根部设置的混凝土墩。棱台形上柱墩（$c_1=c_2$）引注见图 2-5，棱柱形上柱墩（$c_1 \neq c_2$）引注见图 2-6。

上柱墩直接引注的内容为：

① 注写编号 SZD××，见表 2-4。

② 注写几何尺寸。按"柱墩向上凸出基础平板高度 h_d/ 柱墩顶部出柱边缘宽度 c_1/ 柱墩底部出柱边缘宽度 c_2"的顺序注写，其表达形式为 $h_d/c_1/c_2$。当为棱柱形柱墩 $c_1=c_2$ 时，c_2 不注，表达形式为 h_d/c_1。

③ 注写配筋。按"竖向（$c_1=c_2$）或斜竖向（$c_1 \neq c_2$）纵筋的总根数、强度等级与直径 / 箍筋强度等级、直径、间距与肢数（X 向排列肢数 m×Y 向排列肢数 n）"的顺序注写（当分两行注写时，可不用"/"）。

所注写纵筋总根数环正方形柱截面均匀分布，环非正方形柱截面相对均匀分布（先放置柱角筋，其余按柱截面相对均匀分布），其表达形式为：××Φ××/ϕ××@×××。

例：SZD3，600/50/350，14Φ16/ϕ10@100（4×4），表示 3 号棱台形上柱墩；凸出基础平板顶面高度为 600，底部每边出柱边缘宽度为 350，顶部每边出柱边缘宽度为 50；共配置 14 根Φ16 斜向纵筋；箍筋直径为 10，间距 100，X 向与 Y 向各为 4 肢。

3）下柱墩

下柱墩 XZD，是根据平板式筏形基础受剪或受冲切承载力的需要，在柱的所在位置、基础平板底面以下设置的混凝土墩。倒棱台形下柱墩（$c_1 \neq c_2$）引注见图 2-7，倒棱柱形下柱墩（$c_1=c_2$）引注见图 2-8。

下柱墩直接引注的内容为：

① 注写编号 XZD××，见表 2-4。

② 注写几何尺寸。按"柱墩向下凸出基础平板深度 h_d/ 柱墩顶部出柱投影宽度 c_1/ 柱

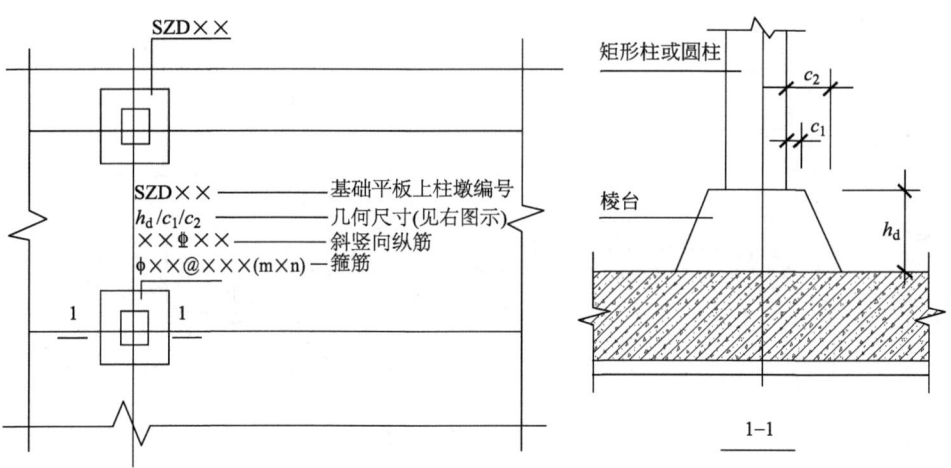

图 2-5　棱台形上柱墩引注示意图

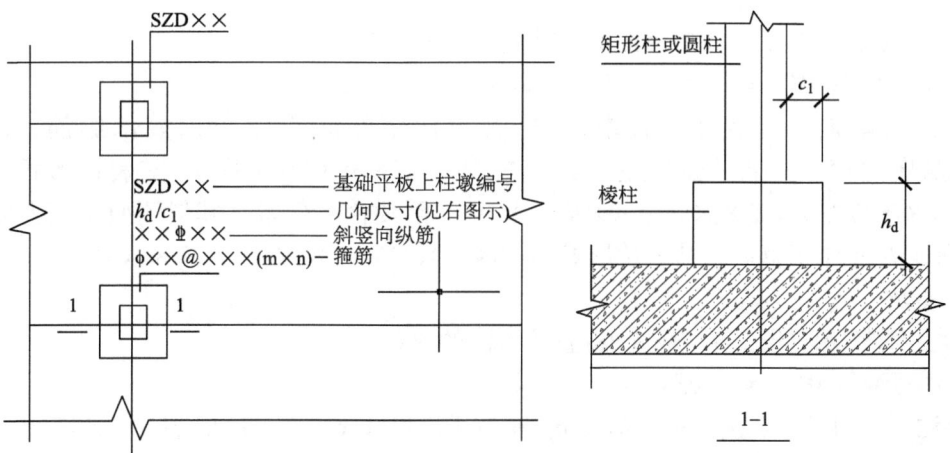

图 2-6　棱柱形上柱墩引注示意图

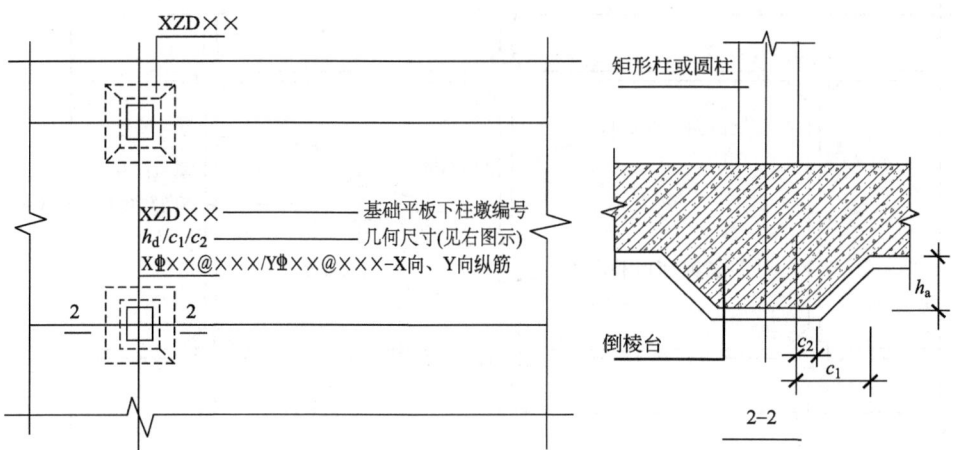

图 2-7　棱台形下柱墩引注示意图

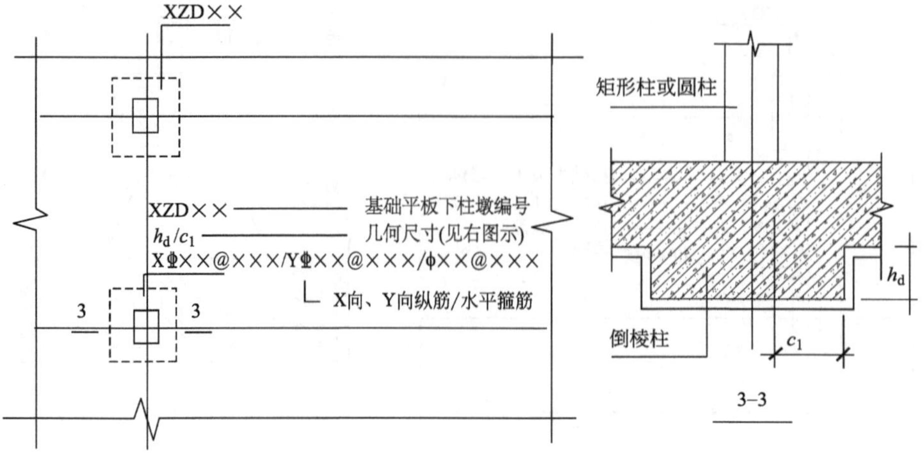

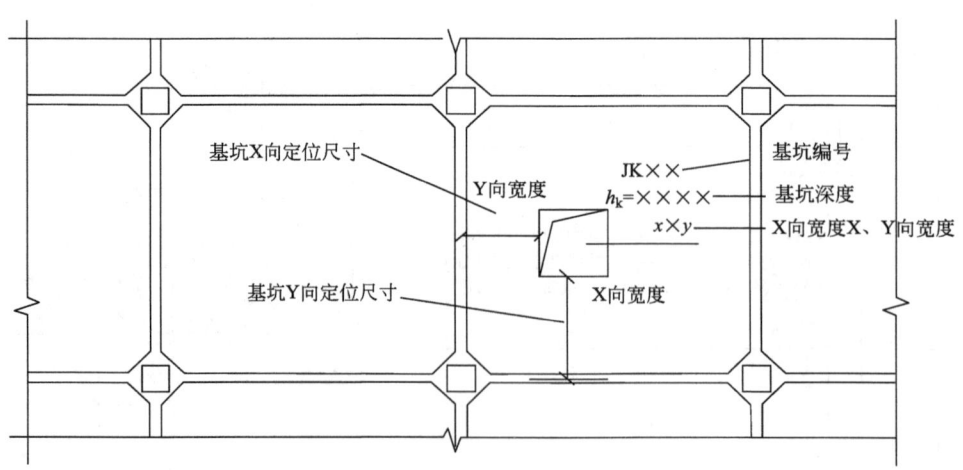

图 2-8　棱柱形下柱墩引注示意图

墩底部出柱投影宽度 c_2" 的顺序注写，其表达形式为 $h_d/c_1/c_2$。

当倒棱柱形柱墩 $c_1=c_2$ 时，c_2 不注，表达形式为 h_d/c_1。

③ 注写配筋。倒棱柱下柱墩，按 "X 方向底部纵筋 /Y 方向底部纵筋 / 水平箍筋" 的顺序注写（图纸平面从左至右为 X 向，从下至上为 Y 向），其表达形式为：X⏀×× @×××/Y⏀×× @×××/ϕ×× @×××；倒棱台下柱墩，其斜侧面由两方向纵筋覆盖，不必配置水平箍筋，其表达形式为：X⏀×× @×××/Y⏀×× @×××。

4）基坑

基坑引注图示见图 2-9。基坑 JK 直接引注的内容为：

① 注写编号 JK××，见表 2-4。

② 注写几何尺寸。按 "基坑深度 h_k/ 基坑平面尺寸 $x×y$" 的顺序注写，其表达形式为 $h_k/x×y$。x 为 X 向基坑宽度，y 为 Y 向基坑宽度（图纸平面从左至右为 X 向，从下至上为

图 2-9　基坑引注图示

Y 向）。

在平面布置图上应标注基坑的平面定位尺寸。

3. 剪力墙平法施工图识读

【知识储备】剪力墙又称抗风墙、抗震墙或结构墙。房屋或构筑物中主要承受风荷载或地震作用引起的水平荷载和竖向荷载，防止结构剪切破坏，一般采用钢筋混凝土结构。

（1）剪力墙一般规定

① 剪力墙平法施工图是在剪力墙平面布置图上采用列表注写方式或截面注写方式表达。

② 剪力墙平面布置图可采用适当比例单独绘制，也可与梁平面布置图合并绘制。当剪力墙较复杂或采用截面注写方式时，应按标准层分别绘制剪力墙平面布置图。

③ 在剪力墙平法施工图中，应注明各结构层的楼面标高、结构层高及相应的结构层号，还应注明主体结构嵌固部位位置。

④ 对于轴线未居中的剪力墙（包括端柱），应标注其偏心定位尺寸。

（2）列表注写方式

为表达清楚、简便，剪力墙可视为由剪力墙柱、剪力墙身和剪力墙梁三类构件构成。

列表注写方式，是分别在剪力墙柱表、剪力墙身表和剪力墙梁表中心对应于剪力墙平面布置图上的编号，用绘制截面配筋图并注写几何尺寸与配筋具体数值的方式表达剪力墙平法施工图。

1）剪力墙平法施工图编号。

将剪力墙按照剪力墙柱、剪力墙身、剪力墙梁（简称为墙柱、墙身、墙梁）三类构件分别编号。

① 墙柱编号：由墙柱类型代号和序号组成，表达形式应符合表 2-5 的规定。其中约束边缘构件包括约束边缘暗柱、约束边缘端柱、约束边缘翼墙、约束边缘转角墙四种（图 2-10）。构造边缘构件包括构造边缘暗柱、构造边缘端柱、构造边缘翼墙、构造边缘转角墙四种（图 2-11）。

墙柱编号　　　　　　　　　　　　　表 2-5

墙柱类型	代号	序号
约束边缘构件	YBZ	××
构造边缘构件	GBZ	××
非边缘暗柱	AZ	××
扶壁柱	FBZ	××

② 墙身编号：墙身编号由墙身代号、序号以及墙身所配置的水平与竖向分布钢筋的排数组成，其中排数注写在括号内。表达形式为：Q××（×× 排）。

编号中如果若干墙柱的截面尺寸与配筋均相同，仅截面与轴线的关系不同时，可将其编为同一墙柱号；如果若干墙身的厚度尺寸和配筋均相同，仅墙厚与轴线的关系不同或墙

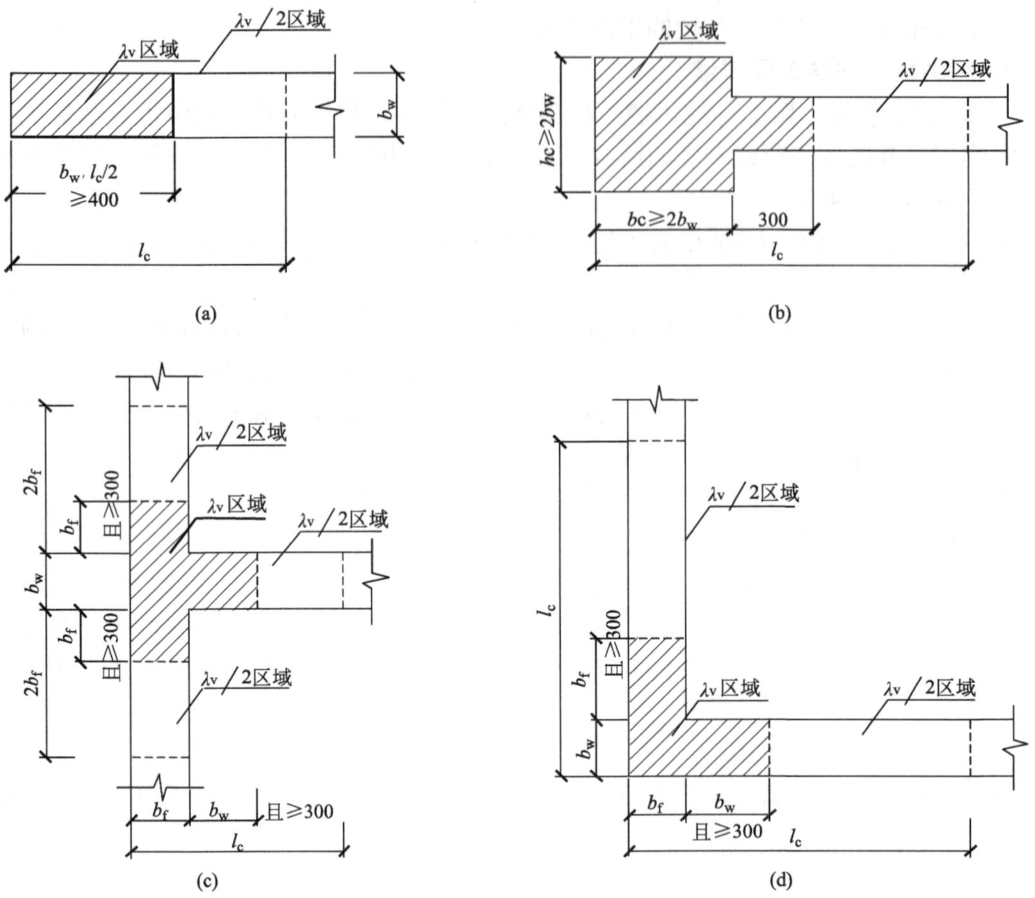

图 2-10 约束边缘构件

(a) 约束边缘暗柱；(b) 约束边缘端柱；(c) 约束边缘翼墙；（d）约束边缘转角墙

身长度不同时，也可将其编为同一墙身号，但应在图中注明与轴线的几何关系。

当墙身所设置的水平与竖向分布钢筋的排数为 2 时可不注。

对于分布钢筋网的排数规定：当剪力墙厚度不大于 400 时，应配置双排；当剪力墙厚度大于 400，但不大于 700 时，宜配置三排；当剪力墙厚度大于 700 时，宜配置四排。

各排水平分布钢筋和竖向分布钢筋的直径与间距宜保持一致。

③墙梁编号：墙梁编号由墙梁类型代号和序号组成，表达形式应符合表 2-6 的规定。

墙梁编号　　　　　　　　　　　　　　　　　　　表 2-6

墙梁类型	代号	序号
连梁	LL	××
连梁（对角暗撑配筋）	LL（JC）	××

续表

墙梁类型	代 号	序 号
连梁（交叉斜筋配筋）	LL（JX）	××
连梁（集中对角斜筋配筋）	LL（DX）	××
连梁（跨高比不小于5）	LLK	××
暗梁	AL	××
边框梁	BKL	××

2）剪力墙平法施工图列表注写内容

①墙柱列表注写内容。

A．注写墙柱编号（表2-5），绘制该墙柱的截面配筋图，标注墙柱几何尺寸：

约束边缘构件（图2-10）需注明阴影部分尺寸；

构造边缘构件（图2-11）需注明阴影部分尺寸；

扶壁柱及非边缘暗柱需标注几何尺寸。

B．注写各段墙柱的起止标高，自墙柱根部往上以变截面位置或截面未变但配筋改变处为界分段注写。墙柱根部标高一般指基础顶面标高（部分框架剪力墙结构则为框架梁顶面标高）。

C．注写各段墙柱的纵向钢筋和箍筋，注写值应与在表中绘制的截面配筋图对应一

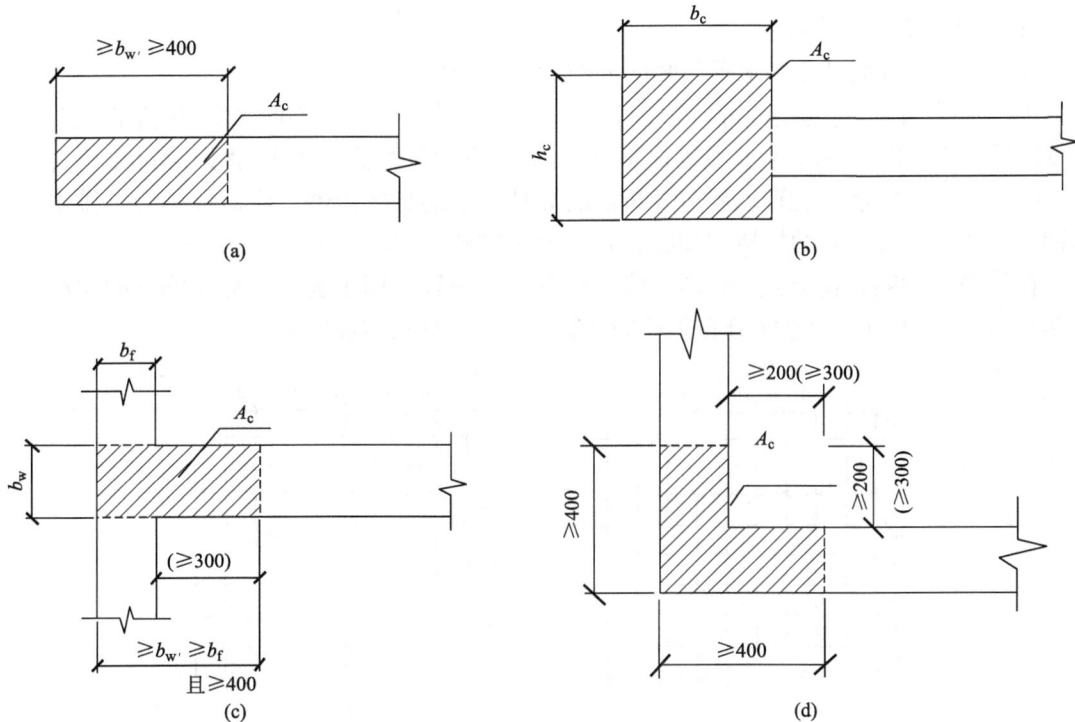

图2-11 构造边缘构件

(a) 构造边缘暗柱；(b) 构造边缘端柱；(c) 构造边缘翼墙；(d) 构造边缘转角墙

致。纵向钢筋注写总配筋值，墙柱箍筋的注写方式与柱箍筋相同。

例：如表 2-7 所示，AZ1 在 4.150 ～ 8.350 标高处，纵筋 6Φ14，箍筋Φ8@200，拉筋Φ8@200（括号内所注内容互相对应）。

剪力墙柱表 表 2-7

截面	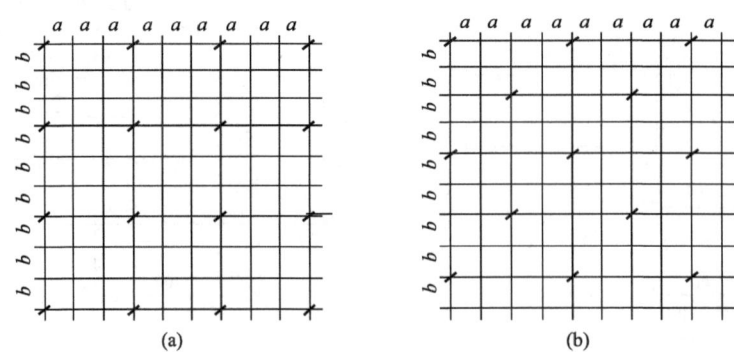			
编号	AZ1	AZ1a	AZ2	AZ2a
标高	4.150 ～ 8.350	4.150 ～ 8.350	4.150 ～ 8.350	4.150 ～ 8.350
	（8.350 ～ 16.800）	（8.350 ～ 16.800）	（8.350 ～ 16.800）	（8.350 ～ 16.800）
纵筋	6Φ14（6Φ12）	6Φ16（6Φ12）	8Φ16（8Φ12）	8Φ14（8Φ12）
箍筋	Φ8@200（Φ8@200）	Φ8@200（Φ8@200）	Φ8@200（Φ8@200）	Φ8@200（Φ8@200）
拉筋	Φ8@200（Φ8@200）	Φ8@200（Φ8@200）	Φ8@200（Φ8@200）	Φ8@200（Φ8@200）

② 墙身列表注写内容：

A．注写墙身编号（含水平与竖向分布钢筋的排数）。

B．注写各段墙身起止标高，自墙身根部往上以变截面位置或截面未变但配筋改变处为界分段注写。墙身根部标高一般指基础顶面标高（部分框架剪力墙结构则为框架梁的顶面标高）。

C．注写水平分布钢筋、竖向分布钢筋和拉结筋的具体数值。注写数值为一排水平分布钢筋和竖向分布钢筋的规格与间距，具体设置排数已在墙身编号后面表达。

拉结筋应注明布置方式"矩形"或"梅花形"布置，用于剪力墙分布钢筋的拉结，如图 2-12 所示（图中 a 为竖向分布钢筋间距，b 为水平分布钢筋间距）。

图 2-12 拉结筋设置示意

(a) 拉结筋 @3a3b 矩形（$a \leqslant 200$、$b \leqslant 200$）；(b) 拉结筋 @4a4b 梅花（$a \leqslant 150$、$b \leqslant 150$）

例:剪力墙身表如表 2-8 所示,Q1,水平、竖向分布钢筋 2 排,自基础顶～ 4.150m 处,墙厚 200mm,水平分布筋⚓10,间距 150mm,垂直分布筋⚓10,间距 200mm,拉结筋梅花形分布,竖向分布筋间距 400mm,水平分布筋间距 400mm。

剪力墙身表　　　　　　　　　　　　　　　　　　　　　表 2-8

编号	标高	墙厚	水平分布筋	垂直分布筋	拉筋（梅花布）
Q1（2 排）	基础顶～ 4.150m	200	⚓10@150	⚓10@200	φ6@400@400
	4.150 ～ 8.350m	200	⚓10@200	⚓10@200	φ6@600@600
	8.350 ～ 12.550m	200	⚓10@200	⚓10@200	φ6@600@600
	12.550 ～ 16.800	200	⚓10@200	⚓10@200	φ6@600@600
Q2（2 排）	基础顶～ 4.150m	200	⚓10@150	⚓10@150	φ6@400@400
	4.150 ～ 8.350m	200	⚓10@150	⚓10@200	φ6@400@400
	8.350 ～ 12.550m	200	⚓10@200	⚓10@200	φ6@600@600
	12.550 ～ 16.800	200	⚓10@200	⚓10@200	φ6@600@600

③ 墙梁列表注写方式:

A 注写墙梁编号,见表 2-6。

B 注写墙梁所在楼层号。

C 注写墙梁顶面标高高差,即相对于墙梁所在结构层楼面标高的高差值。高于者为正值,低于者为负值,当无高差时不标注。

D 注写墙梁截面尺寸 $b×h$,上部纵筋、下部纵筋和箍筋的具体数值。

E 当连梁设有对角暗撑时［代号为 LL（JC）××］,注写暗撑的截面尺寸（箍筋外皮尺寸）;注写一根暗撑的全部纵筋,并标注 ×2 表明有两根暗撑相互交叉;注写暗撑箍筋的具体数值。

F 当连梁设有交叉斜筋时［代号为 LL（JX）××］,注写连梁一侧对角斜筋的配筋值,并标注 ×2 表明对称设置;注写对角斜筋在连梁端部设置的拉筋根数、强度级别及直径,并标注 ×4 表示四个角都设置;注写连梁一侧折线筋配筋值,并标注 ×2 表明对称设置。

G 当连梁设有集中对角斜筋时［代号为 LL（DX）××］,注写一条对角线上的对角斜筋,并标注 ×2 表明对称设置。

H 跨高比不小于 5 的连梁,按框架梁设计时（代号为 LLK ××）,采用平面注写方式,注写规则同框架梁,可采用适当比例单独绘制,也可与剪力墙平法施工图合并绘制。

墙梁侧面纵筋的配置,当墙身水平分布钢筋满足连梁、暗梁及边框梁的梁侧面纵向构造钢筋的要求时,该筋配置同墙身水平分布钢筋,表中不标注,施工按标准构造详图的要求即可。当墙身水平分布钢筋不满足连梁、暗梁及边框梁的梁侧面纵向构造钢筋的要求时,应在表中补充注明梁侧面纵筋的具体数值;当为 LLK 时,平面注写方式以"N"打头。梁侧面纵向钢筋在支座内锚固要求同连梁中受力钢筋。

例：如表 2-9 所示，LL1 二层处，梁顶标高相对于二层结构标高向上 0.5，梁截面 200×1500，上部纵筋 3⏀22，下部纵筋 3⏀22，箍筋⏀10@150（2）。

剪力墙梁表　　　　　　　　　　　　表 2-9

编号	所在楼层号	梁顶相对标高高差	梁截面 $b \times h$	上部纵筋	下部纵筋	箍筋
LL1	1 ~ 3	0.500	200×1500	3⏀22	3⏀22	⏀10@150（2）
	4 ~屋面	0.500	200×1800	4⏀22	4⏀22	⏀10@150（2）
LL2	1 ~ 3	-0.900	200×1500	3⏀20	3⏀20	⏀10@150（2）
	4 ~屋面	-0.900	200×1800	4⏀22	4⏀22	⏀10@150（2）

（3）截面注写方式

截面注写方式，是在标准层绘制的剪力墙平面布置图上，以直接在墙柱、墙身、墙梁上注写截面尺寸和配筋具体数值的方式来表达剪力墙平法施工图。选用适当比例原位放大后绘制剪力墙平面布置图，同时对墙柱绘制配筋截面图，对所有墙柱、墙身、墙梁按规定分别进行编号，并在相同编号的墙柱、墙身、墙梁中选择一根墙柱、一道墙身、一根墙梁进行注写，其注写方式按以下规定进行。

1）从相同编号的墙柱中选择一个截面，注明几何尺寸，标注全部纵筋及箍筋的具体数值。

约束边缘构件除需注明阴影部分具体尺寸外，还需注明约束边缘构件沿墙肢长度 l_c，约束边缘翼墙中沿墙肢长度尺寸为 $2b_f$ 时可不标注。

2）从相同编号的墙身中选择一道墙身，按顺序引注的内容为：墙身编号（应包括注写在括号内墙身所配置的水平与竖向分布钢筋的排数），墙厚尺寸，水平分布钢筋、竖向分布钢筋和拉筋的具体数值。

3）从相同编号的墙梁中选择一根墙梁，按顺序引注的内容为：

① 注写墙梁编号、墙梁截面尺寸 $b \times h$、墙梁箍筋、上部纵筋、下部纵筋和墙梁顶面标高高差的具体数值。

② 当连梁设有对角暗撑时［代号为 LL（JC）××］，注写暗撑的截面尺寸（箍筋外皮尺寸）；注写一根暗撑的全部纵筋，并标注 ×2 表明有两根暗撑相互交叉；注写暗撑箍筋的具体数值。

③ 当连梁设有交叉斜筋时［代号为 LL（JX）××］，注写连梁一侧对角斜筋的配筋值，并标注 ×2 表明对称设置；注写对角斜筋在连梁端部设置的拉筋根数、强度级别及直径，并标注 ×4 表示四个角都设置;注写连梁一侧折线筋配筋值，并标注 ×2 表明对称设置。

④ 当连梁设有集中对角斜筋时［代号为 LL（DX）××］，注写一条对角线上的对角斜筋，并标注 ×2 表明对称设置。

⑤ 跨高比不小于 5 的连梁，按框架梁设计时（代号为 LLK××），采用平面注写方式，

注写规则同框架梁，可采用适当比例单独绘制，也可与剪力墙平法施工图合并绘制。当墙身水平分布钢筋不能满足连梁、暗梁及边框梁的梁侧面纵向构造钢筋的要求时，应补充注明梁侧面纵筋的具体数值；注写时，以大写字母 N 打头，接续注写直径与间距。其在支座内的锚固要求同连梁中受力钢筋。

例：NΦ10@150，表示墙梁两个侧面纵筋对称配置，强度级别为 HRB400，钢筋直径为 10，间距为 150。

例：如图 2-13 所示，对 GDZ1、Q1、LL1 标注内容进行解析。

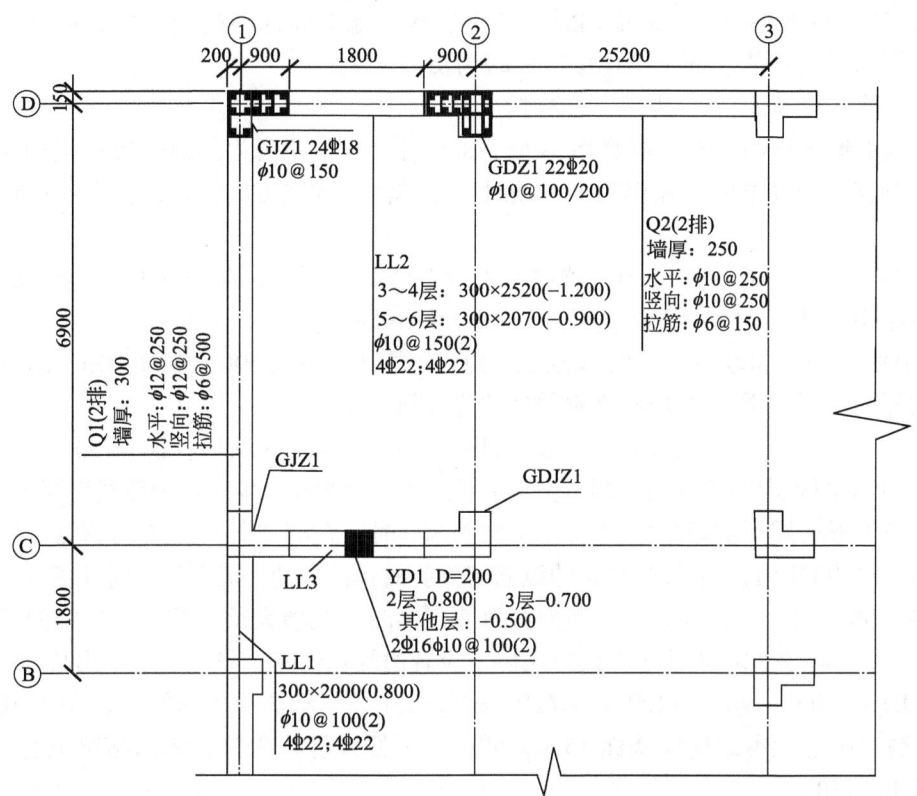

图 2-13　剪力墙截面注写方法

GDZ1：截面尺寸如图 2-13 所示，全部纵筋为 22Φ20，箍筋 ϕ10，加密区间距 100，非加密区间距 200。

Q1：竖向、水平向分布筋 2 排，墙厚 300，水平方向分布筋Φ12 间距 250，竖直方向分布筋Φ12 间距 250，拉筋 ϕ6 间距 500，由于图中未注明是矩形分布还是梅花形分布，通常会在当页图纸说明中会进行说明。

LL1：截面尺寸 300×2000，梁顶面标高相对于楼层结构标高向上 0.800，箍筋 ϕ10@200（2），上部通长钢筋 4Φ22，下部通长钢筋 4Φ22。

（4）剪力墙洞口表示方法

无论是采用列表注写方式还是截面注写方式，剪力墙上的洞口均可在剪力墙平面布置图中原位表达。

洞口的具体表示方法为：

1）在剪力墙平面布置图上绘制洞口示意图，并标注洞口中心的平面定位尺寸。

2）在洞口处引注内容。

在洞口中心位置引注洞口编号、洞口几何尺寸、洞口中心相对标高、洞口每边补强钢筋共四项内容。具体规定为：

① 洞口编号：矩形洞口为JD××（××为序号），圆形洞口为YD××（××为序号）。

② 洞口几何尺寸：矩形洞口为洞宽×洞高（$b×h$），圆形洞口为洞口直径D。

③ 洞口中心相对标高，是指相对于结构层楼（地）面标高的洞口中心高度。当其高于结构层楼面时为正值，低于结构层楼面时为负值。

④ 洞口每边补强钢筋分为以下几种情况：

A．当矩形洞口的洞宽、洞高均不大于800时，此项注写为洞口每边补强钢筋的具体数值。当洞宽、洞高方向补强钢筋不一致时，分别注写洞宽方向、洞高方向补强钢筋，以"/"分隔。

例：JD3 500×300 +2.100 3⦶14，表示3号矩形洞口，洞宽500，洞高300，洞口中心距本结构层楼面2100，洞口每边补强钢筋为3⦶14。

例：JD3 500×300 +2.100，表示3号矩形洞口，洞宽500，洞高300，洞口中心距本结构层楼面2100，洞口每边补强钢筋按构造配置。

例：JD4 500×300 +2.100 3⦶18/3⦶14，表示4号矩形洞口，洞宽500，洞高300，洞口中心距本结构层楼面2100，洞宽方向补强钢筋为3⦶18，洞高方向补强钢筋为3⦶14。

B．当矩形或圆形洞口的洞宽或直径大于800时，在洞口的上、下两侧需设置补强暗梁，此项注写为洞口上、下每侧暗梁的纵筋与箍筋的具体数值；圆形洞口时还需注明环向加强钢筋的具体数值；当洞口上、下侧为剪力墙连梁时，此项无须标注；洞口竖向两侧设置边缘构件时，亦不在此项表达（当洞口两侧不设置边缘构件时，设计者应给出具体做法）。

例：JD5 1000×900 +1.500 6⦶20 φ10@150，表示5号矩形洞口，洞宽1000，洞高900，洞口中心距本结构层楼面1500，洞口上下侧设补强暗梁，每边暗梁纵筋为6⦶20，箍筋为φ10@150。

例：YD7 1000+1.500 6⦶20 φ8@150 2⦶16，表示7号圆形洞口，直径1000，洞口中心距本结构层楼面1500，洞口上下侧设补强暗梁，每边暗梁纵筋为6⦶20，箍筋为φ8@150，环向加强钢筋2⦶16。

C．当圆形洞口设置在连梁中部1/3范围且圆洞直径不应大于1/3梁高时，需注写在圆洞上下侧水平设置的每边补强纵筋与箍筋。

D．当圆形洞口设置在墙身或暗梁、边框梁位置，且洞口直径不大于300时，此项注写为洞口上下左右每侧布置的补强纵筋具体数值。

E．当圆形洞口直径大于300但不大于800时，此项注写为洞口上下左右每侧布置的补强纵筋具体数值，以及环向加强钢筋的具体数值。

例：YD5 600+1.800 2⦶20 2⦶16，表示5号圆形洞口，直径600，洞口中心距结构层楼面1800，洞口每边补强钢筋为2⦶20，环向加强筋为2⦶16。

（5）地下室外墙表示方法

本节地下室外墙仅适用于起挡土作用的地下室外围护墙。地下室外墙中墙柱、连梁及洞口等的表示方法同地上剪力墙。

地下室外墙编号由墙身代号、序号组成。表达为 DWQ××。

1）地下室外墙平面注写方式

地下室外墙平面注写方式，包括集中标注墙体编号、厚度、贯通筋、拉筋等和原位标注附加非贯通筋等两部分内容。当仅设置贯通筋，未设置附加非贯通筋时，仅做集中标注。

① 地下室外墙集中标注：

A．注写地下室外墙编号，包括代号、序号、墙身长度（标注为 ×× ～ ×× 轴）。

B．注写地下室外墙厚度 b_w = ×××。

C．注写地下室外墙外侧、内侧贯通筋和拉筋：

以 OS 代表外墙外侧贯通筋。其中，外侧水平贯通筋以 H 打头注写，外侧竖向贯通筋以 V 打头注写。

以 IS 代表外墙内侧贯通筋。其中，内侧水平贯通筋以 H 打头注写，内侧竖向贯通筋以 V 打头注写。

以 tb 开头注写拉结筋直径、强度等级及间距，并注明"矩形"或"梅花形"。

例：如图 2-14、图 2-15 所示，对 DWQ1 集中标注和原位标注内容进行解析。

DWQ 1（①～⑥），b_w = 250

OS：H$\underline{\Phi}$18@200，V$\underline{\Phi}$20@200

IS：H$\underline{\Phi}$16@200，V$\underline{\Phi}$18@200

tbϕ6@400×400 矩形

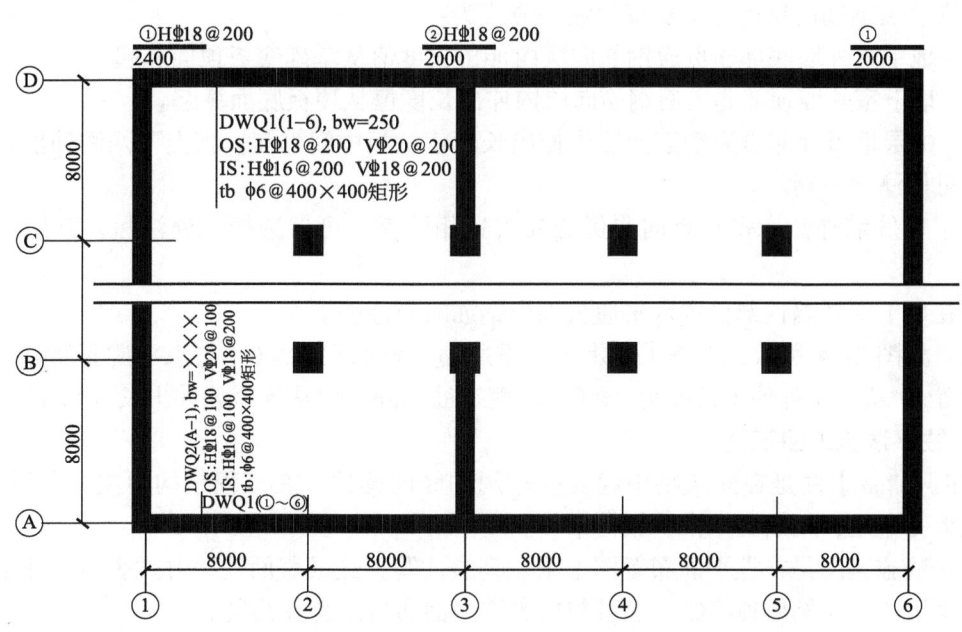

图 2-14　-9.030 ～ -4.530 地下室外墙平法施工图

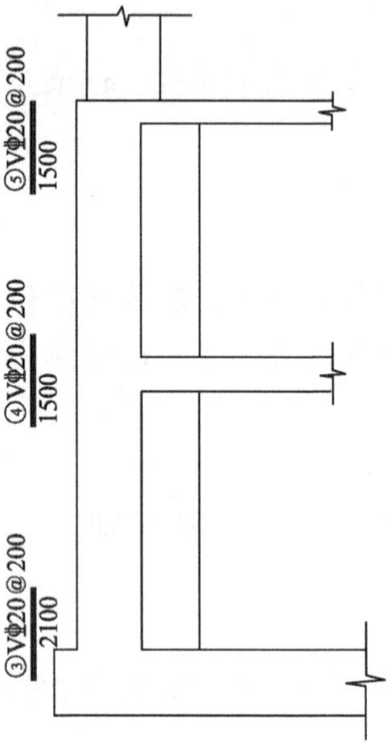

图 2-15　DWQ1 外侧竖向非贯通筋布置图（①～⑥轴）

表示 1 号外墙，长度范围为①～⑥之间，墙厚为 250；外侧水平贯通筋为⚟18@200，竖向贯通筋为⚟20@200；内侧水平贯通筋为⚟16@200，竖向贯通筋为⚟18@200；拉结筋为 $\phi 6$，矩形布置，水平间距为 400，竖向间距为 400。

②地下室外墙原位标注。

地下室外墙原位标注，主要表示在外墙外侧配置的水平非贯通筋或竖向非贯通筋。当配置水平非贯通筋时，在地下室墙体平面图上进行原位标注。在地下室外墙外侧绘制粗实线段代表水平非贯通筋，在其上注写钢筋编号并以 H 打头注写钢筋强度等级、直径、分布间距，以及自支座中线向两边跨内伸出长度值。当自支座中线向两侧对称伸出时，可仅在单侧标注跨内伸出长度，另一侧不标注，此种情况下非贯通筋总长度为标注长度的 2 倍。边支座处非贯通钢筋伸出长度值从支座外边缘算起。

地下室外墙外侧非贯通筋通常采用"隔一布一"方式与集中标注的贯通筋间隔布置，其标注间距应与贯通筋相同，两者组合后的实际分布间距为各自标注间距的 1/2。

当在地下室外墙外侧底部、顶部、中层楼板位置配置竖向非贯通筋时，应补充绘制地下室外墙竖向剖面图并在其上原位标注。表示方法为在地下室外墙竖向剖面图外侧绘制粗实线段代表竖向非贯通筋，在其上注写钢筋编号并以 V 打头注写钢筋强度等级、直径、分布间距，以及向上（下）层伸出长度值，并在外墙竖向剖面图图名中注明分布范围（××～××轴）。

竖向非贯通筋向层内伸出长度值注写方式为：

A．地下室外墙底部非贯通钢筋向层内伸出长度值从基础底板顶面算起。

B．地下室外墙顶部非贯通钢筋向层内伸出长度值从顶板底面算起。

C．中层楼板处非贯通钢筋向层内伸出长度值从板中间算起，当上下两侧伸出长度值相同时可仅注写一侧。

地下室外墙外侧水平、竖向非贯通筋配置相同者，可仅选择一处注写，其他仅注写编号。

当在地下室外墙顶部设置水平通长加强钢筋时应注明。

例：如图 2-14 所示，左侧①号水平非贯通筋为⚟18 间距 200（与水平贯通筋隔一布一方式布置），从支座处伸出长度为 2400，右侧钢筋相同，但从支座处伸出长度为 2000。

4. 柱平法施工图识读

【知识储备】柱是在建筑物中起支撑作用的竖向构件，在工程结构中主要承受压力，有时也承受弯矩，用以支撑梁、板桁架等。

柱平法施工图是在柱平面布置图上采用列表注写方式或截面注写方式表达。柱平面布置图可采用适当比例单独绘制，也可与剪力墙平面布置图合并绘制。

（1）柱列表注写方式

柱列表注写方式，是在柱平面布置图上（一般只需采用适当比例绘制一张柱平面布置图，包括框架柱、转换柱、梁上柱和剪力墙上柱），分别在同一编号的柱中选择一个（有时需要选择几个）截面标注几何参数代号。在柱表中注写柱编号、柱段起止标高、几何尺寸（含柱截面对轴线的偏心情况）与配筋的具体数值，并配以各种柱截面形状及其箍筋类型图的方式，表达柱平法施工图。柱列表表达方式见图2-16。

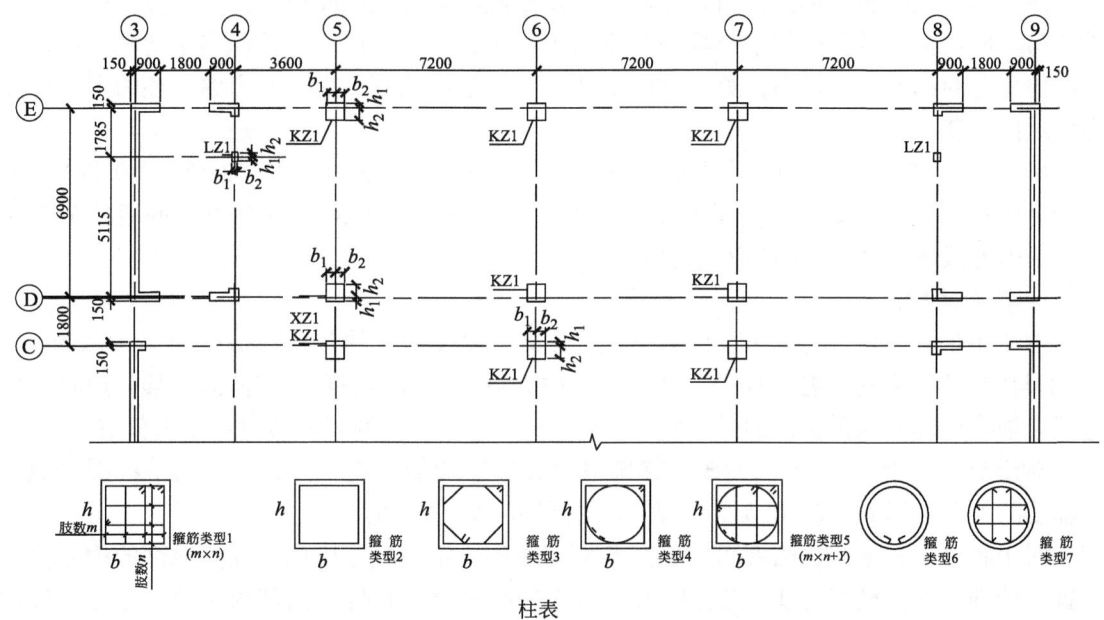

柱表

柱号	标　高	$b \times h$(圆柱直径D)	b_1	b_2	h_1	h_2	全部纵筋	角筋	b边一侧中部筋	h边一侧中部筋	箍筋类型号	箍　筋	备　注
KZ1	$-4.530\sim-0.030$	750×700	375	375	150	550	28Φ25				1(6×6)	ϕ10@100/200	
	$-0.030\sim19.470$	750×700	375	375	150	550	24Φ25				1(5×4)	ϕ10@100/200	
	$19.470\sim37.470$	650×600	325	325	150	450		4Φ22	5Φ22	4Φ20	1(4×4)	ϕ10@100/200	—
	$37.470\sim59.070$	550×500	275	275	150	350		4Φ22	5Φ22	4Φ20	1(4×4)	ϕ8@100/200	
XZ1	$-4.530\sim8.670$						8Φ25				按标准构造详图	ϕ10@100	5×©轴KZ1中设置

图2-16　$-4.530\sim59.070$柱平法施工图

柱表注写内容：

① 柱编号的注写。

柱编号由类型代号和序号组成，应符合表2-10的规定。编号时，当柱的总高、分段截面尺寸和配筋均对应相同，仅截面与轴线的关系不同时，仍可将其编为同一柱号，但应在图中注明截面与轴线的关系。

柱编号　　　　　　　　　　　　　　　　　　　　　　　　　　　　　表2-10

柱类型	代号	序号
框架柱	KZ	××
转换柱	ZHZ	××
芯　柱	XZ	××

065

柱类型	代号	序号
梁上柱	LZ	××
剪力墙上柱	QZ	××

② 柱的起止标高。

注写各段柱的起止标高，自柱根部往上以变截面位置或截面未变但配筋改变处为界分段注写。框架柱和转换柱的根部标高是指基础顶面标高；芯柱的根部标高是指根据结构实际需要而定的起始位置标高；梁上柱的根部标高是指梁顶面标高；剪力墙上柱的根部标高为墙顶面标高。

例：图 2-16 中，KZ1 按标高分为四部分，−4.530 ～ −0.030 和 −0.030 ～ 19.470 两段柱分开注写，是因为纵筋发生了变化；19.470 ～ 37.470 和 37.470 ～ 59.070 两段柱分开注写，是因为截面尺寸与箍筋均发生了变化。

③ 柱截面的注写。

对于矩形柱，注写柱截面尺寸 $b×h$，以及与轴线关系的几何参数代号 b_1、b_2 和 h_1、h_2 的具体数值，需对应各段柱分别注写。其中 $b=b_1+b_2$，$h=h_1+h_2$。当截面的某一边收缩变化至与轴线重合或偏到轴线的另一侧时，b_1、b_2、h_1、h_2 中的某项值为零或为负值。

对于圆柱，表中 $b×h$ 一栏改用在圆柱直径数字前加 d 表示。为表达简单，圆柱截面与轴线的关系也用 b_1、b_2 和 h_1、h_2 表示，并使 $d= b_1+ b_2= h_1+ h_2$。

对于芯柱，根据结构需要可以在某些框架柱的一定高度范围内，在其内部的中心位置设置（分别引注其柱编号）。芯柱中心应与柱中心重合，并标注其截面尺寸，芯柱定位同框架柱，不需要注写其与轴线的几何关系。

④ 柱纵筋的注写。

当柱纵筋直径相同，各边根数也相同时（包括矩形柱、圆柱和芯柱），将纵筋注写在"全部纵筋"一栏中；除此之外，柱纵筋分为角筋、截面 b 边中部筋和 h 边中部筋三项分别注写（对于采用对称配筋的矩形截面柱，可仅注写一侧中部筋，对称边省略不标注；对于采用非对称配筋的矩形截面柱，必须每侧均注写中部筋）。

⑤ 柱箍筋的注写。

注写箍筋类型及箍筋肢数，在箍筋类型栏内注写箍筋类型与肢数。注写柱箍筋，包括钢筋级别、直径与间距。用"/"区分柱端箍筋加密区与柱身非加密区长度范围内箍筋的不同间距。

例：ϕ10@100/200，表示箍筋为 HPB 300 级钢筋，直径为 10，加密区间距为 100，非加密区间距为 200。

当箍筋沿柱全高为同一种间距时，则不使用"/"线。

例：ϕ10@100，表示沿柱全高范围内箍筋均为 HPB 300，钢筋直径为 10，间距为 100。

当圆柱采用螺旋箍筋时，需在箍筋前加"L"。

例：Lϕ10@100/200，表示采用螺旋箍筋，HPB 300，钢筋直径为 10，加密区间距为 100，非加密区间距为 200。

（2）柱截面注写方式

柱截面注写方式，是在柱平面布置图的柱截面上，分别在同一编号的柱中选择一个截面，以直接注写截面尺寸和配筋具体数值的方式来表达柱平法施工图（图2-17）。

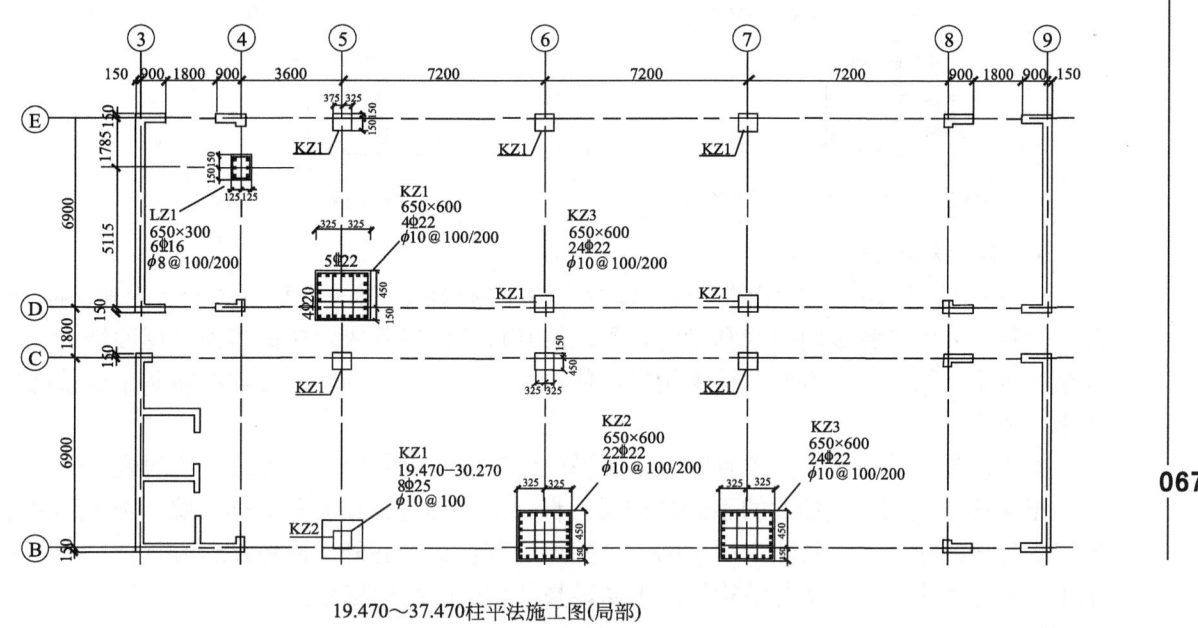

19.470～37.470柱平法施工图(局部)

图2-17　柱平法施工图

对除芯柱外的所有柱截面按柱编号的规定进行编号，从相同编号的柱中选择一个截面，按另一种比例原位放大绘制柱截面配筋图，并在各配筋图中在其编号后再注写截面尺寸 $b×h$、角筋或全部纵筋（当纵筋采用一种直径且能够图示清楚时）、箍筋的具体数值，以及在柱截面配筋图上标注柱截面与轴线关系 b_1、b_2 和 h_1、h_2 的具体数值。

当纵筋采用两种直径时，须再注写截面各侧中部筋的具体数值（对于采用对称配筋的矩形截面柱，可仅在一侧注写中部筋，对称侧省略）。

当在某些框架柱一定高度范围内，在其内部的中心位置放置芯柱时，首先按规定编号，在其编号后注写芯柱的起止标高、全部纵筋及箍筋的具体数值。芯柱定位同框架柱，不需注写其与轴线的几何关系。

在截面注写方式中，如柱的分段截面尺寸和配筋均相同，仅分段截面与轴线关系不同时，可将其编为同一柱号。但应在未画配筋的柱截面上注写该柱截面与轴线的关系具体尺寸。

例：如图2-18所示，该柱截面标注内容表示为，柱编号KZ1，截面尺寸650×600，角筋为4Φ22，b 边边筋为5Φ20，h 边边筋为4Φ20，箍筋为 ϕ10，加密区间距100，非加密区间距200。

例：如图2-19所示，该柱截面标注内容表示为，柱编号KZ5，截面尺寸为650×600，全部纵筋为24Φ20，箍筋为 ϕ10，加密区间距为100，非加密区间距为200。

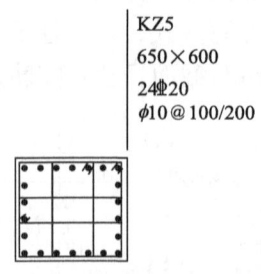

图 2-18　柱截面注写（KZ1）　　　　　　图 2-19　柱截面注写（KZ5）

5. 梁平法施工图识读

【知识储备】梁是承受竖向荷载，以受弯为主的构件。梁一般水平放置，用来支撑板，并承受板传来的各种竖向荷载和梁的自重，梁和板共同组建成建筑的楼面和屋面结构。在框架结构中，梁把各个方向的柱连接成整体；在墙结构中，洞口上方连梁将两个墙肢连接起来，使之共同工作。

梁平法施工图是在平面布置图上采用平面注写方式或截面注写方式表达的施工图。

梁平面布置图，应按梁的不同结构层，将全部梁和与其相关联的柱、墙、板一起采用适当的比例绘制。对于轴线未居中的梁，除梁边与柱边平齐外，应标注偏心定位尺寸。在梁平面布置图中，应注明各结构层的顶面标高及相应的结构层号。

（1）梁平面注写方式

梁平面注写方式，是在梁平面布置图上，分别在不同编号的梁中各选一根梁，在其上注写截面尺寸和配筋具体数值的方式来表达梁平法施工图。平面注写包括集中标注与原位标注，集中标注表达梁的通用数值，原位标注表达梁的特殊数值。当集中标注中的某项数值不适用于梁的某部位时，则将该项数值原位标注，施工时，原位标注取值优先（图2-20）。

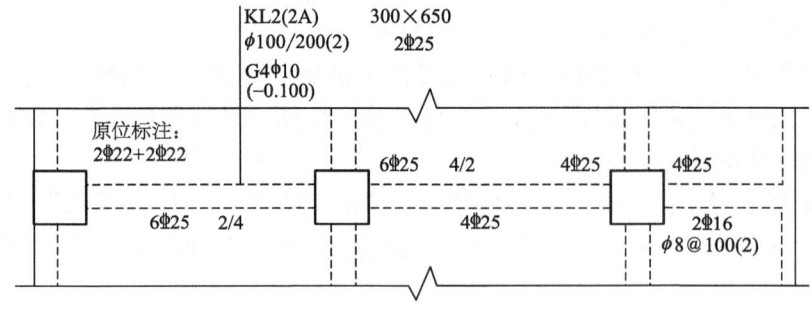

图 2-20　平面注写方式示例

1）梁的集中标注

梁集中标注的内容有五项必注值和一项选注值，集中标注可以从梁的任意一跨引出。

① 梁编号（表2-11），该项为必注值。其中（××A）为一端有悬挑，（××B）为两端悬挑，悬挑不计入跨数，如图2-21所示。

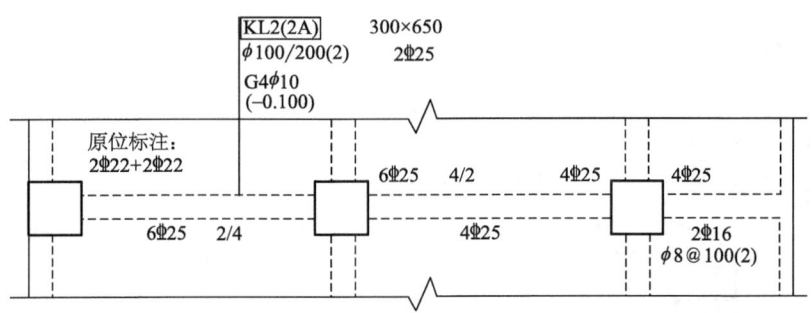

图 2-21 梁编号

梁编号 表 2-11

梁类型	代号	序号	跨数及是否带有悬挑		
楼层框架梁	KL	××	(××)	(××A)	(××B)
楼层框架扁梁	KBL	××	(××)	(××A)	(××B)
屋面框架梁	WKL	××	(××)	(××A)	(××B)
框支梁	KZL	××	(××)	(××A)	(××B)
托柱转换梁	TZL	××	(××)	(××A)	(××B)
非框架梁	L	××	(××)	(××A)	(××B)
悬挑梁	XL	××	(××)	(××A)	(××B)
井字梁	JZL	××	(××)	(××A)	(××B)

例：KL2（2A）表示 2 号框架梁，2 跨，一端有悬挑；

L7（4B）表示 7 号非框架梁，4 跨，两端有悬挑。

② 梁截面尺寸，该项为必注值。

当为等截面梁时，用 $b×h$ 表示（图 2-22）。

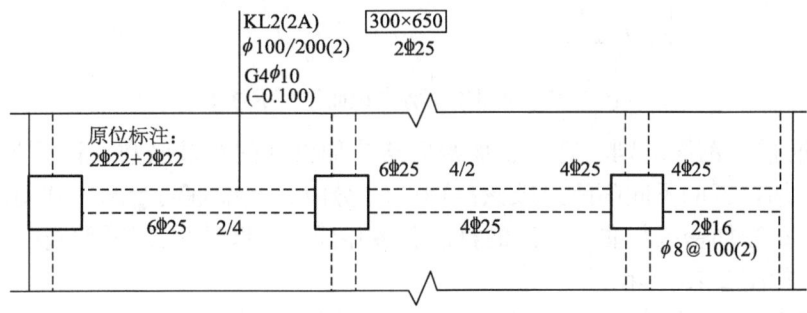

图 2-22 梁截面

当为竖向加腋梁时，用 $b×h \, Y_{c_1×c_2}$ 表示，其中 c_1 为腋长，c_2 为腋宽，加腋部位应在平面图中绘制，如图 2-23 所示。

当为水平加腋梁时，一侧加腋时用 $b×h \quad PY_{c_1×c_2}$ 表示，其中 c_1 为腋长，c_2 为腋宽，加腋部位应在平面图中绘制，如图 2-24 所示。

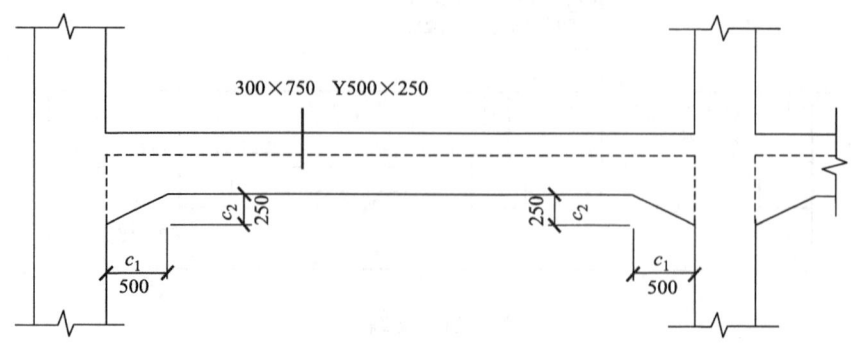

图 2-23　竖向加腋梁截面注写示意图

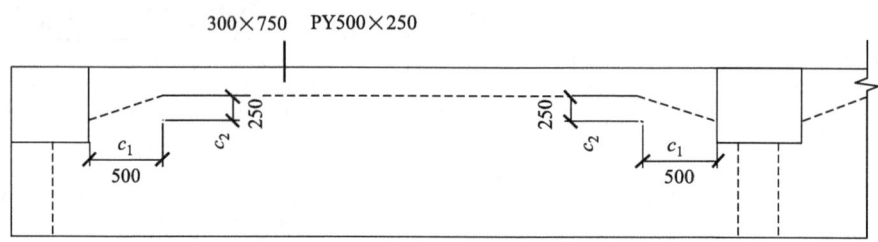

图 2-24　水平加腋梁截面注写示意图

当有悬挑梁且根部与端部的高度不同时，用"/"分隔根部与端部的高度值，即为 $b \times h_1/h_2$，如图 2-25 所示。

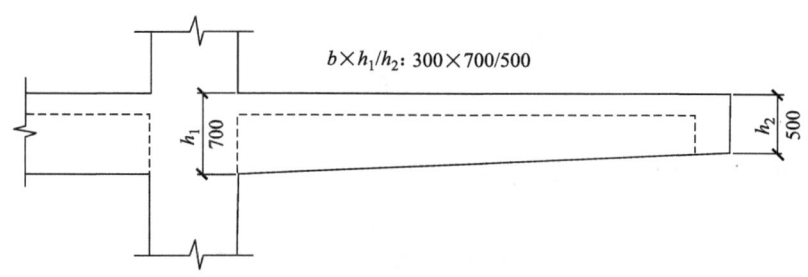

图 2-25　悬挑梁不等高截面注写示意图

③ 梁箍筋包括钢筋级别、直径、加密区与非加密区间距及肢数，该项为必注值。箍筋加密区与非加密区的不同间距及肢数需用"/"分隔；当梁箍筋为同一种间距及肢数时，则不需用"/"；当加密区与非加密区的箍筋肢数相同时，肢数只需注写一次；箍筋肢数应写在括号内，如图 2-26 所示。

例：$\phi10@100/200$（2），表示箍筋为 HPB300 钢筋，直径为 10，加密区间距为 100，非加密区间距为 200，均为两肢箍。

$\phi8@100$（4）$/200$（2），表示箍筋为 HPB 300 钢筋，直径为 8，加密区间距为 100，四肢箍；非加密区间距为 200，两肢箍。

非框架梁、悬挑梁、井字梁采用不同的箍筋间距及肢数时，用"/"将其分隔。注写时，先注写梁支座端部的箍筋（包括箍筋的箍数、钢筋级别、直径、间距与肢数），在

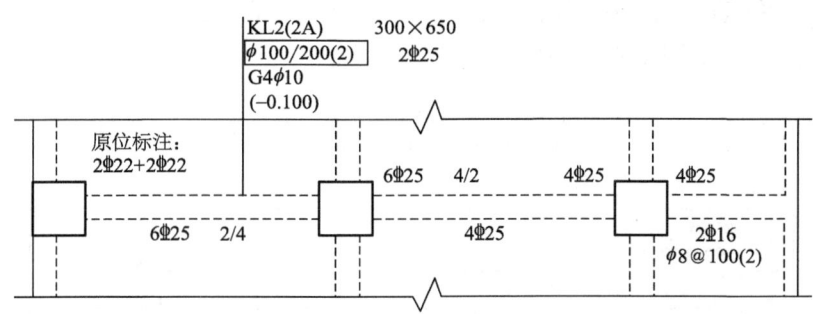

图 2-26　梁箍筋注写示意图

"/"后注写梁跨中部分的箍筋间距及肢数。

例：12ϕ10@150/200（4），表示箍筋为 HPB 300 钢筋，直径为 10；梁的两端各有 12 个四肢箍，间距为 150；梁跨中部分间距为 200，四肢箍。

16ϕ12@150（4）/200（2），表示箍筋为 HPB 300 钢筋，直径为 12；梁的两端各有 16 个四肢箍，间距为 150；梁跨中部分，间距为 200，双肢箍。

④梁上、下部通长筋或架立筋。

梁上部通长筋或架立筋配置（通长筋可为相同或不同直径，采用搭接连接、机械连接或焊接的钢筋），该项为必注值。所注规格与根数应根据结构受力要求及箍筋肢数等构造要求而定。当同排纵筋中既有通长筋又有架立筋时，采用"+"将通长筋和架立筋相连。注写时需将角部纵筋写在"+"前面，架立筋写在"+"后面的括号内，以表示不同直径及与通长筋的区别。当全部采用架立筋时，将其写入括号内，如图 2-27 所示。

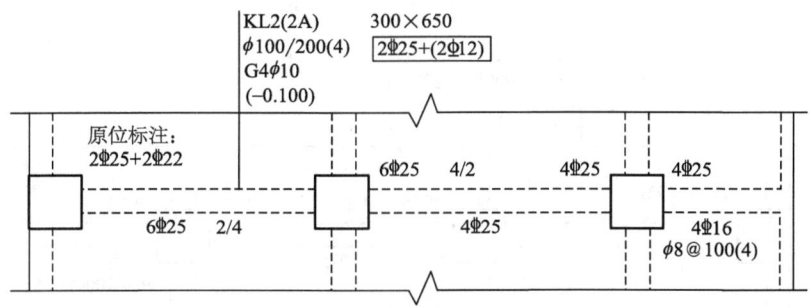

图 2-27　梁上部通长钢筋和架立筋

例：2Φ20 用于双肢箍；2Φ20+（2Φ12）用于四肢箍，其中 2Φ20 为通长筋，2Φ12 为架立筋。

当梁的上部纵筋和下部纵筋为全跨相同且多数跨配筋相同时，此项可加注下部纵筋的配筋值，用"；"将上部与下部纵筋的配筋值分隔开，少数跨不同时可按照原位标注识读。

例：3Φ22；3Φ20 表示梁的上部配置 3Φ22 的通长筋，梁的下部配置 3Φ20 的通长筋。

⑤梁侧面纵向构造钢筋或受扭钢筋。

梁侧面纵向构造钢筋或受扭钢筋配置，该项为必注值。当梁腹板高度 $h_w \geqslant 450\text{mm}$ 时，需配置纵向构造钢筋。此项注写值以大写字母 G 打头，表示配置在梁的两个侧面的总配筋值，且对称配置，如图 2-28 所示。

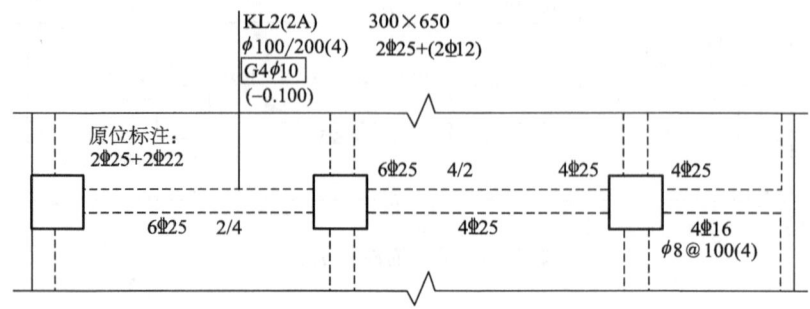

图 2-28 梁构造筋或抗扭钢筋

例：G4ϕ12，表示梁的两个侧面共配置 4ϕ12 的纵向构造钢筋，每侧各配置 2ϕ12。

当梁侧面需配置受扭纵向钢筋时，此项注写值以大写字母 N 打头，表示配置在梁的两个侧面的总配筋值，且对称配置，不再重复配置纵向构造钢筋。

例：N4Φ22，表示梁的两个侧面共配置 4Φ22 的受扭纵向钢筋，每侧各配置 2Φ22。

⑥ 梁顶面标高高差。

梁顶面标高高差，该项为选注值。梁顶面标高高差是指相对于结构层楼面标高的高差值，对于位于结构夹层的梁，则指相对于结构夹层楼面标高的高差。有高差时需将其写入括号内，无高差时不标注。

当某梁的顶面高于所在结构层的楼面标高时，其标高高差为正值，反之为负值，如图 2-29 所示。

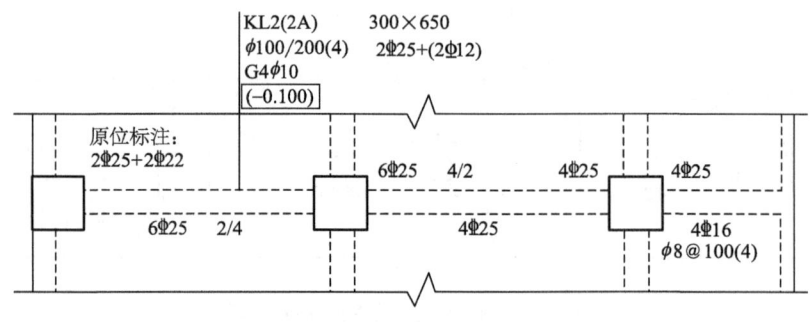

图 2-29 梁标高示意图

2）梁的原位标注

① 梁支座上部纵筋：梁支座上部纵筋包含通长筋在内的所有纵筋。

A 当上部纵筋多于一排时，用"/"将各排纵筋自上而下分开，如图 2-30 所示。

例：梁支座上部纵筋注写为 6Φ25 4/2，表示上一排纵筋为 4Φ25，下一排纵筋为 2Φ25。

B 当同排纵筋有两种直径时，用"+"将两种直径的纵筋相连，注写时将角部纵筋写在前面，如图 2-31 所示。

例：梁支座上部有四根纵筋，2Φ25 放在角部，2Φ22 放在中部，在梁支座上部应注写为 2Φ25+2Φ22。

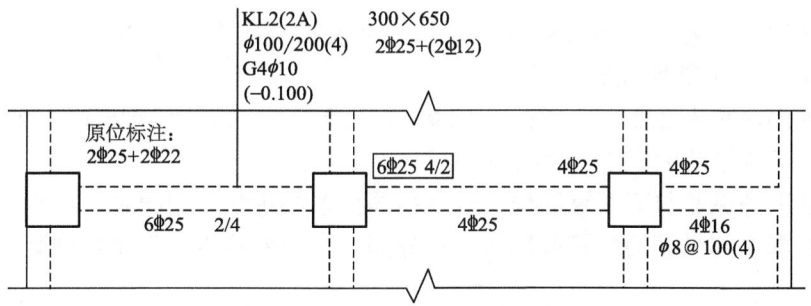

图 2-30　梁支座上部纵筋原位标注

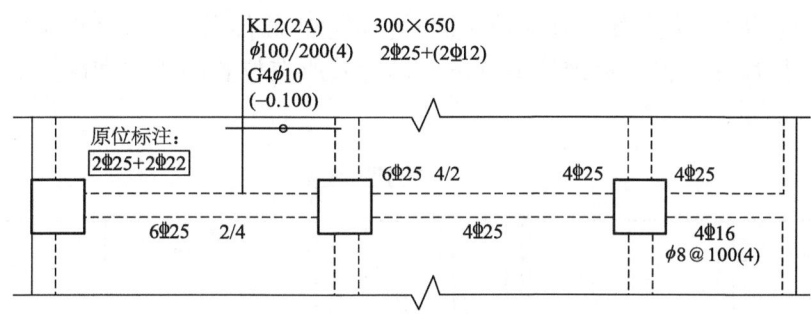

图 2-31　梁支座上部纵筋原位标注

C 当梁中间支座两边的上部纵筋不同时，须在支座两边分别标注；当梁中间支座两边的上部纵筋相同时，可仅在支座的一边标注配筋值，另一边省略不标注。

② 梁下部纵筋。

A 当下部纵筋多于一排时，用"/"将各排纵筋自上而下分开，如图 2-32 所示。

例：梁下部纵筋注写为 6Φ25 2/4，表示上一排纵筋为 2Φ25，下一排纵筋为 4Φ25，全部伸入支座。

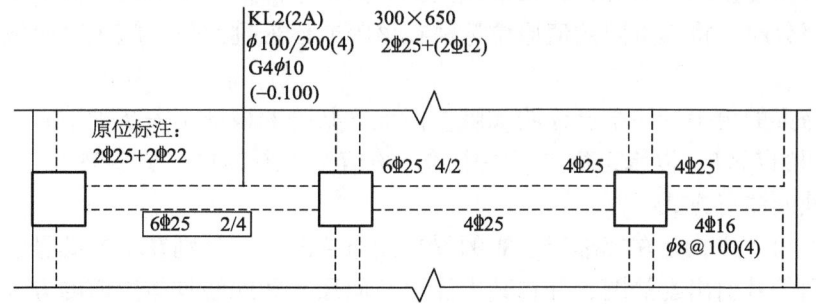

图 2-32　梁下部纵筋原位标注

B 当同排纵筋有两种直径时，用"+"将两种直径的纵筋相连，注写时角筋写在前面。

C 当梁下部纵筋不全部伸入支座时，将梁支座下部纵筋不伸入支座的数量写在括号内。

例：梁下部纵筋注写为 6Φ25 2（-2）/4，则表示上排纵筋为 2Φ25，且不伸入支座；下排纵筋为 4Φ25，全部伸入支座。

梁下部纵筋注写为 2Φ25+3Φ22（-3）/5Φ25，表示上排纵筋为 2Φ25 和 3Φ22，其中 3Φ22 不伸入支座；下排纵筋为 5Φ25，全部伸入支座。

D 当梁的上部纵筋与下部纵筋均为全跨相同且多数跨配筋相同时，在梁的集中标注中已将上部纵筋和下部纵筋的配筋值用"；"分隔并标注配筋值，不需要在梁下部重复进行原位标注。

③ 附加箍筋或吊筋。附加箍筋或吊筋，将其直接画在平面图中的主梁上，用线引注总配筋值（附加箍筋的肢数注写在括号内）。当多数附加箍筋或吊筋相同时，可在梁平法施工图中统一注明，少数与统一注明值不同时，再进行原位引注。施工时应注意：附加箍筋或吊筋的几何尺寸应按照标准构造详图，结合其所在位置的主梁和次梁的截面尺寸而定，如图 2-33 所示。

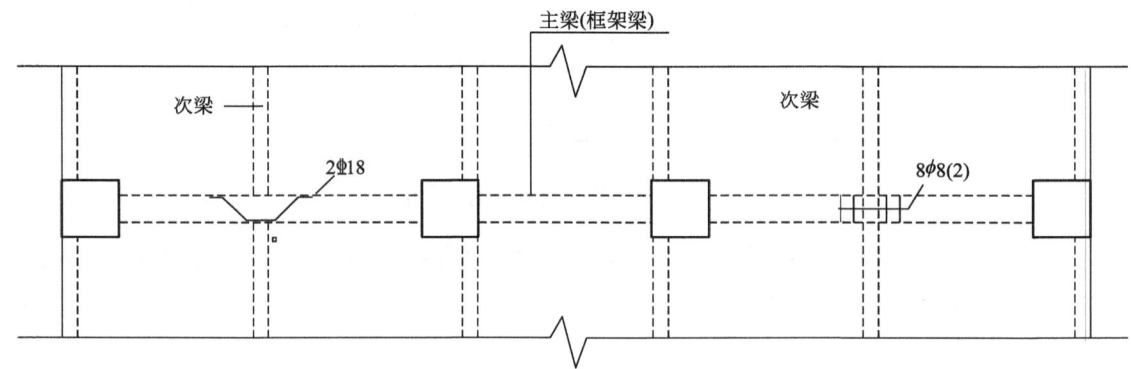

图 2-33　附加箍筋和吊筋示意图

④ 当在梁上集中标注的内容（即梁截面尺寸、箍筋、上部通长筋或架立筋、梁侧面纵向构造钢筋或受扭纵向钢筋，以及梁顶面标高高差中的某一项或几项数值）不适用于某跨或某悬挑部分时，将其不同数值原位标注在该跨或该悬挑部位，施工时应按原位标注数值取用。

当在多跨梁的集中标注中已注明加腋，但该梁某跨的根部不需要加腋时，应在该跨原位标注等截面的 $b×h$，以修正集中标注中的加腋信息（图 2-34、图 2-35）。

（2）梁截面注写方式

梁截面注写方式，是在标准层绘制的梁平面布置图上，分别在不同编号的梁中各选择一根梁用剖面符号引出配筋图，并在其上注写截面尺寸和配筋具体数值的方式来表达梁平法施工图。截面注写方式既可以单独使用，也可以与平面注写方式结合使用。

梁截面注写内容为：

① 所有梁均按梁表的规定进行编号，从相同编号的梁中选择一根梁，先将"单边截面号"画在该梁上，再将截面配筋详图画在该图或其他图中。当某梁的顶面标高与结构层的楼

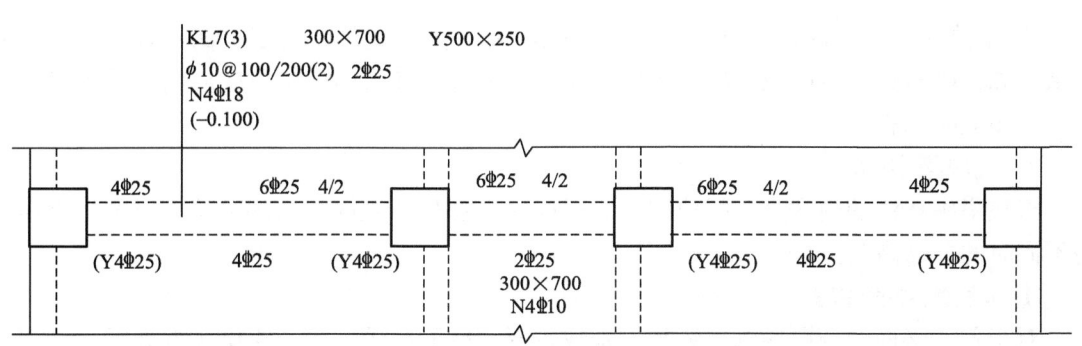

图 2-34　梁竖向加腋平面注写方式示意图

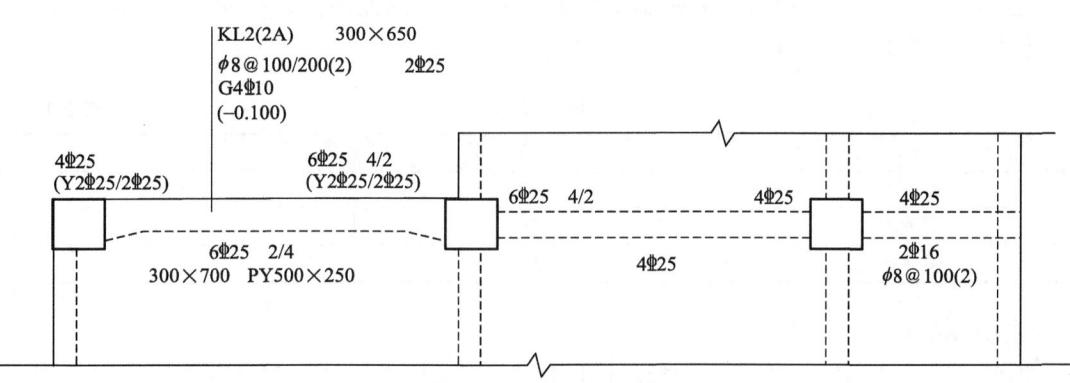

图 2-35　梁水平加腋平面注写方式示意图

面标高不同时，还应在其梁编号后注写梁顶面标高高差（注写规定与平面注写方式相同）。

②在截面配筋详图上注写截面尺寸（$b \times h$）、上部筋、下部筋、侧面构造筋或受扭钢筋以及箍筋的具体数值时，其表达形式与平面注写方式相同。

③对于框架扁梁，还需在截面详图上注写未穿过柱截面的纵向受力筋根数。对于框架扁梁节点核心区附加钢筋，需采用平、剖面图表达节点核心区附加纵向钢筋、柱外核心区全部竖向拉筋以及端支座附加 U 形箍筋，注写其具体数值。

6. 板平法施工图识读

【知识储备】楼层中的楼板主要承受水平方向的竖直荷载，将房屋沿垂直方向分隔成若干层，并将人、家具等竖向荷载及楼板自重通过墙体、梁或柱传递给基础。

有梁楼盖的制图规则适用于以梁为支座的楼面与屋面板平法施工图设计。

有梁楼盖平法施工图，是在楼面板和屋面板布置图上，采用平面注写的表达方式。板平面注写主要包括板块集中标注和板支座原位标注。

（1）有梁楼盖平法施工图的表示方法

1）结构平面图的坐标方向

为方便设计表达和施工识图，结构平面的坐标方向规定为：

①当两向轴网正交布置时，图面从左至右为 X 向，从下至上为 Y 向；

②当轴网转折时，局部坐标方向顺轴网转折角度做相应转折；

③ 当轴网向心布置时，切向为 X 向，径向为 Y 向。此外，对于平面布置比较复杂的区域，如轴网转折交界区域、向心布置的核心区域等，其平面坐标方向应由设计者另行规定并在图上明确表示。

2）板块集中标注

板块集中标注的内容为：板块编号、板厚、上部贯通纵筋、下部纵筋，以及当板面标高不同时的标高高差。

① 板块编号的注写。

对于普通楼面，两向均以一跨为一板块；对于密肋楼盖，两向主梁（框架梁）均以一跨为一板块（非主梁密肋不计入）。所有板块应逐一编号，相同编号的板块可选择其中一板块进行集中标注，其他仅注写圆圈内的板编号，以及当板面标高不同时的标高高差。

板块编号按表 2-12 所示。

板块编号   表 2-12

板类型	代号	序号
楼面板	LB	××
屋面板	WB	××
悬挑板	XB	××

② 板厚的注写。

板厚注写为 $h=×××$（垂直于板面的厚度）；当悬挑板的端部改变截面厚度时，用"/"分隔根部与端部的高度值，注写为 $h=×××/×××$；当设计已在图纸中统一注明板厚时，此项可不标注。

③ 板筋的注写。

纵筋按板块的下部纵筋和上部贯通纵筋分别注写（当板块上部不设置贯通纵筋时则不标注），并以 B 代表下部纵筋，以 T 代表上部贯通纵筋，B&T 代表下部与上部；X 向纵筋以 X 打头，Y 向纵筋以 Y 打头，两向纵筋配置相同时则以 X&Y 打头。

当为单向板时，分布筋可不必注写，在图中统一注明。

当在某些板内（例如在悬挑板 XB 的下部）配置有构造钢筋时，则 X 向以 Xc，Y 向以 Yc 打头注写。

当 Y 向采用放射配筋时（切向为 X 向，径向为 Y 向），设计者应注明配筋间距的定位尺寸。

当纵筋采用两种规格钢筋"隔一布一"方式时，表达为 $\phi××/yy@×××$，表示直径为 ×× 的钢筋和直径为 yy 的钢筋二者之间间距为 ×××，直径 ×× 的钢筋的间距为 ××× 的 2 倍，直径 yy 的钢筋的间距为 ××× 的 2 倍。

例：有一楼面板注写为：LB3　$h=120$；

　　　　　　　　　　　B：X$\underline{\Phi}$12@120；Y$\underline{\Phi}$10@110。

表示 3 号楼面板，板厚 120，板下部配置的纵筋 X 向为$\underline{\Phi}$12@120，Y 向为$\underline{\Phi}$10@110；板上部未配置贯通纵筋。

例：有一楼面板注写为：LB6　$h=120$；

B：X⊥10/12@110；Y⊥10@110。

表示 6 号楼面板，板厚 120，板下部配置的纵筋 X 向为⊥10、⊥12"隔一布一"，⊥10
与⊥12 之间间距为 110；Y 向为⊥10@110；板上部未配置贯通纵筋。

例：有一悬挑板注写为：XB3　　h=150/100；

B：Xc&Yc ⊥8@200。

表示 3 号悬挑板，板根部厚 150，端部厚 100，板下部配置构造钢筋双向均为⊥8@200
（上部受力钢筋见板支座原位标注）。

④ 板面标高高差的注写。

板面标高高差是指相对于结构层楼面标高的高差，应将其注写在括号内，且有高差时
注写，无高差时不注写。

注：同一编号板块的类型、板厚和纵筋均应相同，但板面标高、跨度、平面形状以及板
支座上部非贯通纵筋可以不同，如同一编号板块的平面形状可为矩形多边形或其他形状等。

3）板支座原位标注

板支座原位标注的内容为板支座上部非贯通纵筋和悬挑板上部受力钢筋。

板支座原位标注的钢筋，应在配置相同跨的第一跨表达（在梁悬挑部位单独配置时则
在原位表达）。在配置相同跨的第一跨（或梁悬挑部位），垂直于板支座（梁或墙）绘制
一段适宜长度的中粗实线（当该钢筋通长设置在悬挑板或短跨板上部时，实线段应画至对
边或贯通短跨），以该线段代表支座上部非贯通纵筋，并在线段上方注写钢筋编号（如①、
②等）、配筋值、横向连续布置的跨数（注写在括号内，且仅一跨时可不注写），以及是否
横向布置到梁的悬挑端。

例：（××）为横向布置的跨数，（××A）为横向布置的跨数及一端的悬挑梁部位，
（××B）为横向布置的跨数及两端的悬挑梁部位。

板支座上部非贯通筋自支座中线向跨内伸出的长度，注写在线段的下方位置。

当中间支座上部非贯通纵筋向支座两侧对称伸出时，可仅在支座一侧线段下方标注伸
出长度，另一侧不注写，如图 2-36 所示。当向支座两侧非对称伸出时，应分别在支座两
侧线段下方注写伸出长度，如图 2-37 所示。

对线段画至对边贯通全跨或贯通全悬挑长度的上部通长纵筋，贯通全跨或伸出至全悬
挑一侧的长度值不注写，只注明非贯通筋另一侧伸出的长度值，如图 2-38 所示。

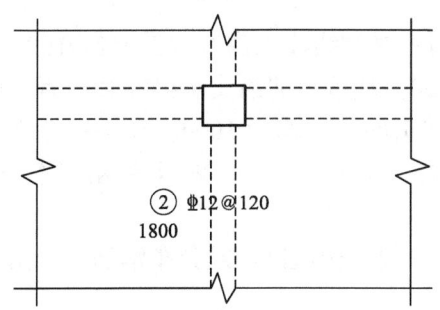

图 2-36　板支座上部非贯通筋对称伸出

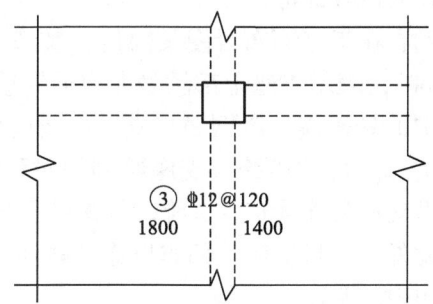

图 2-37　板支座上部非贯通筋非对称伸出

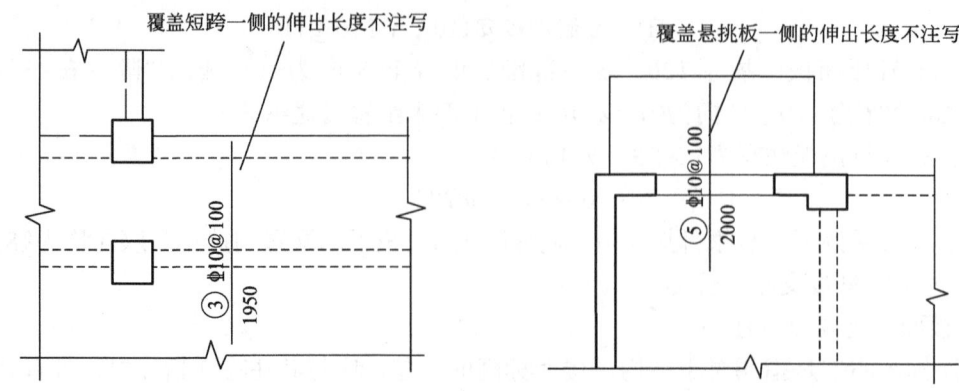

图 2-38　板支座非贯通筋贯通全跨或伸出至悬挑梁

当板支座为弧形，支座上部非贯通纵筋呈放射状分布时，设计者应注明配筋间距的度量位置并加注"放射分布"四字，必要时应补绘平面配筋图，如图 2-39 所示。

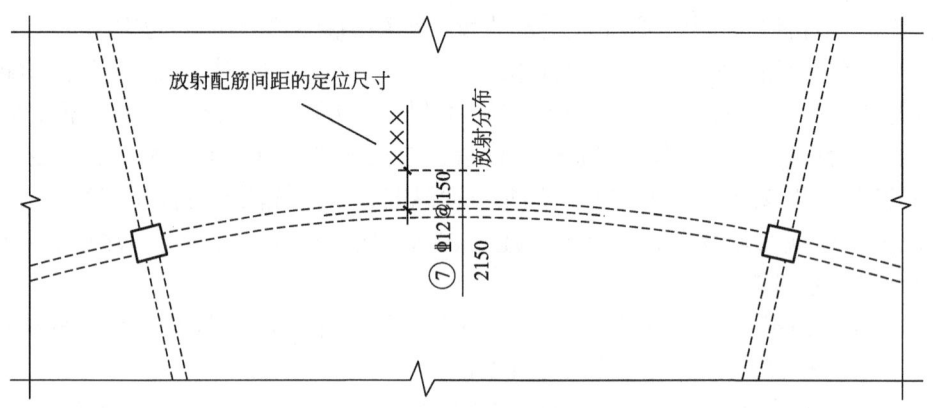

图 2-39　弧形支座处放射配筋

关于悬挑板的注写方式如图 2-40 所示。当悬挑板端部厚度不小于 150 时，设计者应指定板端部封边构造方式。当采用 U 形钢筋封边时，还应指定 U 形钢筋的规格、直径。

在板平面布置图中，不同部位的板支座上部非贯通纵筋及悬挑板上部受力钢筋，可仅在一个部位注写，对其他相同者只需在代表钢筋的线段上注写编号及按本规则注写横向连续布置的跨数即可。

例：在板平面布置图某部位，横跨支承梁绘制的对称线段上注有"①单12@100（4A）和 1000"，表示支座上部①号非贯通纵筋为单12@100，从该跨起沿支承梁连续布置 4 跨加梁一端的悬挑端，该钢筋自支座中线向两侧跨内伸出的长度均为 1000。在同一板平面布置图的另一部位横跨梁支座绘制的对称线段上注有"①（2）"者，表示该钢筋同①号纵筋，沿支承梁连续布置 2 跨，且无梁悬挑端布置。

此外，与板支座上部非贯通纵筋垂直且绑扎在一起的构造钢筋或分布钢筋，应由设计者在图中注明。

当板的上部已配置贯通纵筋，但需增配板支座上部非贯通纵筋时，应结合已配置的同向贯通纵筋的直径与间距采取"隔一布一"方式配置。

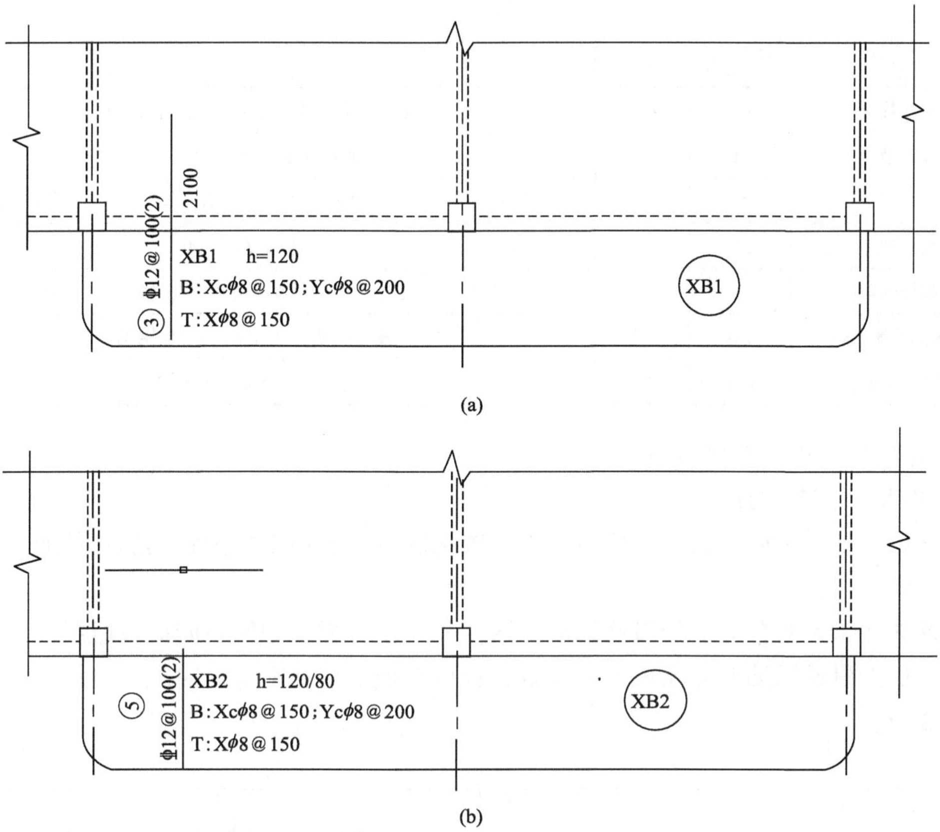

图 2-40 悬挑板支座非贯通筋

"隔一布一"方式，为非贯通纵筋的标注间距与贯通纵筋相同，两者组合后的实际间距为各自标注间距的 1/2。

例：板上部已配置贯通纵筋Φ12@250，该跨同向配置的上部支座非贯通纵筋为⑤Φ12@250，表示在该支座上部设置的纵筋实际为Φ12@125，其中 1/2 为贯通纵筋，1/2 为⑤号非贯通纵筋（伸出长度值略）。

例：板上部已配置贯通纵筋Φ10@250，该跨配置的上部同向支座非贯通纵筋为③Φ12@250，表示该跨实际设置的上部纵筋为Φ10 和Φ12 间隔布置，二者之间的间距为 125。

（2）有梁楼板相关构造制图规则

楼板相关构造的平法施工图设计，在板平法施工图中采用引注的方式进行表达。

有梁楼板相关构造类型编号按表 2-13 规定。

楼板相关构造类型与编号　　　　　　　　　　　　表 2-13

构造类型	代号	序号	说明
纵筋加强带	JQD	××	以单项加强纵筋取代原位置配筋
后浇带	HJD	××	有不同的预留方式

构造类型	代号	序号	说明
局部升降板	SJB	××	板厚及配筋与所在板相同；局部升降高度≤300
板加腋	JY	××	腋高与腋宽可选择注写
板开洞	BD	××	最大边长或直径＜1000；加强筋长度有全跨贯通和自洞边锚固两种
板翻边	FB	××	翻边高度≤300
角部加强筋	Crs	××	以上部双向非贯通加强钢筋取代原位置的非贯通配筋
悬挑板阴角附加筋	Cis	××	板悬挑阴角上部斜向附加钢筋
悬挑板阳角附加筋	Ces	××	板悬挑阳角上部放射筋

1）楼板相关构造直接引注

① 纵筋加强带 JQD 引注。

纵筋加强带的平面形状及定位由平面布置图表达，加强带内配置的加强贯通纵筋等由引注内容表示。

纵筋加强带设置单向加强贯通纵筋，取代其所在位置板中原有同向贯通纵筋。根据受力需要，加强贯通纵筋既可在板下部配置，也可在板下部和上部同时配置。纵筋加强带引注见图 2-41。

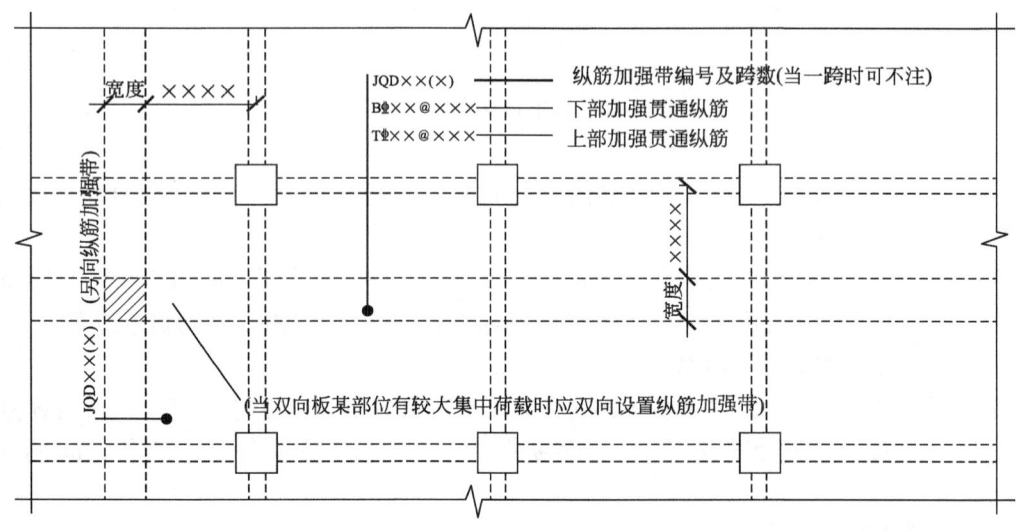

图 2-41　纵筋加强带引注

当板下部和板上部均设置加强贯通纵筋，而板带上部横向无配置筋时，加强带上部横向配筋应有设计者注明。

当纵筋加强带设置为暗梁形式时应注写箍筋，引注示意图见图 2-42。

② 后浇带 HJD 引注。

后浇带的平面形状及定位由平面布置图表达，后浇带留筋方式由引注表达，其内容包括：

080

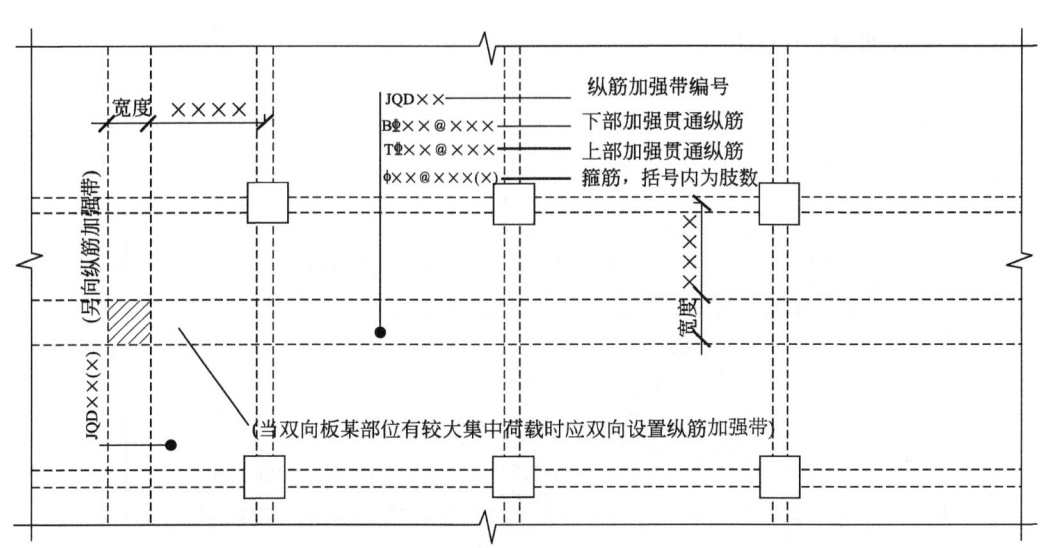

图 2-42　纵筋加强带引注（暗梁形式）

081

A 后浇带编号及留筋方式代号。

B 后浇带混凝土的强度等级。宜采用补偿收缩混凝土，设计应注明相关施工要求。

C 当后浇带区域留筋方式或后浇带混凝土强度等级不一致时，应在图中注明不一致的部位及做法。

后浇带引注图见图 2-43。

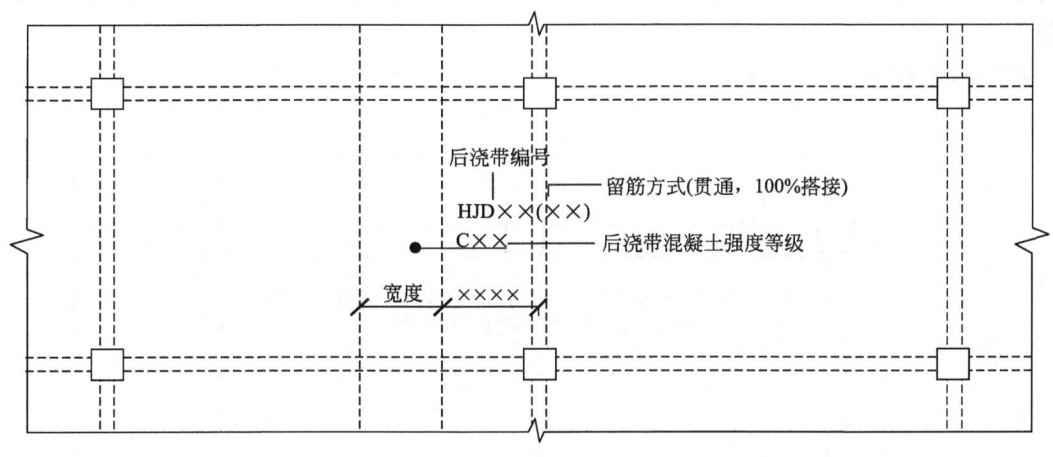

图 2-43　后浇带引注

③ 局部升降板 SJB。

局部升降板的平面位置及形状由平面布置图表达，其他内容由引注内容表达。

局部升降板的板厚、壁厚和配筋，在标准构造详图中与所在板块的板厚和配筋相同时，设计不注写；当采用不同板厚、壁厚和配筋时，设计应补充绘制截面配筋图。

局部升降板升高与降低的高度应小于或等于 300；当大于 300 时，设计应补充绘制截面配筋图。

局部升降板的引注图见图 2-44。

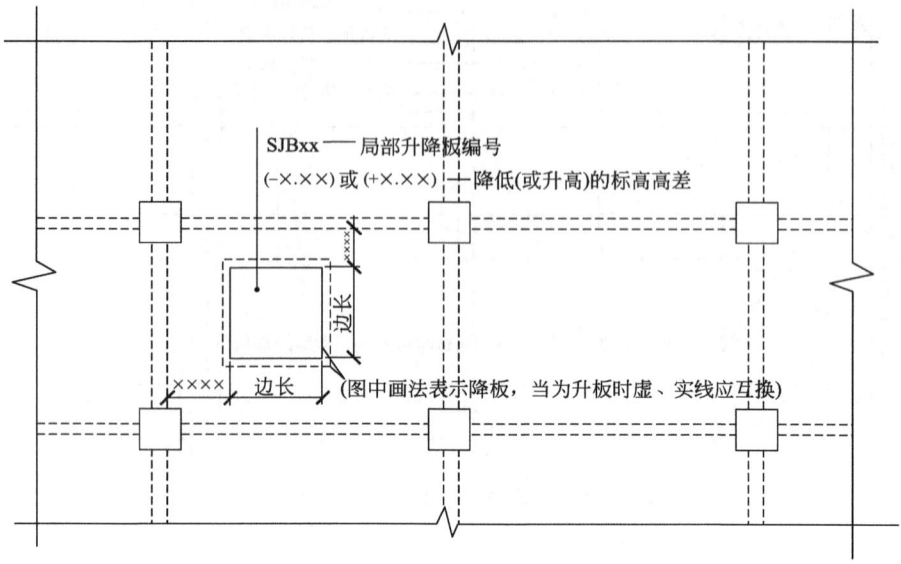

图 2-44　局部升降板引注图

④ 板加腋 JY。

板加腋的位置与范围由平面布置图表达，腋宽、腋高及配筋等由引注内容表达。

当为板底加腋时腋线应为虚线，当为板面加腋时腋线应为实线；当腋宽与腋高同板厚或加腋按标准构造时，设计不注写；当加腋配筋与标准构造不同时，设计应补充绘制截面配筋图。

板加腋引注图见图 2-45。

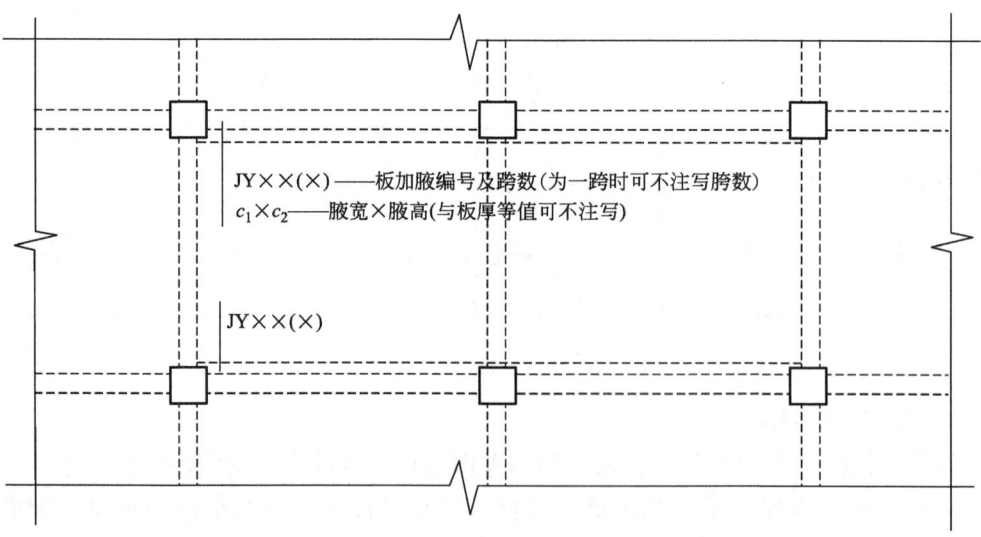

图 2-45　板加腋引注图

⑤ 板开洞 BD。

板开洞的平面形状及定位由平面布置图表达，洞的几何尺寸等由引注内容表达。

当矩形洞口边长或圆形洞口直径小于或等于1000，且当洞边无集中荷载作用时，洞边补强钢筋可按标准构造的规定设置，设计不注写；当洞口周边加强钢筋不伸至支座时，应画出所有加强钢筋，并标注不伸至支座的长度。当工程所需的补强钢筋与标准构造不同时，设计应加以注明。

当矩形洞口边长或圆形洞口直径大于1000，或虽小于或等于1000但洞边有集中荷载作用时，设计应根据具体情况采取相应的处置措施。

板开洞引注图见图2-46。

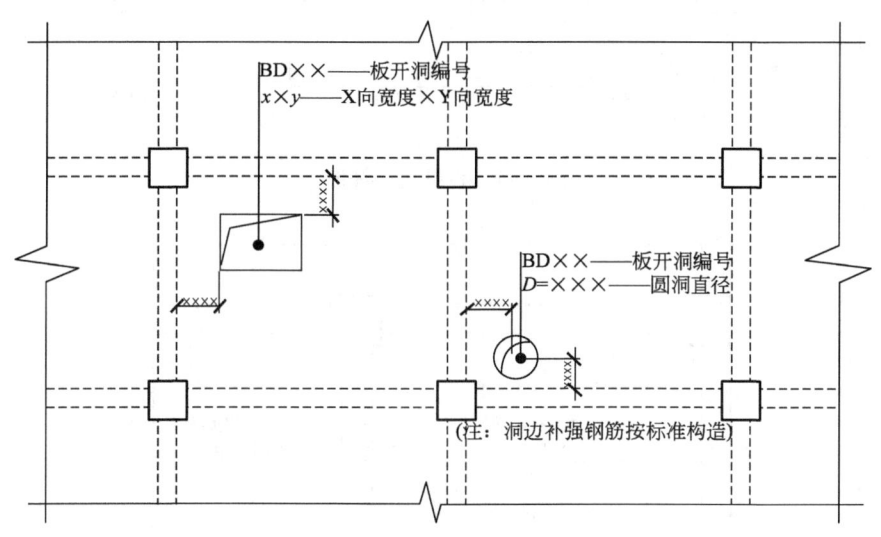

图2-46　板开洞引注图

⑥ 板翻边 FB。

板翻边可分为上翻边和下翻边，翻边尺寸等在引注中表达，实线表示上翻边，虚线表示下翻边。翻边高度在标准构造详图中为小于或等于300；当大于300时，由设计者自行处理。

板翻边引注见图2-47。

⑦ 角部加强筋 Crs。

角部加强筋通常用于板块角区上部，根据受力要求配置。角部加强筋在其分布范围内取代原配置的板支座上部非贯通纵筋，且在其分布范围内配有板上部贯通纵筋时间隔布置。

角部加强筋引注见图2-48。

⑧ 悬挑板阴角附加筋 Cis。

悬挑板阴角附加筋是指在悬挑板阴角部位斜放的附加钢筋，该附加钢筋设置在板上部悬挑受力钢筋下面。

悬挑板阴角附加筋 Cis 引注见图2-49。

⑨ 悬挑板阳角放射筋 Ces。

悬挑板阳角放射筋 Ces 引注见图2-50。

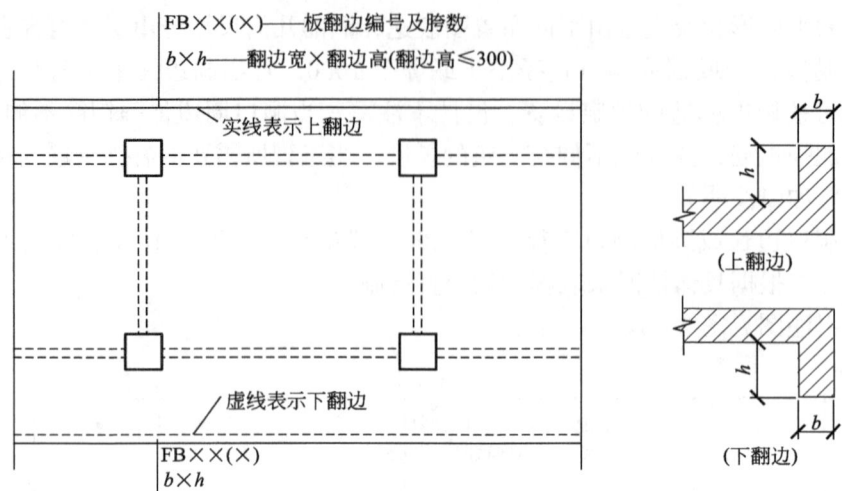

图 2-47　板翻边引注图

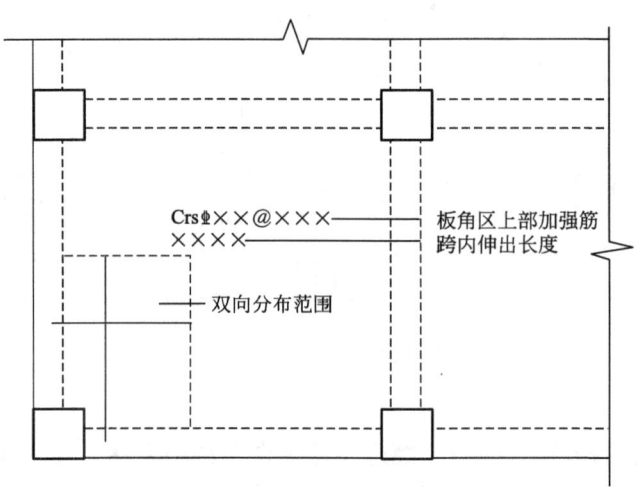

图 2-48　角部加强筋引注图

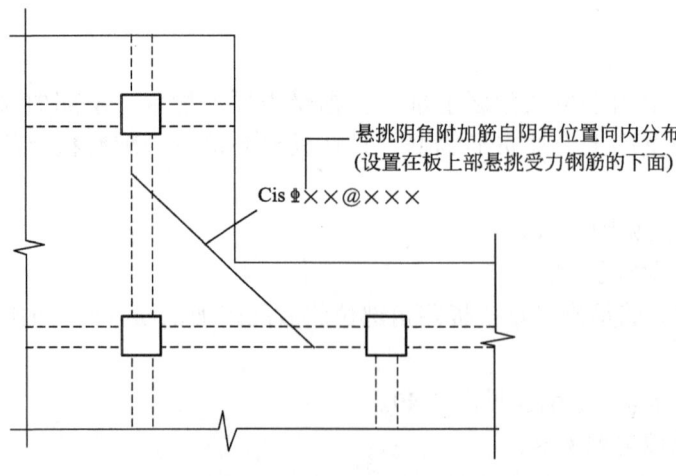

图 2-49　悬挑板阴角附加筋

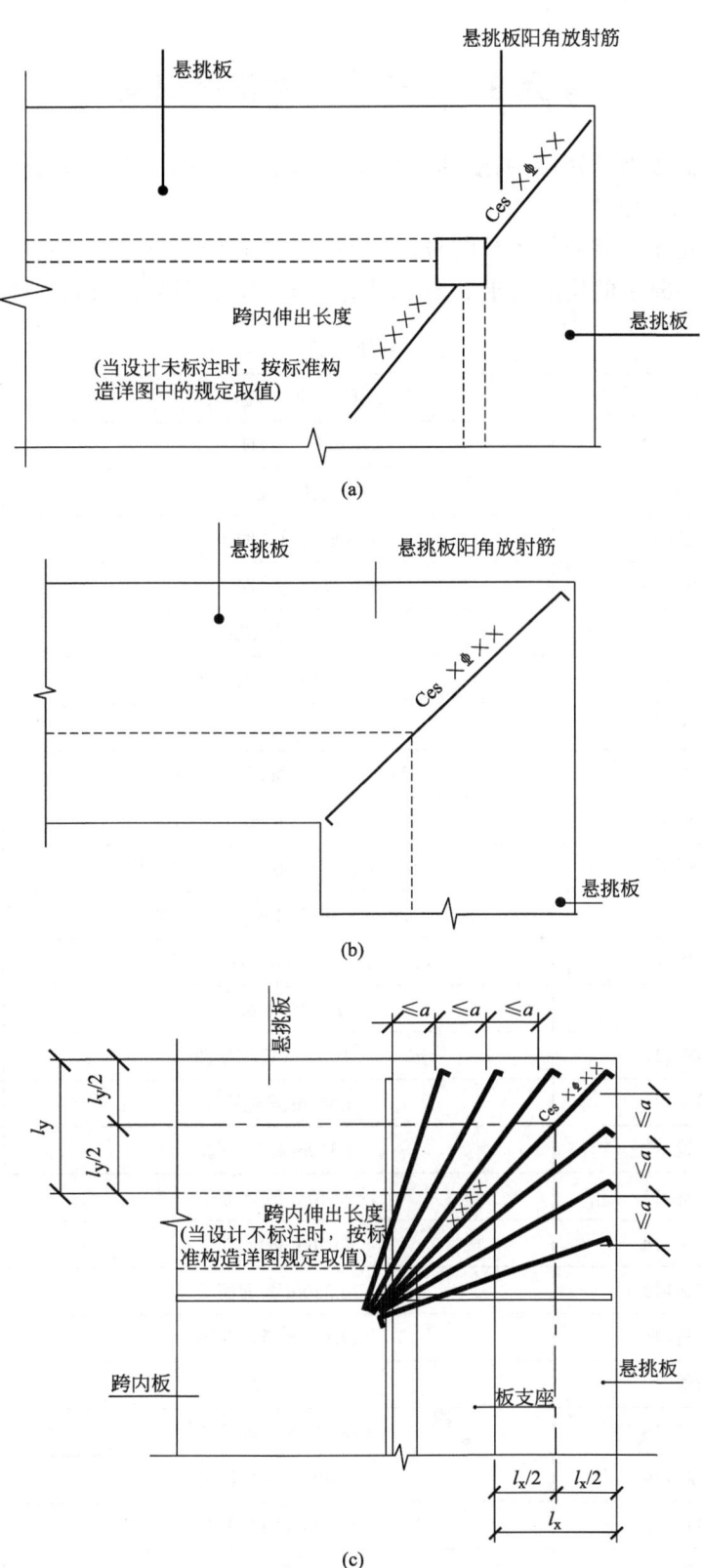

图 2-50　悬挑板阳角放射筋引注图

单元 3　结构施工图案例识读

案例采用某高校教学楼结构施工图部分图纸识读，单体工程，混凝土框架结构，地下一层（停车场），地上五层。

请以施工单位土建专业技术员的身份，识读该工程结构施工图，在熟悉图纸内容的基础上，掌握钢筋混凝土的构造要求。该工程结构施工图的图纸目录见表 2-14。

图纸目录

表 2-14

序号	图号	图纸名称	备注
1	结施通 -01	结构设计总说明（一）	
2	结施通 -02	结构设计总说明（二）	
3	结施通 -03	结构设计总说明（三）	
4	结施通 -04	结构设计总说明（四）	
5	结施 -01	基础平面布置图	
6	结施 -02	基础抗拔桩平面布置图	
7	结施 -03	坡道详图	
8	结施 -04	基础顶 ~ −0.100m 墙、柱布置图	
9	结施 -05	基础顶 ~ −0.100m 柱子详图	
10	结施 -06	−0.100m ~ 5.350m 柱平面布置图	
11	结施 -07	5.350m ~ 14.350m 柱平面布置图	
12	结施 -08	14.350m ~ 23.400m 柱平面布置图	
13	结施 -09	−0.100m 梁配筋图	
14	结施 -10	−0.100m 板配筋图	
15	结施 -11	5.350m 梁配筋图	
16	结施 -12	5.350m 板配筋图	
17	结施 -13	9.850m 梁配筋图	
18	结施 -14	9.850m 板配筋图	
19	结施 -15	14.350m 梁配筋图	
20	结施 -16	14.350m 板配筋图	
21	结施 -17	18.850m 梁配筋图	
22	结施 -18	18.850m 板配筋图	
23	结施 -19	23.400m 梁配筋图	
24	结施 -20	23.400m 板配筋图	
25	结施 -21	1 号楼梯详图	

任务一　结构设计总说明识读指导

结构设计总说明是以文字说明为主、带有全局性的纲领性文件。每一单项工程均应编写一份结构设计总说明，对于简单的小型单项工程，设计总说明中的内容可分别写在基础平面布置图和各层结构平面图上。

结构设计总说明是对结构施工图纸的补充，很多文字说明是图纸无法表达的内容，对标准图集的一些变更也在说明中予以交代。因此要逐条认真地阅读，并结合施工图的识读加以全面理解。

结构设计总说明识读指导：

（1）结构设计说明（一）（图 2-51）中说明了本工程的工程概况、设计总则、设计依据、结构设计主要技术指标、主要荷载和作用取值以及主要结构材料。

工程概况：重点掌握项目名称、建设地点、结构形式、楼层数、层高等工程基本情况。

设计总则：掌握所选用的规范，以确保施工符合相关规范、规程的要求。

结构设计主要技术指标：掌握结构设计标准和抗震设防有关参数。

主要结构材料：掌握工程中所用混凝土的强度等级、钢筋的种类、块材的种类和砌筑砂浆的强度等级、钢结构用钢、焊条及螺栓等，以便材料进场后按现行国家标准的规定进行检验和检测，检验和试验合格后方可在施工中使用，确保工程质量。

（2）结构设计说明（二）（图 2-52）主要介绍地下工程部分（地基、基础和地下室），阅读时应掌握本工程的自然条件和地下工程的施工要求。

（3）结构设计说明（三）（图 2-53）、（四）（图 2-54）主要为混凝土结构构造要求和钢结构构造要求，包括各类构件钢筋保护层厚度、钢筋连接的要求、承重结构与非承重结构的连接要求、施工顺序和质量标准的要求、后浇带的施工要求以及与其他工种的配合要求等，应逐条详细地阅读，按照设计说明和相关规范施工。结构设计说明（四）还包含绿色建筑设计说明。

学习思考

根据结构设计总说明，思考以下问题。

（1）请简述本工程结构形式、楼层及层高、室内外高差、绝对高程和建筑高度。

（2）本工程抗震设防烈度是多少？

（3）本工程基础、圈梁、楼板、楼梯的混凝土强度等级是多少？

（4）基坑开挖、验槽及回填的施工要求有哪些？

（5）查找本工程地下和地上柱的保护层厚度，并绘图说明当柱保护层厚度上下不同时，纵向钢筋位置不变，保护层变化处的构造做法。

任务二　筏板基础结构施工图识读指导

粗读基础平面布置图和基础抗拔桩平面布置图，可知该办公楼采用平板式筏板基础，并设有抗拔桩、柱墩、温度后浇带等构造。

阅读基础平面布置图说明可知：

结 构 设 计 说 明 （一）

1 工程概况
1.1 建筑名称：深圳职业技术学院智能制造技术高技能人才公共实训基地项目（东校区）
1.2 建设单位：深圳职业技术学院
1.3 建设地点：深圳市人民医院龙华分院现址
1.4 工程概况：本工程共一个单体工程，包括地上部分和地下部分（人防部分），1栋3栋建筑物2017-36

图2-51 结构设计
说明 （一）

图2-51 结构设计说明（一）

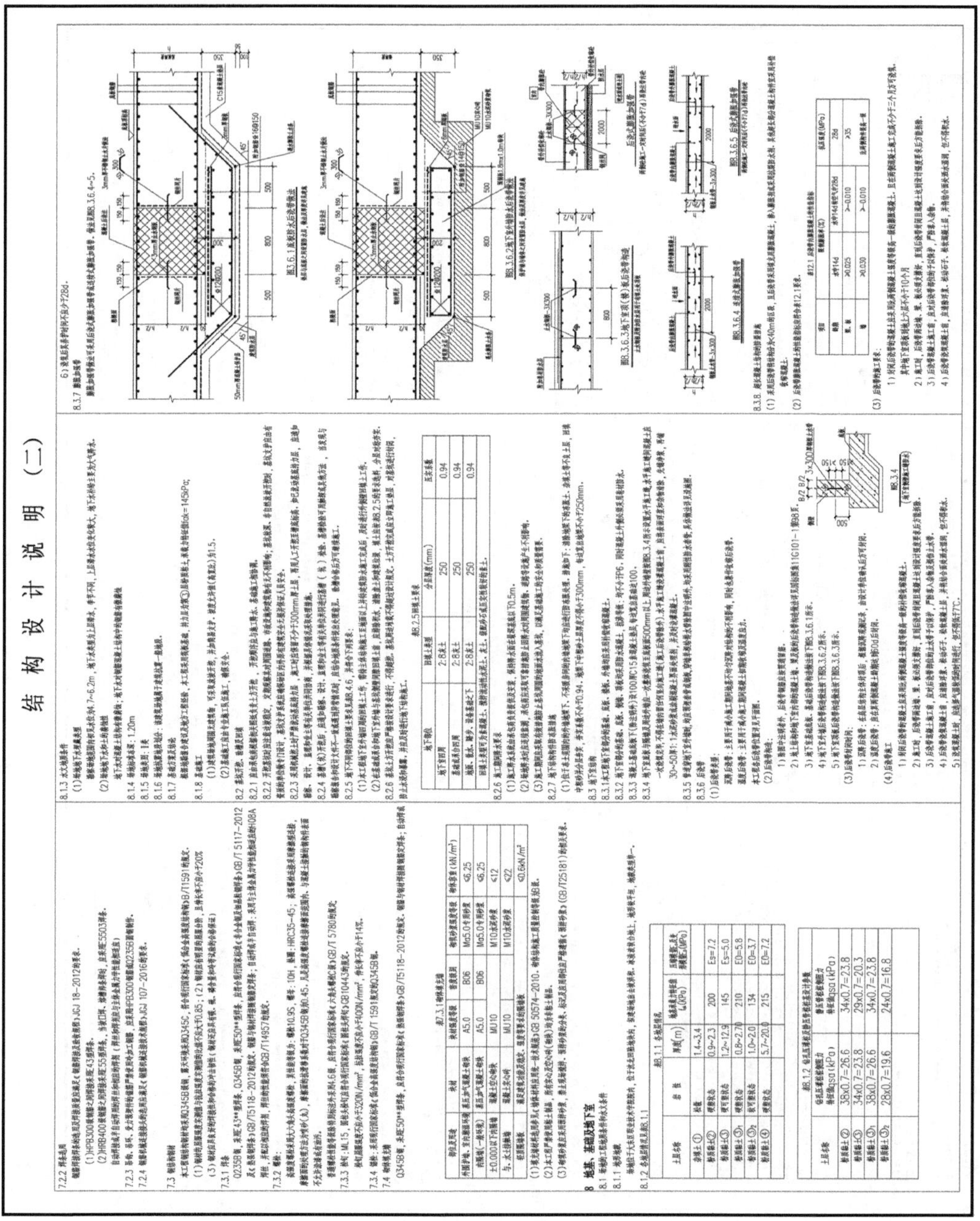

图2-52结构设计说明（二）

图 2-52　结构设计说明（二）

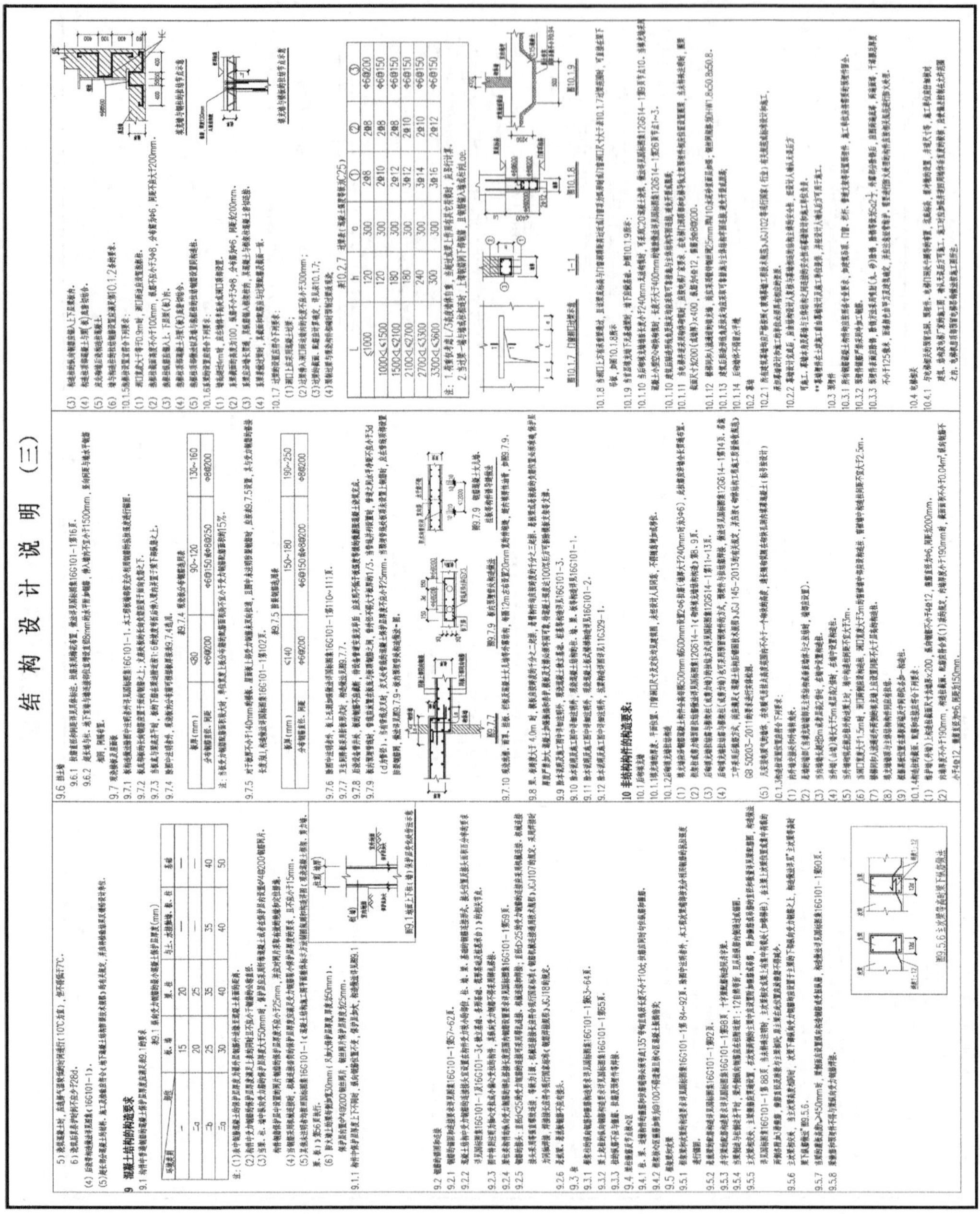

结 构 设 计 说 明 (三)

图2-53结构设计
说明(三)

图2-53 结构设计说明 (三)

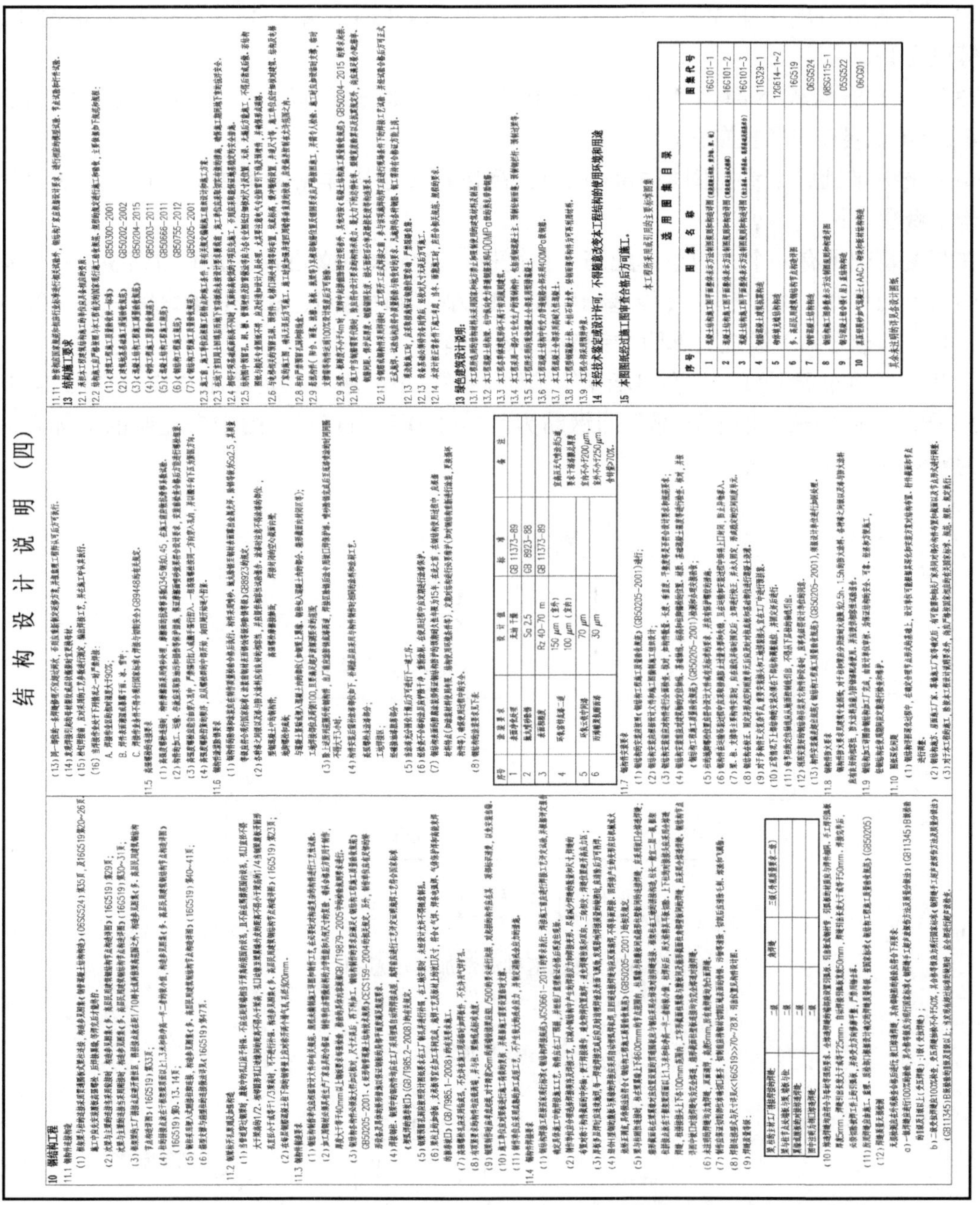

结 构 设 计 说 明 （四）

10 钢结构工程

（本页主体为竖排密集技术说明文字，包含以下主要条目）

11.1 钢结构总说明
11.2 钢材、焊接材料及连接件
11.3 钢结构制作
11.4 钢结构安装
11.5 压型钢板
11.6 钢结构防腐
11.7 钢结构防火
11.8
11.9
11.10

项次	项目名称	指标值	备 注
1	表面粗糙度	Rz 40~70 μm	GB 11375—89
2	最大缺陷深度	Sa 2.5	
3	环氧富锌底漆一道	150 μm（干膜） 100 μm（干膜）	GB 8923—88
4		70 μm	GB 11375—89
5		30 μm	
6			

适用图集目录

序号	适 用 名 称	图集代号
1		16G101-1
2		16G101-2
3		16G101-3
4		11G329-3
5		12G614-1~2
6		16G519
7		08SG524
8		08SG115-1
9		05SG532
10		06G901

本图所采用的其余设计图集

结 构 设 计 说 明 （四）

（右侧另一栏为竖排技术说明文字，包含 11.11～15 各条目）

图2-54 结构设计说明（四）

图2-54结构设计
说明（四）

（1）未注明的基础顶标高均为 −4.800m，基础厚度 h=800mm；基础下铺设 100mm 厚的 C15 素混凝土垫层，每边宽出基础 100mm。

（2）基础持力层为第 3 层，承载力特征值 f_{ak}=145kPa；基础采用 C30 抗渗混凝土，抗渗等级为 P6。

（3）未画出的板下部钢筋为Φ20@150 双层双向通长布置，未画出的板上部钢筋为Φ16@150 双层双向通长布置。

（4）筏板基础施工参见图集 16G101-3，筏板封边做法详见图集 16G101-3 第 93 页的（b）构造做法。

在筏板基础中有一个大的整体配筋，在筏板一些特殊部位处需要加附加钢筋。结合基础平面布置图可知，本工程在筏板基础四周（即Ⓐ~Ⓑ轴之间、Ⓔ~Ⓕ轴之间、①~②轴之间、⑩~⑪轴之间）设置上部附加钢筋Φ16@150。

由基础平面布置图可知，在筏板上设有下柱墩，下柱墩结构见图纸详图，如图 2-55、图 2-56 所示，图中未注明的下部附加钢筋为Φ20@150 双向布置，图中未注明的上部附加钢筋为Φ18@150 双向布置。

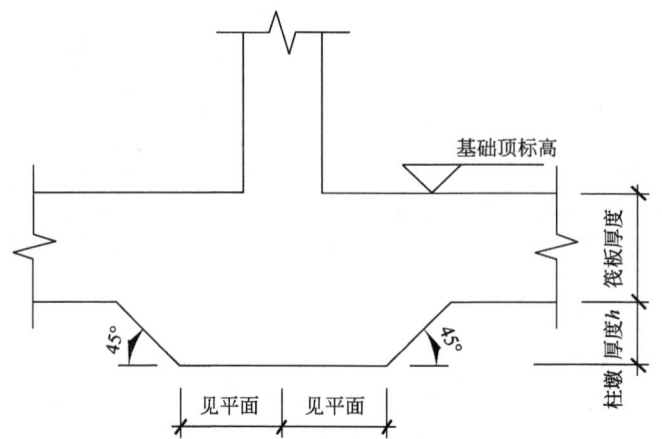

图 2-55　筏板基础局部加厚示意图

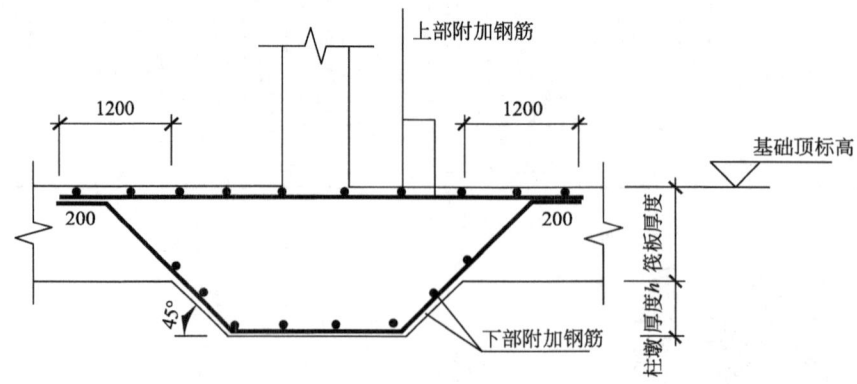

图 2-56　筏板局部加厚附加钢筋布置大样图

　　后浇带做法见结构设计说明，地下室基础底板、基础后浇带构造做法按照结构设计说明（二）中相关详图所示。

　　由基础抗拔桩平面布置图说明可知：

　　（1）图中抗拔桩为预应力混凝土管桩，单桩抗拔承载力为 F=216kN，桩长 9.0m。

　　（2）桩基采用先张法预应力高强混凝土管桩，型号为：PHC 400 AB 110-9.0，未注明的桩顶标高为 −5.50m。

　　（3）桩顶与承台连接详见图集 10G409《预应力混凝土管桩》中第 41～43 页详图。

　　由桩基础详图可知，详图见图 2-57，抗拔桩外壁直径 400，桩纵向钢筋 5Φ16，螺旋箍筋 $\phi6@200$；桩头伸入筏板基础 50，纵向钢筋伸入筏板基础 40d，螺旋钢筋布筋范围 4000；灌芯采用微膨胀混凝土。

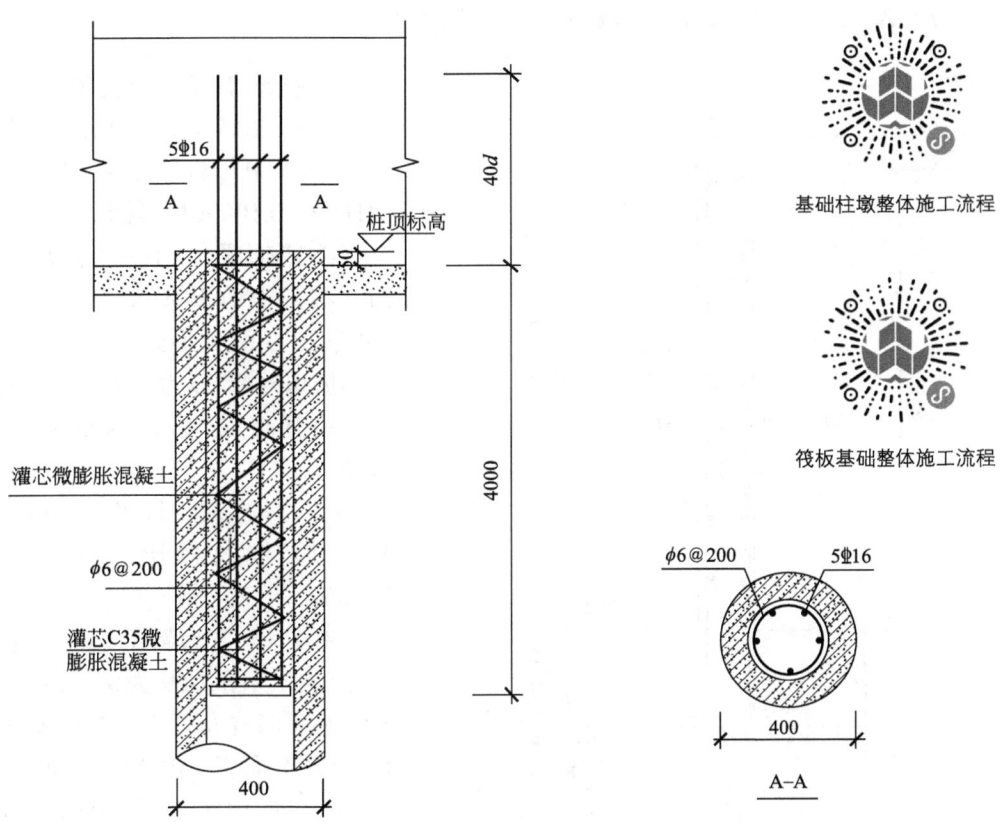

图 2-57　抗拔桩截桩与承台连接构造图

基础柱墩整体施工流程

筏板基础整体施工流程

筏板基础底板阳角加筋构造

学习思考

　　根据本工程基础结构施工图，思考以下问题。

　　（1）请查找相关资料解释 PHC 400 AB 110-9.0 的含义。

　　（2）结合图纸信息，绘制图 2-58 中 XZD3 的钢筋布置详图。

093

筏板基础沉降后浇
带构造

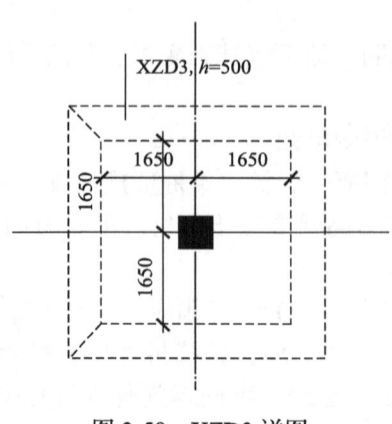

图 2-58　XZD3 详图

筏板基础端部钢筋
节点构造

筏板基础变截面钢
筋节点构造

任务三　剪力墙结构施工图识读指导

图 2-59　1-1 剖面图

在熟悉图纸时会发现剪力墙主要分布在两张图纸上，分别是结施 -04 基础顶～ -0.100m 墙柱布置图、结施 -05 基础顶～ -0.100m 柱详图。

由基础顶～ -0.100m 墙柱布置图可知，本工程地下室部分的剪力墙主要有 DWQ 和 Q 两种形式，DWQ 为地下室外墙和坡道外墙，Q 为设备间和消防水池墙。

由基础顶～ -0.100m 墙、柱布置图可知：

（1）本层墙、柱采用 C40 混凝土。

（2）柱及挡土墙等详图详见结施 -05。

本工程剪力墙结构是通过详图进行表达的，以图 2-59 为例，结合基础顶～ -0.100m 墙柱布置图，1-1 剖面图表达的是 DWQ1 配筋，由详图可知：

（1）DWQ1 墙 厚 350，图 中 50 和 300 表示 DWQ1 相对于轴线的位置关系。

（2）DWQ1 底 标 高 -4.800，顶 标高 -0.100，剪力墙高度 4700。

（3）DWQ1 顶部水平通长钢筋为 4Φ20，水平分布筋 2Φ14@150，双排布置，竖向分布筋中挡土侧（即外侧）为Φ22@150，内侧为Φ18@100，拉筋梅花形布置为ϕ6@600×600。

学习思考

请结合所学内容描述图 2-60 中 4-4 剖面的钢筋配置。

地下室框架柱整体
施工流程

首层框架柱箍筋全
加密构造

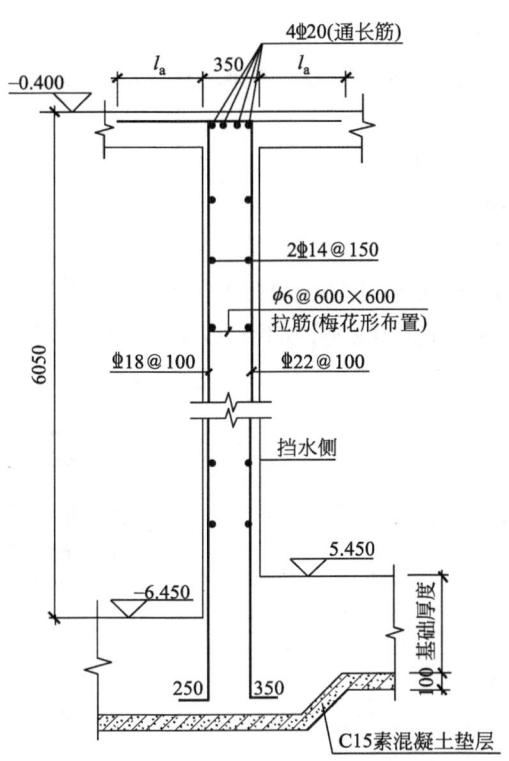

图 2-60　4-4 剖面图

地下室框架柱纵筋
在基础中锚固构造

地下室框架柱纵筋
的连接构造

任务四　柱结构施工图识读指导

在熟悉图纸过程中可知，柱主要通过基础顶～ -0.100m 墙柱布置图、基础顶～ -0.100m 柱详图、 -0.100 ～ 5.350m 柱平面布置图、 5.350 ～ 14.350m 柱平面布置图以及 14.350 ～ 23.400m 柱平面布置图进行表达。

粗读柱结构施工图，本工程柱钢筋通过截面注写方式表达，平面布置图主要表达柱的位置，详图表达柱的配筋。

柱的标高由图纸名称可知。以 -0.100 ～ 5.350m 柱平面布置图为例，阅读图纸说明可知：

（1）未注明的柱按轴线居中布置。

（2）图中未注明的柱均为 KZ1。

（3）本层柱采用 C40 混凝土。

详图识读案例一见图 2-61：

（1）由图纸说明可知，柱平面布置图中未标注的柱均为 KZ1。

（2）柱尺寸 600×600。

（3）集中标注：柱角筋 4Φ25，柱边筋 8Φ20，柱箍筋Φ8@100/200，加密区间距 100，非加密区间距 200。

详图识读案例二，见图 2-62：

（1）由柱平面布置图可知 KZ3 位置；

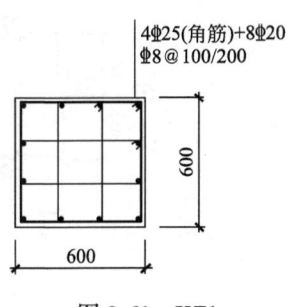

图 2-61　KZ1

（2）柱尺寸 600×600；

（3）集中标注：柱全部纵筋为 14⊕22，柱箍筋为⊕8@100/200，加密区间距 100，非加密区间距 200。

详图识读案例三，见图 2-63：

（1）由柱平面布置图可知 KZ4 位置；

（2）柱尺寸 600×600；

（3）由原位标注可知，柱 b 边边筋为 2⊕22，且上下对称，结合柱集中标注得出，其余柱纵筋为 10⊕25；柱箍筋⊕8@100/200，加密区间距 100，非加密区间距 200。

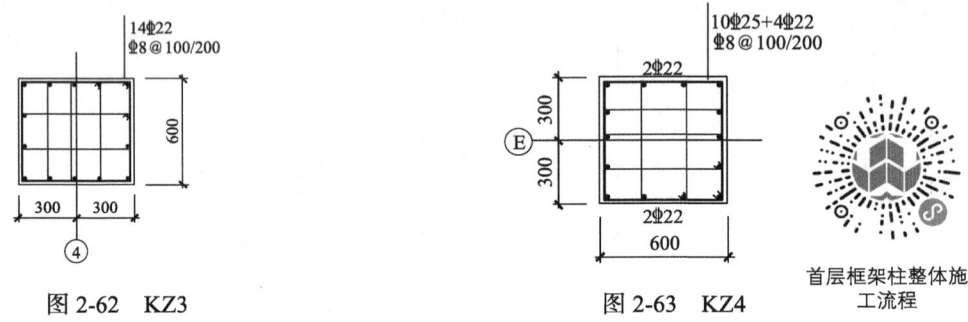

图 2-62　KZ3　　　　　　图 2-63　KZ4

首层框架柱整体施工流程

学习思考

请根据本工程的柱结构施工图回答以下问题：

（1）本工程中柱的钢筋布置是通过什么方式表达的？

（2）请描述 KZ4（图 2-64）的钢筋配置，并指出 KZ4 在当前标高范围内的混凝土强度等级。

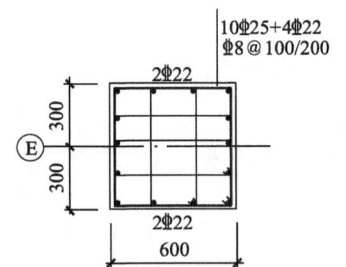

5.350～14.350m柱平面布置图

1. 未注明的柱按轴线居中位置；
2. 图中未注明的柱均为KZ1；
3. 5.350～9.850m柱采用C40混凝土，9.850～14.350m柱采用C30混凝土。

图 2-64　KZ4 详图

首层楼层框架梁整体施工流程

任务五　梁结构施工图识读指导

在结构施工图中，梁的配筋图主要由 −0.100m 梁配筋图、5.350m 梁配筋图、9.850m 梁配筋图、14.350m 梁配筋图、18.850m 梁配筋图、23.400m 梁配筋图六张图纸表达，其中 −0.100m、5.350m、9.850m、14.350m、18.850m、23.400m 表示梁顶顶面标高。以下说明均以 5.350m 梁配筋图为例。

梁图纸比较复杂，一般应按照从下到上、从左到右的顺序查看梁钢筋，以避免遗漏。

案例一：KL10，见图2-65、图2-66。

集中标注：梁编号为10号框架梁，一跨一端悬挑；梁截面尺寸400×800；箍筋Φ8@100/200（4），加密区间距100，非加密区间距200，四肢箍；梁上部通长钢筋2Φ25，架立筋2Φ12；梁侧面抗扭钢筋6Φ12，每侧三根。

原位标注：左侧中间支座端部全部纵筋6Φ25，其中包含2根通长钢筋，其余4根为支座负筋；下部钢筋为2Φ25+2Φ22；右侧端支座处原位标注同左侧支座。

由图纸说明可知，悬挑端部上部钢筋同相邻支座配筋，下部钢筋为2Φ25+2Φ22，且箍筋为Φ8@100（4），全长加密，四肢箍。

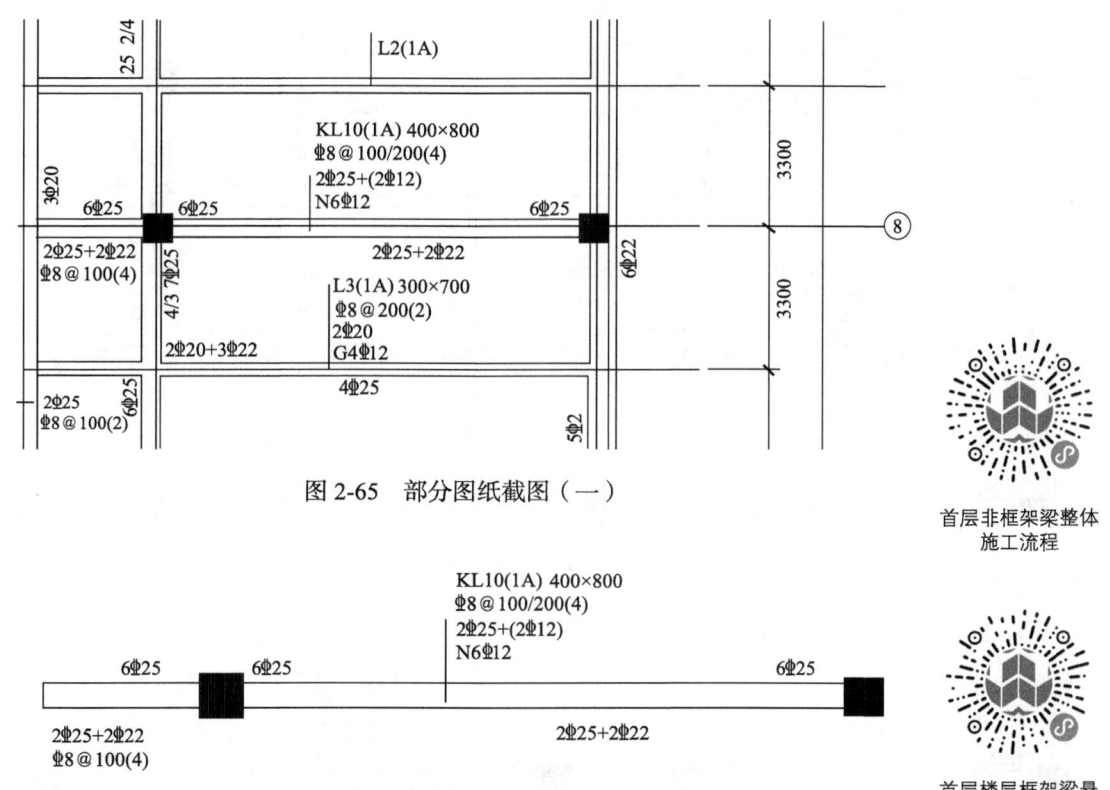

图2-65 部分图纸截图（一）

图2-66 KL10配筋图

首层非框架梁整体
施工流程

首层楼层框架梁悬
挑端配筋构造

案例二：KL11，见图2-67和图2-68。

集中标注：梁编号11号框架梁，三跨；梁截面尺寸400×800；箍筋Φ8@100/200（4），加密区间距100，非加密区间距200，四肢箍；梁上部通长钢筋2Φ25，架立筋2Φ12；梁侧面抗扭钢筋6Φ12，每侧三根。

梁原位标注：左端支座全部纵筋为4Φ25，其中两根上部通长钢筋，其余为端支座负筋；第一跨下部钢筋5Φ25；两个中间支座处全部纵筋为4Φ25，其中两根上部通长钢筋，其余为中间支座负筋;中间跨下部钢筋4Φ25，箍筋Φ8@100（4），箍筋间距100，通长加密；第三跨下部钢筋4Φ22；右端支座处全部纵筋为6Φ25，其中两根上部通长钢筋，其余为端支座负筋。

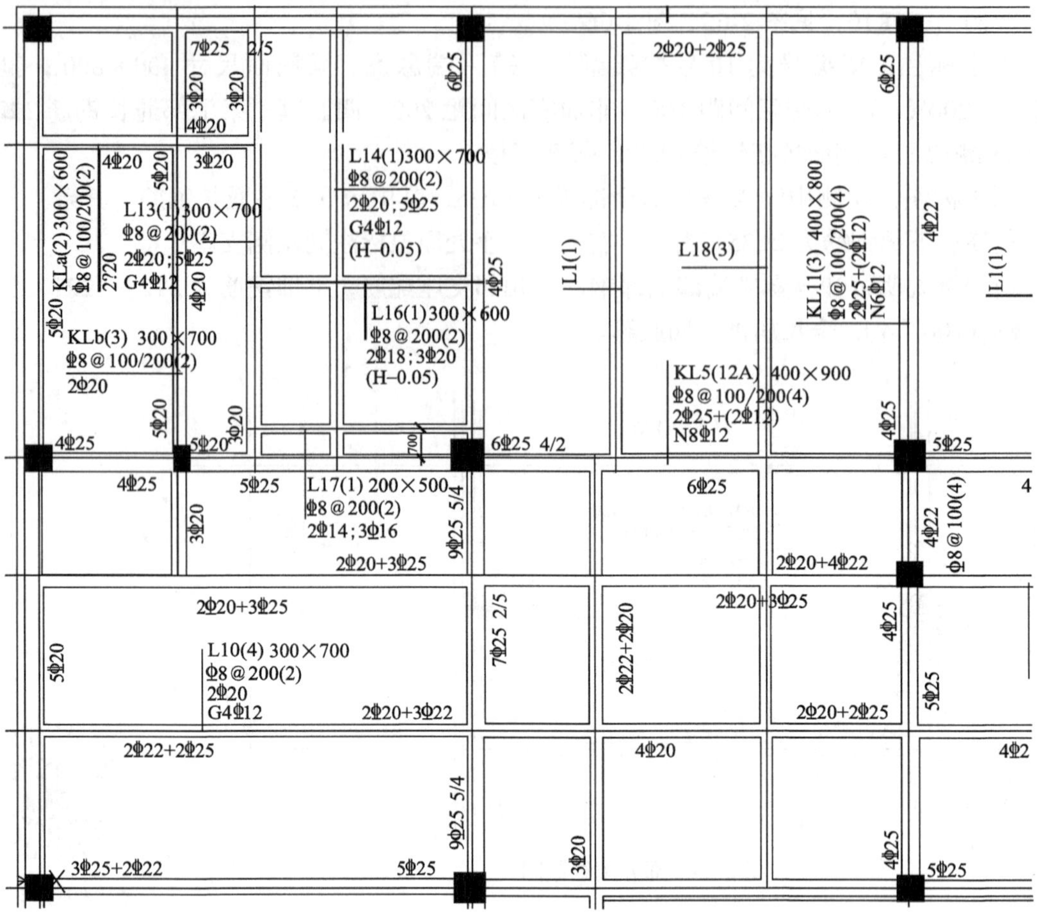

图 2-67　部分图纸截图（二）

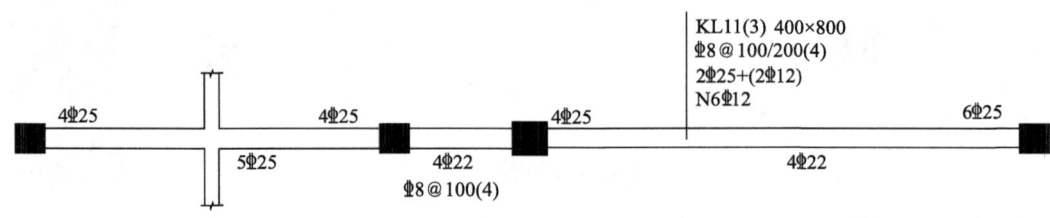

图 2-68　KL11 配筋图

由图纸说明可知，在第一跨 KL11 与 L10 相交处，主梁（KL11）附加箍筋为每侧 3Φ8@50（4）；主梁的附加吊筋为每处 2Φ14。

案例三：L6，见图 2-69 和图 2-70。

集中标注：梁编号为 6 号非框架梁，一跨；梁截面尺寸 200×500；箍筋Φ8@200（2），箍筋间距 200，两肢箍；上部通长钢筋 2Φ16；下部通长钢筋 3Φ18。

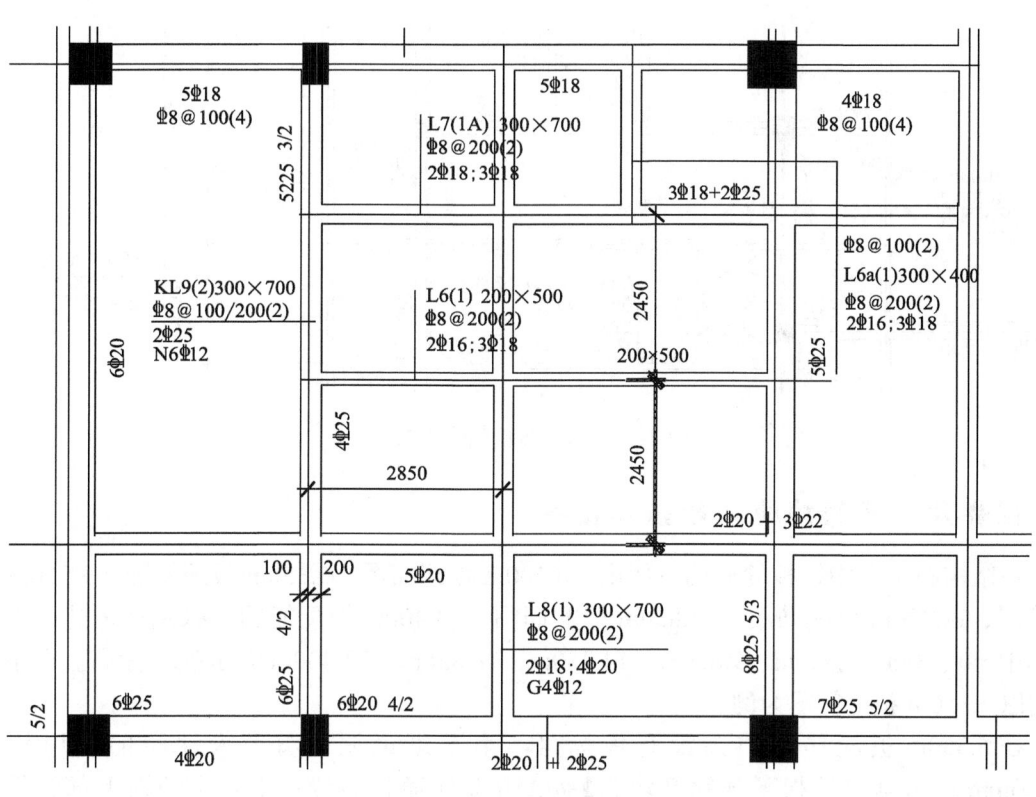

图 2-69 部分图纸截图（三）

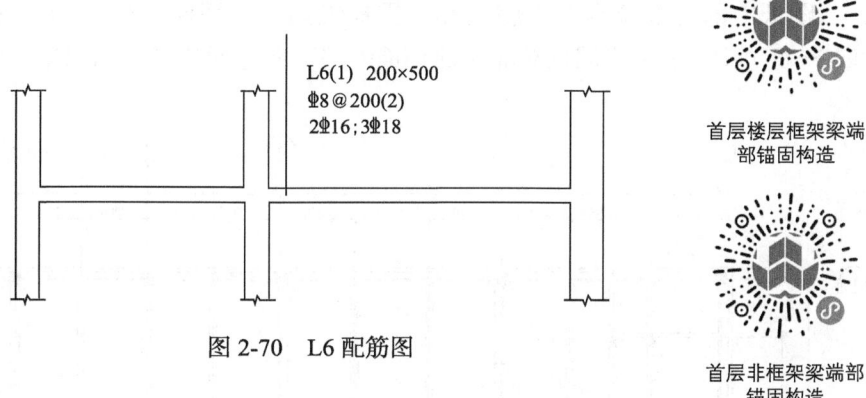

图 2-70 L6 配筋图

由图纸说明可知，在 L6 与 L8 两根次梁十字相交处，次梁附加箍筋为每侧 3Φ8@50
（2）。

学习思考

请描述图 2-71 中 KL4 的钢筋配置。

屋面框架梁整体施工流程

屋面框架梁端部锚固构造

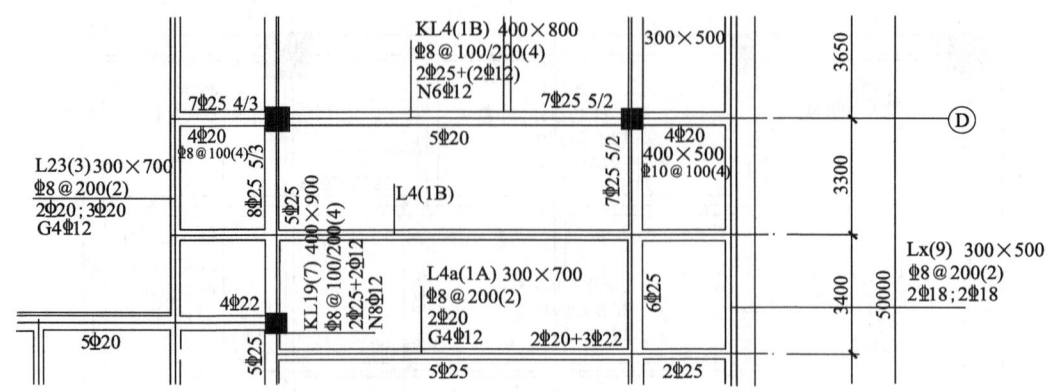

图 2-71　部分图纸截图（四）

任务六　板结构施工图识读指导

在结构施工图中，板的配筋主要由 −0.100m 板配筋图、5.350m 板配筋图、9.850m 板配筋图、14.350m 板配筋图、18.850m 板配筋图、23.400m 板配筋图六张图纸表达。图纸名称中 −0.100m、5.350m、9.850m、14.350m、18.850m、23.400m 表示板顶标高。以下说明均以 5.350m 板配筋图为例。

在 5.350m 板配筋图中并没有板标号。由图纸说明可知，未注明的板厚均为 h=120mm；未画出的板下部钢筋均为 ⊈8@150 双向通长布置；未画出的板上部钢筋为 ⊈8@150 双向通长布置。

图纸中部分部位设有支座上部非贯通纵筋，采用原位标注的方式，如图 2-72 所示，在 ⓔ—ⓕ / ④—⑦ 轴之间设有非贯通钢筋 ⊈10@150，两边各伸出梁中心线 1000；此时该板

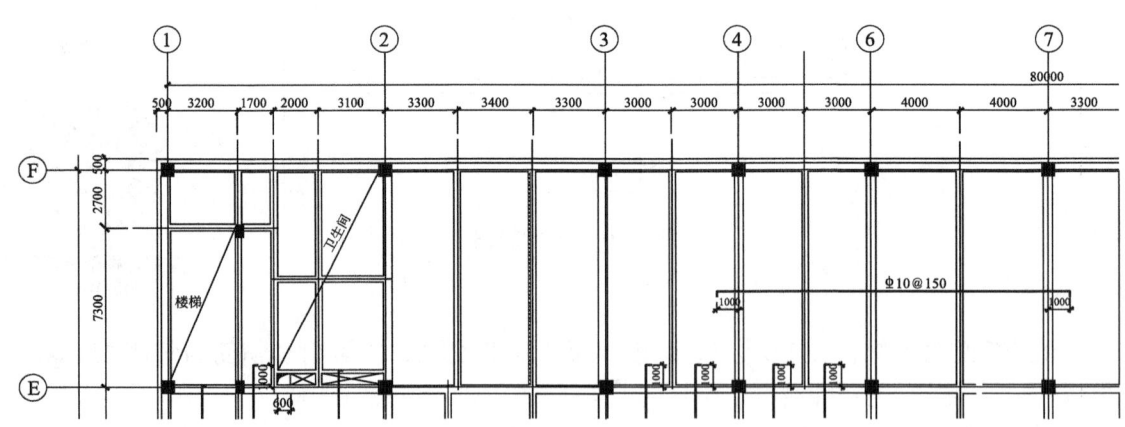

图 2-72　板配筋图部分截图

1. 未注明的板厚均为 h=120mm；
2. 未画出的板下部钢筋均为 ⊈8@150 双向通长布置；未画出的板上部钢筋为 ⊈8@150 双向通长布置；图中画出的板上部钢筋与通长钢筋采用搭接连接；
3. 卫生间降板50mm，配筋为 ⊈10@150 双层双向钢筋网，卫生间各种管井详见建筑及设备图纸，做好相关预留；
4. 图中 ⊠ 表示钢筋通过，待管道安装完毕后用 C35 微膨胀混凝土后浇。

内同时布置Φ8@150双向通长钢筋，采用隔一布一的方式，因此该板水平方向上部钢筋实际间距为75。

图中卫生间部位需要降板，卫生间位置在图纸中已标注，亦可对照建筑平面图。由图纸说明可知，卫生间降板50mm，配筋为Φ10@150双层双向钢筋网。

学习思考

请描述图2-73中Ⓐ～Ⓑ/①～②轴之间板的配筋情况。

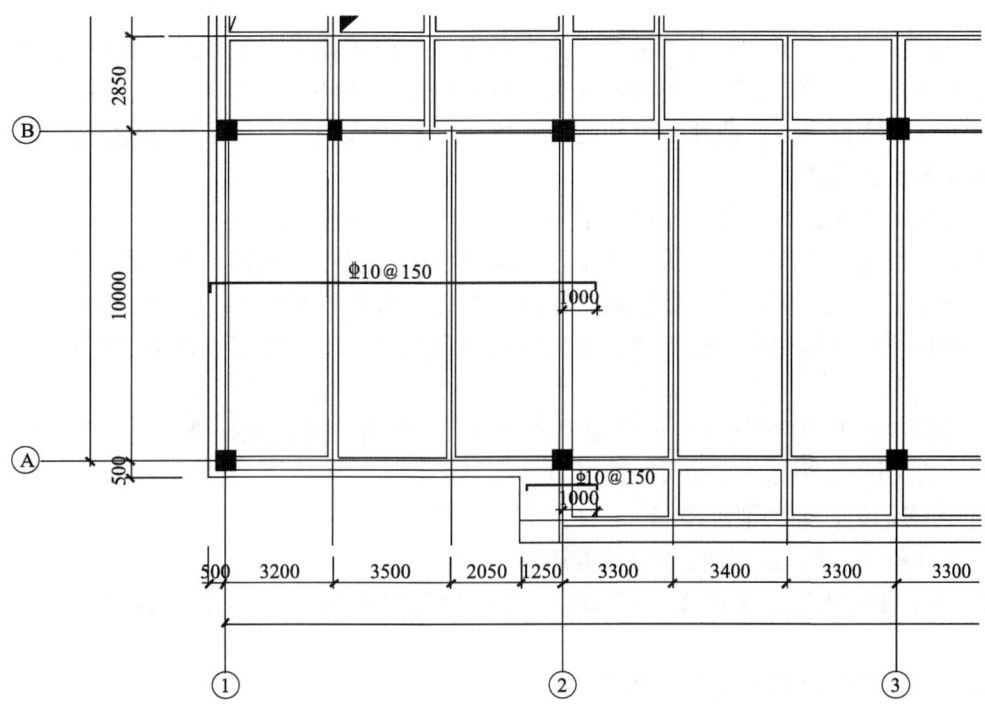

1.未注明的板厚均为h=120mm；
2.未画出的板下部钢筋均为Φ8@150双向通长布置；未画出的板上部钢筋为Φ8@150双向通长布置；图中画出的板上部钢筋与通长钢筋采用搭接连接；
3.卫生间降板50mm，配筋为Φ10@150双层双向钢筋网，卫生间各种管井详见建筑及设备图纸，做好相关预留；
4.图中$\boxtimes$表示钢筋通过，待管道安装完毕后用C35微膨胀混凝土后浇。

图2-73 5.350m板配筋图截图

预制过梁整体施工流程

现浇过梁整体施工流程

下柱墩隐蔽钢筋节点构造

砌体工程的植筋工艺

砌体工程整体施工流程

项目三 设备施工图识读

单元1 设备施工图概述

建筑设备是指为了改善人类生活、生产条件，与建筑物紧密联系并相辅相成的所有水力、热力和电力设施。建筑设备能够通过由各种机械、部件、组件、管道、电缆及其他多种材料组成的有机系统，消耗一定的能源和物质，实现人类需要的某种功能。这些有机系统大多依附于建筑物上。

通常意义上的建筑设备工程包含了水、暖、电三个专业的内容。

建筑设备安装工程是与建筑主体工程相辅相成的重要建设过程，此过程一般可描述为识图——施工。"按图施工"成为建筑设备安装工程的主要工作方针。建筑设备安装工程施工人员必须要通读相应的施工图，然后完成工程备料、施工组织、选定工作面、工程实施等各项工作。

建筑设备施工图识图包括：前期知识和能力要点准备、建筑设备施工图情况初步了解、建筑设备施工图识图顺序与方法的选择。

1. 前期知识、能力要点准备

（1）具备建筑构造识图制图的基本知识

① 具备建筑构造识图制图基本知识，包括建筑平面图、立面图、剖面图的概念及基本画法。

② 具备建筑识图投影关系的概念。

（2）具备画法几何的基本知识

① 具备画法几何中轴测图的基本概念。

② 具备将平面图转换绘制轴测图的基本能力。

（3）具备空间想象能力

① 具备将平面图、原理图或者系统图中所表现出来的管道系统在脑海中形成立体架构的形象思维能力。

② 具备通过文字注释和说明将简单线条、图块所表达的给水排水专业的图例，等同认识为本专业不同形态、不同参数的管道和设备的能力。

2. 建筑设备施工图情况初步了解

建筑设备施工图，特别是本书所提供的建筑设备施工图包含的系统较多，在识图过程中，不宜过早进入具体的平面图和系统图的识图，一般需要对图纸目录、设计施工说明、设备材料表和图例等文字叙述较多的图纸先进行阅读，建立起本套设计图纸的基本情况、本工程各系统概况、主要设备材料情况以及各设备材料图例表达方式的综合概念，然后再进行具体识图过程。

建筑设备图纸基本情况相差不大，以给水排水工程施工图为例，对建筑设备施工图情况做初步的了解。

（1）图纸目录

图纸目录是为了在一套图纸中能快速地查阅到需要了解的单张图纸而建立起来的一份提纲挈领的独立文件。以本书所提供的给水排水专业施工图为例，第一张图纸就是目录。识图过程从阅读图纸目录开始，有助于帮助工程人员熟悉整套图纸的基本情况。

① 给水排水工程施工图图纸目录的内容一般包括设备表、材料表、设计施工说明、平面图、原理图、系统图、大样图和详图等。

② 因不同的设计院、设计师的传统和习惯不同，目录内容编制的顺序会有所差别，一般会按照说明、平面图、系统（或原理图）大样、详图的基本顺序进行编排。

③ 图纸目录内容大致都会体现：设计单位、建设单位、项目名称、图纸阶段（方案、初步设计和施工图等）、整套图号、页数、序号、名称、单张图号、标准或复用图号、折2号图张数、备注、制表、校核和审核等内容。上述内容编制的顺序会有所差别，一般会按照说明、平面图、系统（或原理）图大样、详图的基本顺序进行编排。

④ 图纸目录一般先列新绘图纸，后列选用的标准图纸或重复利用的图纸。

⑤ 初次接触一套给水排水工程施工图，其识图顺序宜按照图纸目录进行。

（2）设计说明和施工说明

给水排水工程的设计说明部分介绍了设计依据、设计范围、工程概况和管道系统等内容。凡是不能用图示表达或需要强调的施工要求，均应在设计说明中表述。

给水排水工程的施工说明部分介绍了系统使用的材料和附件、系统工作压力和试压要求、施工安装要求及注意事项等内容。施工说明的文字应简练、明确、清晰，语气肯定，指向性强，多用数据表达。

（3）设备表、主要材料表

一般小型工程中设备表和材料表会统一以一份设备材料表出现，但是有些大型建筑工程的施工图中，由于使用的设备和材料众多，设计人员一般会将设备表和材料表分开。

① 设备表：主要是对本设计中选用的主要运行设备进行描述，其组成主要有：设备科学称谓、在图纸中的图例标号、设备性能参数、设备主要用途和特殊要求等内容。

有些设备表的表头是在表格的上面，有些表格的表头则在表格的下方，这不重要，仅需在识图的时候习惯图纸上的编制习惯即可。

A. 图例标号：在图纸中，设备一般用抽象的方框、圆等图形表示，仅以图例标号表示该设备属性。在阅读设备表时，最好能够记忆图例标号所代表的设备，以便后期阅读图纸时能够更加快捷、高效，同时也有利于后期阅读图纸时能够顺利根据图例标号查找到该设备的名称及参数。

B. 设备科学称谓：应采用国家本行业通用术语表示，一般比较精准、不易混淆，阅读时要注意每个文字，一字之差就可能变为另外一种设备。

C. 设备性能参数：一般都标明了本设备的主要参数，例如水泵的主要性能参数是流量、扬程、耗电功率等。

103

② 主要材料表：本工程系统较多。在工程实践中，由于很多系统是由几个独立的施工单位在不同阶段循序施工，所以本工程的材料表将各系统所用的材料分开列出，有利于不同的施工单位在分系统施工时，能方便、迅捷地找到本系统的主要材料。

材料表主要包括材料科学称谓、标准或图号、材料性能规格、用途、特殊要求等内容。

（4）图例

图例是在图纸上采用简洁、形象、便于记忆的各种图形、符号来表示特指的设备、材料和系统。如果说图纸是工程师的语言，那么图例就是这种语言中的单词、词组和短句。

3. 建筑设备施工图识图顺序和方法

建筑设备施工图识图顺序和方法仍以给水排水施工图为例进行说明。

在阅读完某综合楼给水排水工程施工图的目录、设计/施工说明、主要设备材料表和图例后，会对本工程给水排水专业施工图有了整体印象。当翻到水施—给水排水管道平面图时，会觉得图纸上管线交错、设备众多，阅读起来非常吃力。在进入下一阶段的识图前，有必要确定一个正确、便捷的识图方法及合理的识图顺序。

（1）综合分析图纸特点

建筑给水排水工程施工图的主要特点有：

① 图纸中给水排水系统较多，包括给水、排水、热水、消火栓和自动喷淋五个常用系统，每个系统的设计侧重、设备材料选择及施工要点各不相同，并且每个系统一般会有一张独立的系统（或原理）图。

② 存在多张平面图，除了给水排水设计内容完全一样的楼层外，还会有每个楼层的平面图；在平面图中，几乎每个系统的管道和设备都平行存在。其表述的主要内容是：在本楼层中，所有给水排水系统（无论哪个系统）的位置、管径、设备和尺寸等相关信息。

③ 图纸系统（或原理）图中每张系统（或原理）图都完整地描述了一个系统。系统图采用轴测作图法绘制，原理图采用平面图绘制；二者都是用来描述本系统在整栋大楼中的管径、坡度、设备和标高等主要信息。系统（或原理）图的内容是完全一致的，同时还描述了平面图上无法表达或不便于表达的内容。与原理图相比，系统图更加形象且更具有真实的立体感。

④ 平面图和系统图相辅相成，综合、全面地描述出设计师对于本工程给水排水专业的全部设计思路。

（2）建筑设备施工图识图顺序和方法

为了清晰、正确地识读建筑设备施工图，并能理解设计意图，进而做到正确施工或积极配合施工，同时能准确地统计设备材料，工程人员必须采用正确的识图方法和识图顺序。

每一套图纸都有不同的特点，工程人员可以采取不同的识图方法和识图顺序。简单的施工图识图方法可以采用通读法，识图顺序也可以采用目录、说明、材料表、平面图、系统图进行；复杂的施工图可以采用分系统阅读的方法，识图顺序从目录、说明、材料表的准备阶段开始，再按每个系统图、相关各平面图、说明、材料表、图例的顺序进行。

循环印证识图法更有利于理解设计意图和建立系统整体概念，其具体步骤为：

① 以系统为主线，先识读某系统的系统（或原理）图，然后在各平面图上寻找本系统在此平面图上的内容。

② 在第①步之后，再重复阅读每一层平面图，查阅此平面图上各系统之间的关系，找出管道、设备之间的平面间距、高差间隔等信息。

③ 对于比较复杂的工程识图过程，需要多次重复①、②两步并不时地回顾设计施工说明及翻阅查找图例，这也是识读建筑设备施工图的常见做法。

单元 2　设备施工图基本知识

建筑给水排水工程包括：给水、排水、热水、消火栓和自动喷淋等常用系统，其管道中流动的是水。

给水排水工程的主要任务为：

① 建筑给水系统的任务是经济、合理地将水由室外给水管网输送到装置在室内的各种配水龙头、生产用水设备或消防设备，满足用户对水质、水量和水压等方面的要求，保证用水安全、可靠。

② 建筑排水系统的任务是将室内的生活污水、工业废水及降落在屋面上的雨、雪水用最经济合理的管径和走向，排到室外排水管道中去，为人们提供良好的生活、生产与学习环境。

③ 消防给水设备是建筑物中最经济、有效的消防设施。常用的消防给水设备包括消火栓灭火系统和自动喷淋灭火系统。在现代建筑中，移动式灭火设备及其他方式的消防设备也被包含在建筑消防设计当中。

④ 建筑热水系统的任务，大多数情况下是为人们提供符合舒适要求的水量、水压、水质和水温的卫生热水。

暖通空调工程的主要功能有以下四点：

① 为避免因冬季、夏季室内温度、湿度过低或过高，使得室内工作和生活的人员产生不舒适感，采用人工方式，消耗一定的能源，按需要转移空气中的热量、水分，营造使人体感觉舒适的室内环境。

② 为使在建筑物内部工作的机器、设备及部件正常运转，维持室内符合机器设备正常运转的温度和湿度。

③ 按消防法规相关要求，暖通空调工程还担负着在火灾发生时，利用机械通风设备强制排出火灾燃烧烟气和强制输入室外新鲜空气的作用。

④ 在大多数附有地下室或无外部通风构造的室内空间建筑物中，暖通空调工程利用机械通风设备强制实现室内外空气的交换。

电气施工图有以下特点：

① 建筑电气工程图大多采用统一的图形符号并加注文字符号绘制。

② 电气线路都必须构成闭合回路。

③ 线路中的各种设备、元件都是通过导线连接成一个整体的。

④ 在进行建筑电气工程图识读时应阅读相应的土建工程图及其他安装工程图，以了

解相互间的配合关系。

⑤ 对于设备的安装方法、质量要求以及使用维修方面的技术要求等，建筑电气工程图往往不能完全反映出来，所以在阅读图纸时，有关安装方法、技术要求等问题需要参照相关的图集和规范。

1. 给水排水工程图

给水排水工程包括给水工程和排水工程。给水工程指水源取水、水质净化、净水输送、配水使用等；排水工程是将经过生活或生产使用后的污水、废水及雨水通过管道汇总，再经污水处理后排入江河。给水排水工程施工图分为室外给水排水施工图和室内给水排水施工图。本节仅介绍室内给水排水施工图，包括给水排水管网平面布置图、给水排水系统轴测图，以及有关设计说明和详图等。

室内给水排水系统由室内给水系统和排水系统两部分组成。自室外给水管引入至室内各配水点的管道及其附件，称为室内给水系统，其流程方向为：进户管→水表→干管→支管→用水设备。自各污水、废水收集设备（如卫生洁具、洗涤池）将室内的污水、废水和雨水排出至室外窨井的管道及其附件，称为室内排水系统，其流程方向为：排水设备→支管→干管→户外排出管。通常用"J"作为给水系统和给水管的代号，用"P"作为排水系统和排水管的代号。

（1）室内给水排水管网平面布置图

室内给水排水管网平面布置图包括以下内容（图 3-1）：

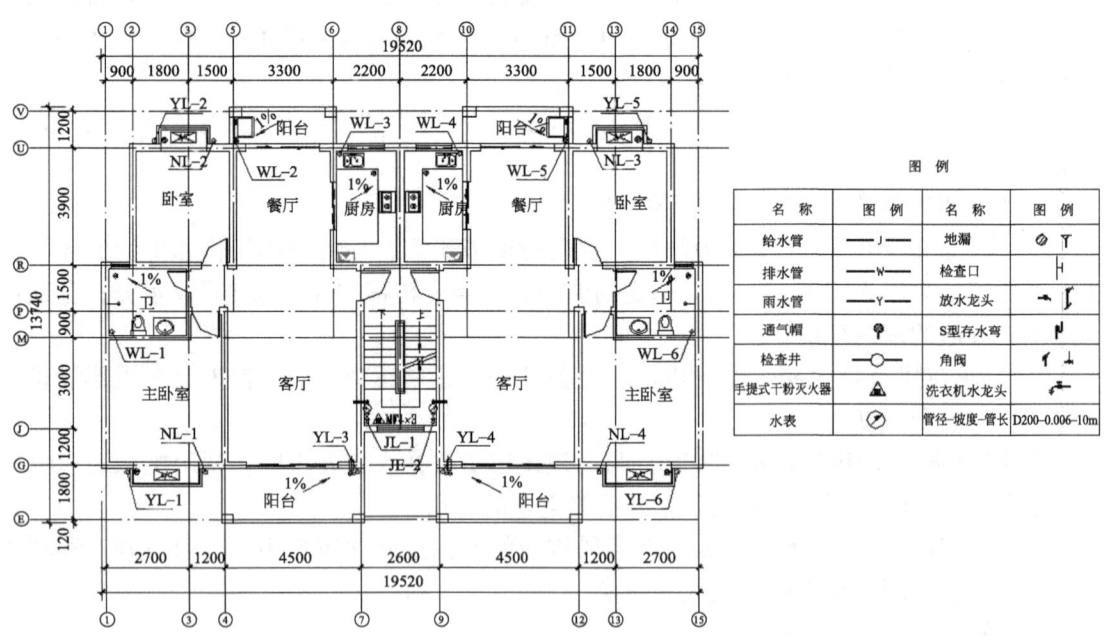

图 3-1　给水排水平面图

①用水房的平面图：

用水房的平面图用细实线画出厨房、卫生间等用水房间的平面轮廓和门窗位置，标明定位轴线、尺寸和标高。

② 各种设备的平面布置：

各种设备如卫生洁具、洗涤池等按《建筑给水排水制图标准》GB/T 50106—2010 中规定的图例画出平面布置及其定位尺寸。

③ 给水排水管道的平面布置：

给水管道用粗实线表示，排水管道用粗虚线表示，按照《建筑给水排水制图标准》GB/T 50106—2010 相关规定。在底层应画出进户管和排出口，并标明系统编号。

④ 管道中的各种附件：

用图例形式表示管道中的各种附件，如水龙头、阀门、给水管道、地漏和检查口等。为了便于对照识图，通常会在平面图的下方附图例说明。

（2）室内给水排水管道系统图

给水排水的管道纵横交叉，在平面布置图中难以表明其空间走向，因此采用轴测图直观地画出给水排水的管道系统，称为系统轴测图，简称系统图（图3-2、图3-3）。系统图的图示内容为：

① 按给水排水平面图中进户口和排出口的系统编号分别画出给水、排水各管道系统的管道走向和附件位置。

② 分别标注给水管各段的管径 De，以及横管、阀门、水龙头等部位的标高（管道轴线）。排水系统图中，在标注排水管管径时，如有必要还应注明排水管的坡度（De50，$i=0.035$；De75，$i=0.025$；De110，$i=0.020$；De160，$i=0.012$），此外，还要标注各层楼面的标高及检查口距地面的高度（图中已注明标高值，不再标注坡度）。

③ 系统轴测图一般采用正面斜等测绘制，即 OX 轴处于水平位置，OZ 轴为铅垂位置，OY 轴一般与水平线成45°（必要时也可为30°或60°）。三轴的伸缩系数相等。由于系统图与平面图一般采用相同的比例绘制，所以 OX、OY 轴向尺寸可从平面图中量取，OZ 轴向尺寸则根据房屋的高度画出。

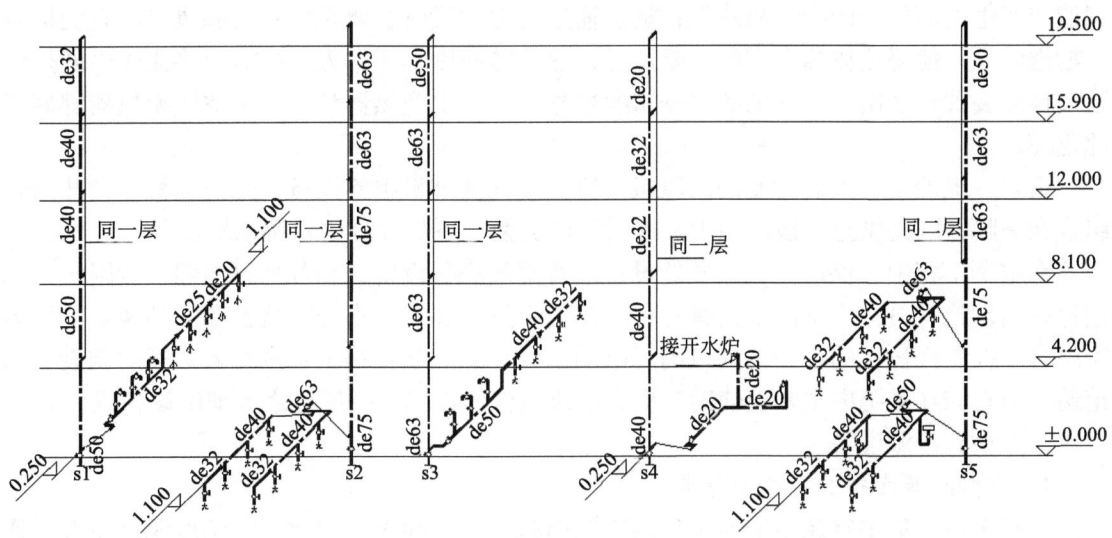

图 3-2 给水排水系统图（一）

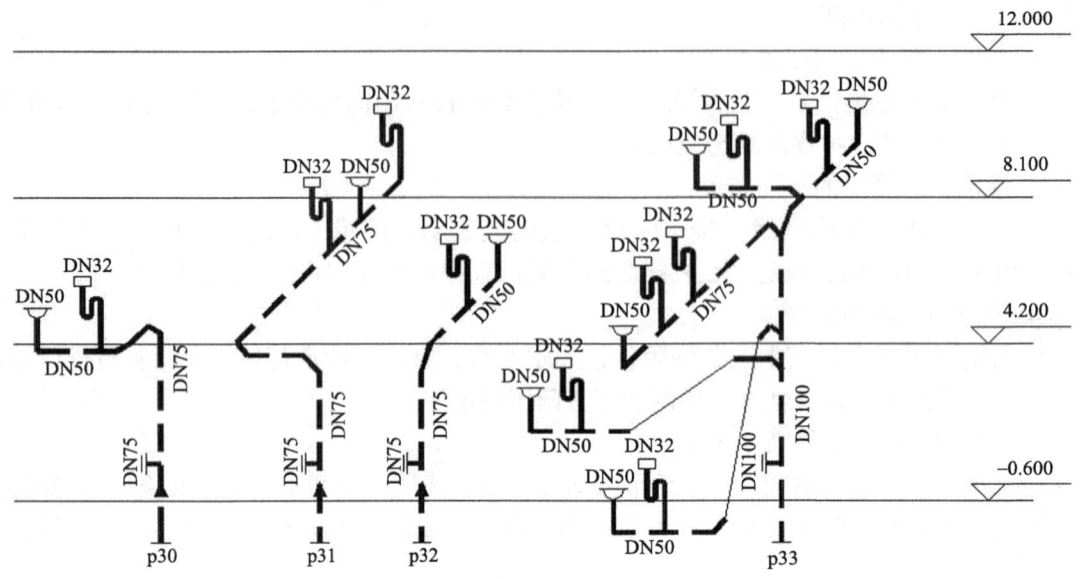

图 3-3　给水排水系统图（二）

（3）室内给水排水工程图的识读

管网平面布置图与管道系统图是相辅相成和互相补充的，两者应对照识读才能理解清楚。系统图能反映平面图上无法表达清楚的垂直方向管道位置、走向和管径。但对于系统图中前后、左右方向管道的位置和走向则应对照平面图识读会更加清楚。

平面图和系统图中各管段不同管径的变化、排水管的坡度、各重要部位的标高、各种设备的定位尺寸，以及管道中各种附件的图例符号需仔细对照分析，识读清楚。

2. 暖通空调工程图

设备是暖通空调工程的心脏，其功能有提供冷热源、提供输送动力和热能转换等。具体而言，提供冷热源的设备即空调主机，包括制冷机组、供热锅炉等，它们通过输入能量制造或产生人们所需的冷量或热量；提供输送动力的设备主要是指水泵和风机，它们提供了输送动力，使得流体按人们的需要流动；热能转换则是根据人们的需要将流体中的热能通过换热装置转换出来，常见的水—水换热器、汽—水换热器和空气—空气换热器都属于此范畴。

值得一提的是，人们常使用的风机盘管、空气处理机组等设备，是把风机与换热盘管组合在一起，既提供空气输送动力又提供热能交换，一般被称为空调末端设备。

在空调工程中，保证空气品质的设备还有空气净化设备，如各种过滤器、吸附装置和消毒灭菌设施等；在水系统中则有各种各样的水过滤装置、水处理装置和加药装置，如为实施自动控制而设置的各种电动风阀、电动水阀和温控装置等也常被纳入暖通空调设备的范畴，但它们在系统中主要起辅助、提升系统品位的作用，一般称之为辅助设备或设施。

（1）空调冷源设备

1）空调冷源设备的特点与分类

一般来说，集中空调系统所担负的空调面积大、房间多，因此，空调冷源设备容量通常很大。空调工程能耗是建筑能耗中的重要部分，而冷源设备又是空调工程的主要能耗设备，因此，冷源设备的选择关系到工程的投资、运行费用及能源消耗。冷源设备在空调工程中具有十分重要的地位。

空调工程中常用的冷源制冷方法主要分为两大类：一类是蒸汽压缩式制冷；另一类是吸收式制冷。压缩式制冷，根据压缩机的形式可以分为活塞式（往复式）、螺杆式和离心式三类，一般利用电能作为能源。吸收式制冷，根据利用能源的形式可以分为蒸汽型、热水型、燃油型和燃气型四类，后两类又被称为直燃型，这类制冷机以热能作为能源。根据冷凝器的冷却方式又可分为水冷式、风冷式。根据机型结构特点还有压缩机多机头式、模块式等。

2）电制冷水冷式冷水机组

电制冷水冷式冷水机组属于蒸汽压缩式制冷范畴，一般主要由压缩机、蒸发器、冷凝器、膨胀阀、自动控制和保护装置组成。顾名思义，水冷式冷水机组的冷凝器利用水冷却，一般利用循环冷却水，随着科技的发展和节能的需要，也有采用地表水、地下水冷却的。

在实际工程中，根据压缩机类型一般分为离心式冷水机组、螺杆式冷水机组、活塞式冷水机组和涡旋式冷水机组。

离心式冷水机组单机容量大，制冷性能系数（COP）值高，但在部分负荷下运行时容易发生"喘振"现象。螺杆式冷水机组由于其在压缩机构造上的特点，在部分负荷下仍能稳定、高效地运行，常被用于负荷波动大、需要调节的场合。活塞式冷水机组和涡旋式冷水机组均为小容量制冷机，其中活塞式冷水机组由于振动大、运行维护复杂，目前运用较少；而涡旋式冷水机组运行噪声小、调节方便，在小型工程中运用较多。

3）电制冷风冷热泵机组

电制冷风冷热泵机组是指利用风冷冷却的蒸汽压缩式制冷机组，其压缩机类型主要有螺杆式、涡旋式和活塞式三种。其中螺杆式压缩机被用于大型的风冷热泵机组，涡旋式和活塞式多用于小型或模块式风冷热泵机组。

风冷热泵机组在制冷循环上设有四通换向阀，蒸发器与冷凝器可以互换，从而实现夏季制冷、冬季制热的功能。其优点是供热效率高，制热COP可达3.0以上，简化了空调热源的设置，在中、小建筑中得到广泛的应用；缺点是夏季COP低于水冷机组，在夏热冬冷地区的冬季工况中，结霜现象使得供热效果不佳。

4）溴化锂吸收式冷水机组

溴化锂吸收式冷水机组是利用水在高真空度状态低沸点蒸发吸收热量而达到制冷目的的制冷设备。溴化锂水溶液作为吸收剂吸收其蒸发的水蒸气，从而使制冷机连续运转，形成制冷循环。

溴化锂吸收式冷水机组一般可分为蒸汽型、直燃型和热水型三种类型。直燃型包括燃油和燃气两种类型。它们之间的区别主要在于高压发生器，在高压发生器内吸收水蒸气后变成的溴化锂稀溶液被加热蒸发，浓缩成溴化锂浓溶液，这个过程是吸热过程，其热源可以是蒸汽、热水，也可以是直接在高压发生器内燃烧燃料，如油或气。所以，上述溴化锂冷水机组的分类和命名，主要是根据高压发生器所应用的热源类别而定。溴化锂吸收式冷水机组的优点是：以热能驱动，不直接耗用大量电能；不运用氟利昂类制冷剂，制冷剂采用水，对环境无影响，有利于环境保护；运行平稳，无噪声，无振动。对于直燃型溴化锂吸收式冷水机组，夏季可以制冷，冬季可以制热，也可以同时供冷和供热，除了满足空调冷、热源的要求外，还可以提供其他生活方面的供热，做到了一机多用，可以节省占地面积和投资。

（2）空调热源设备

1）暖通空调热源设备的分类

按照热源介质分可分为蒸汽锅炉和热水锅炉；按照能源燃料种类分可分为燃煤锅炉、燃油锅炉、燃气锅炉、电锅炉和热泵设备；按照设备承压分可分为常压热水锅炉、真空锅炉和承压锅炉；按照热源的来源可分为自备热源、城市供热、工厂余热和废热等。

2）蒸汽锅炉

蒸汽锅炉根据提供蒸汽的压力分为压力锅炉和低压生活锅炉。承压低于0.1MPa的蒸汽锅炉在暖通空调供热中属于低压锅炉，不受压力容器类相关规范规程的监督。承压大于或等于0.1MPa的蒸汽锅炉属于压力容器，应当遵守蒸汽锅炉监察规程的规定，空调热源所选择的蒸汽锅炉一般是压力容器。当选用蒸汽锅炉作为热源时，需要进行二次换热，将蒸汽通过热交换器加热空调循环水。

蒸汽锅炉可以是燃煤锅炉，也可以是燃油、燃气或电热锅炉。从环保角度而言，燃煤锅炉污染严重，尤其是在城市里，使用受到很大地限制。燃油、燃气和电热锅炉均能满足环保要求，但考虑到燃料价格和国家节能政策因素，目前使用较多的是燃气锅炉。

3）热水锅炉

热水锅炉根据运行压力分为承压热水锅炉、常压热水锅炉和真空热水锅炉。

承压热水锅炉可以提供水温高于100℃的高温热水，在我国北方的集中供热系统中运用较多，属于压力容器。

常压热水锅炉是指锅炉在运行时所承受的压力相当于大气压，即锅炉本体不承受压力，而空调供水是通过二次换热进行加热，空调循环水可以按设计要求承受不同的压力，与锅炉本体无关。常压热水锅炉通常可分为内置式换热器和外置式换热器两类，一般提供热水温度不超过90℃。

真空热水锅炉的锅炉本体内保持真空，锅炉本体也处在负压下工作，运行安全可靠。真空热水锅炉炉内水容积小，热水供应启动速度快，炉内充水可用软水或纯水，不结垢，无腐蚀，在蒸汽介质下，换热管的传热效率比较高，但需要设置一套真空装置。锅炉内的水容积比较小，相应的其热容量也比较小。

4）热泵设备

热泵机组在制冷循环上设有四通换向阀，蒸发器与冷凝器可以互换，从而实现可根据需要制冷或制热的功能。根据低位热源的种类可以分为空气源热泵（常称为风冷热泵）、地表水水源热泵和地下水水源热泵等。

热泵设备在冬季提供的空调热水温度一般为45℃，在需要卫生热水的场合，也可以提供50℃以上的热水。由于提供热水的温度并不高，热泵设备有比较高的供热性能系数，空气源热泵的性能系数一般在3以上，地下水水源热泵的性能系数可以达到48以上。

（3）流体输送设备与空气处理设备

最常遇到的流体输送设备是水泵与风机，在暖通空调工程中，它们将热能的载体（水或空气）输送到需求的地方，同时也消耗了输送能耗。

1）水泵

暖通空调工程中使用的水泵一般是清水泵或热水泵，其输送液体为不含有体积超过0.1%和粒度大于0.2mm的固体杂质，清水泵输送液体温度为0~80℃，热水泵可以输送130℃以下的液体。比较特殊的是：由于蒸汽锅炉给水泵要求小流量、大扬程，其一般采取多级泵。

水泵的主要参数是流量、扬程和电机功率，高层建筑空调水系统为闭式循环，水泵承受的系统静压力远高于水泵自身的扬程，应注意核对，一般在最高工作压力不大于16MPa时可不必特殊订货。

2）风机

暖通空调工程中常用的风机按其叶轮的作用原理可以分为离心式风机、轴流式风机和斜流式风机。离心式风机具有流量范围广、风压高的特点；轴流风机则具有风压低、流量大的特点；斜流式风机介于前两者之间。

根据风机输送介质的特点，风机种类有防爆风机、防腐风机、锅炉引风机，民用建筑中还有消防排烟风机。

3）热交换设备

热交换设备是暖通空调工程中常用的设备，用于在不同温度的热媒之间进行热能的转换，如采用高温热水或蒸汽加热低温水。对热交换设备的要求是传热效率高、体积小、结构简单和节省金属耗量、维修保养方便、阻力小等。

热交换器根据热媒的种类可分为汽—水换热器、水—水换热器；根据热交换方式可分为表面式热交换器和直接式热交换器；根据换热器的体积可以将其分为容积式换热器、半容积式换热器和即热式换热器。

表面式热交换器是加热热媒与被加热热媒不直接接触，通过金属表面间接进行热交换；直接式热交换器是两种热媒直接混合以达到热能转换的目的。

在工程中常遇到的容积式换热器是壳管式换热器，其结构简单、造价低、制作方便、运行可靠、维修方便。浮动盘管式热交换器属于半容积式换热器，传热效率比较高，结构紧凑，占地面积小，运输、安装都十分方便。板式换热器属于即热式换热器，其特点是结构紧凑、体积小，拆洗方便，承压能力高。另外，板式换热器还有一个突出的特点是：能够在小温差下传热，因而广泛应用于空调冷水系统竖向分区时的换热设备。

4）空气处理设备

空气处理设备用于对房间空调送风进行冷却、加热、减湿、加湿以及空气净化等处理，通常使用的有风机盘管、柜式空调器和组合式空调机组等，在暖通空调工程中常被称为空调末端设备。

风机盘管是空调工程中广泛应用的空气处理设备，由风机、换热盘管、机壳和凝结水盘等组成。风机盘管根据安装形式分为卧式暗装、卧式明装、立式暗装和立式明装等几种基本形式，根据送风压力可分为普通型和高静压型。风机盘管的主要设备参数是风量、风压、表冷器排数、运行噪声和电机功率等，产品样本所标注的冷量和热量是在指定工况下的情形，具体运用中应考虑实际工况的修正。

柜式空调器的构造和原理与风机盘管基本相同。柜式空调器处理空气的能力和机外余压都比风机盘管要大，可以接风管进行区域性空调。柜式空调器按结构形式可分为卧式和立式两类；按处理工况可分为空调机组和新风机组。空调机组的设计进风工况为室内回风工况，新风机组的设计进风工况为室外新风工况。

组合式空调机组是由各种不同的功能段组合而成的空气处理设备。组合式空调机组的基本功能段有：混合段，表冷段，加热段，喷淋段，过滤段，加湿段，新风、排风段，送风段，二次回风段，中间检修段，送、回风机段和消声段等。根据空调设计对空气处理过程的需要，可选用其中某些功能段任意组合。

（4）暖通空调系统简介

暖通空调系统涵盖的范围比较广，采暖、通风、空调和冷热源系统均属于暖通空调系统。暖通空调系统为建筑内部空间提供舒适的工作条件和生活条件，可以说，建筑的外在美要看建筑造型和立面；内在美则要看暖通空调系统运行的效果。因此，暖通空调系统在建筑中占有很重要的地位。

1）采暖系统简介

采暖系统由热源或供热装置、散热设备和管道组成，它可以使室内获得热量并保持恒定温度，以达到适宜的生活条件或工作条件。采暖系统的划分一般以热媒类型为依据，分为低温热水采暖、高温热水采暖、低压蒸汽采暖、高压蒸汽采暖四种，也可以散热设备形式为依据，分为散热器采暖、辐射采暖、热风机采暖三种。

在民用建筑中，采暖系统以低温热水采暖最为常见，散热设备形式也以各种各样的对流式散热器和辐射采暖为主。热源方面，在北方严寒和寒冷地区由城市集中供热网提供热源，在没有集中供热网时则设置独立的锅炉房为系统提供热源。

长江中下游地区单独设置采暖系统的建筑并不多见，大部分建筑在空调系统的设置中利用空调系统向建筑提供热量，保证室内的舒适性。随着人们生活水平的提高，部分高档次住宅设置了分户的采暖系统，热源采用燃气壁挂炉，散射设备采用散热器方式或地板辐射采暖方式。

2）通风系统简介

广义的通风系统包括机械通风和自然通风。自然通风是利用空气的温度差，通过建筑物的门、窗和洞口进行流动，达到通风换气的目的；机械通风则是以风机为动力，通过管道实现空气的定向流动。机械通风系统的识图与安装是本书介绍的重点。

在民用建筑中，通风系统根据使用功能划分，主要有排风系统、送风系统和防排烟通风系统，也有在燃气锅炉房等使用易燃易爆物质或其他有毒有害物质的房间设置事故通风系统、厨房含油烟气的通风净化处理系统等。通风系统的设置需要了解建筑功能需求，其过程不仅有空气的流动，通常还伴随着热量和湿度的变化。

空调系统是以空气调节为目的而对空气进行处理、输送、分配，并满足房间相关参数的所有设备、管道及附件、仪器仪表的总和。

在空调系统的分类上有许多方法，较多的是以负担室内热湿负荷所用的介质为依据，分为全空气系统、全水系统、空气—水系统和冷剂系统。

① 全空气系统：全空气系统的特征是室内负荷全部由处理过的空气来负担，由于空气的比热、密度比较小，需要的空气流量大，风管断面大，输送能耗高。这种系统在实现空调目的的同时也可以实现可控制的室内换气，保证良好的室内空气品质，目前在体育馆、影剧院和商业建筑等大空间建筑中被广泛应用。

② 全水系统：全水系统的特征是室内负荷由一定的水来负担，水管的输送断面小，输送能耗相对较低。典型的全水系统有风机盘管系统、辐射板供冷供热系统等，因为其没有通风换气作用，在实际工程中单独使用全水系统的很少见，一般都需要配合通风系统一起设置。

③ 空气—水系统：空气—水系统的特征介于全空气系统和全水系统之间，由处理过的空气和水共同负担室内负荷。典型的空气—水系统是风机盘管＋新风系统，这种系统由于适应大多数建筑的情形，在实际工程中也应用最多，酒店客房、办公建筑和居住建筑等大多采用风机盘管＋新风系统。

④ 冷剂系统：冷剂系统，顾名思义就是由制冷系统的蒸发器或冷凝器直接向房间吸收或放出热量。在这一过程中，负担室内热湿负荷的介质是制冷系统的制冷剂，而制冷剂的输送能量损失是最小的。最常见的冷剂系统是分体式空调、闭式水环热泵机组系统。近年来随着技术的进步，变制冷剂流量多联分体式空调系统（也就是俗称的 VRV、MRV 和 HRV 等）在实际工程中得到了越来越多的应用，这也是一种典型的冷剂系统。

在一般情况下，空调系统的分类没有上述那么专业，常按室内温湿度控制要求分为舒适性空调和工艺性空调，按提供冷热源设备的集中或分散分为中央空调或分体空调。舒适性空调是以人体舒适为目的，室内温湿度的精度要求不高，如常见的商场、酒店和办公楼等民用建筑；工艺性空调则以满足工艺生产要求或室内设备要求而设置的空调系统，一般对温湿度等参数的精度要求高，如医院手术室的净化空调系统、电子厂房的恒温恒湿空调系统和印刷车间的恒温恒湿空调系统等。

在实际工程中，中央空调的称谓可能更加广泛，其含义是由空调主机提供冷热源，通过管道、末端设备将冷、热量提供给有需要的房间，上述的全空气系统、全水系统、空气—水系统和冷剂系统中的变制冷剂流量多联分体式空调系统常被称为中央空调系统。

3. 电气设备工程图

根据国家现行有效标准，由电气图形符号组成的各种电气工程图是各类电气工程技术人员进行沟通、交流的共同语言。在设计、安装、调试和维修管理电气设备时，通过识图，可以了解各电器元件之间的相互关系以及电路工作原理，为正确安装、调试、维修及管理提供可靠的保证。

电气工程图属于建筑设备施工图的一个组成部分，表达建筑物内部照明和电气设备的布置，为建筑电气工程施工提供依据。

要做到会看图和看懂图，首先应掌握识图的基本知识，即应当了解电气图的构成、种类及特点等，同时应掌握电气工程中常用的国家现行有效标准图形符号，了解这些符号的意义。其次，还应掌握识图的基本方法和步骤等。

电气施工图有以下特点：

① 建筑电气工程图大多采用统一的图形符号并加注文字符号绘制而成。

② 电气线路都必须构成闭合回路。

③ 线路中的各种设备、元件都是通过导线连接成为一个整体的。

④ 在进行建筑电气工程图识读时应阅读相应的土建工程图及其他安装工程图，以了解相互间的配合关系。

⑤ 建筑电气工程图对于设备的安装方法、质量要求以及使用维修方面的技术要求等通常不能完全反映出来，在阅读图纸时有关安装方法、技术要求等问题，需要参照相关图集和规范。

电气施工图的组成部分包括：

① 图纸目录与设计说明：图纸目录与设计说明包括图纸内容、数量、工程概况、设计依据以及图中未能表达清楚的其他有关事项。如供电电源的来源、供电方式、电压等级、线路敷设方式、防雷接地、设备安装高度及安装方式、工程主要技术数据和施工注意事项等。

② 主要材料设备表：材料设备表包括工程所使用的各种设备和材料的名称、型号、规格和数量等，是编制设备购置计划、材料计划的重要依据之一。

③ 系统图：系统图包括变配电工程的供配电系统图、照明工程的照明系统图和电缆电视系统图等。系统图反映了系统的基本组成、主要电气设备和元件之间的连接情况以及规格、型号和参数等。

④ 平面布置图：平面布置图是电气施工图中的重要图纸之一，如变配电所电气设备安装平面图、照明平面图、防雷接地平面图等，用来表示电气设备的编号、名称、型号及安装位置、线路的起始点、敷设部位、敷设方式及所用导线型号、规格、根数和管径大小等。通过阅读系统图了解系统基本组成后，可以依据平面图编制工程预算和施工方案，然后组织施工。

⑤ 控制原理图：控制原理图包括系统中所用电气设备的电气控制原理，用以指导电气设备的安装和控制系统的调试运行工作。

⑥ 安装接线图：安装接线图包括电气设备的布置与接线，应与控制原理图对照阅读，进行系统地配线和调校。

⑦ 安装大样图：安装大样图（详图）是详细表示电气设备安装方法的图纸，对安装部件的各部位标注具体图形和详细尺寸，是进行安装施工和编制工程材料计划的重要参考。

本节主要介绍室内动力及照明系统（强电）和建筑弱电系统工程施工图的图示内容。动力及照明系统包括动力照明平面图和配电系统图；弱电系统包括弱电平面图和电话、有线电视、楼寓对讲呼叫系统图等。

（1）室内电气照明施工图

1）动力及照明平面图

动力及照明平面图表示房屋室内动力、照明设备和线路布置的图样（图3-4）。为便于管理，动力系统与照明系统是分开的，所以平面图也分开绘制。对于小型住宅，动力和照明系统合二为一，可在一张平面图中表示。

在平面图上表明电源进户位置，线路敷设方式，导线的型号、规格和根数，以及各种

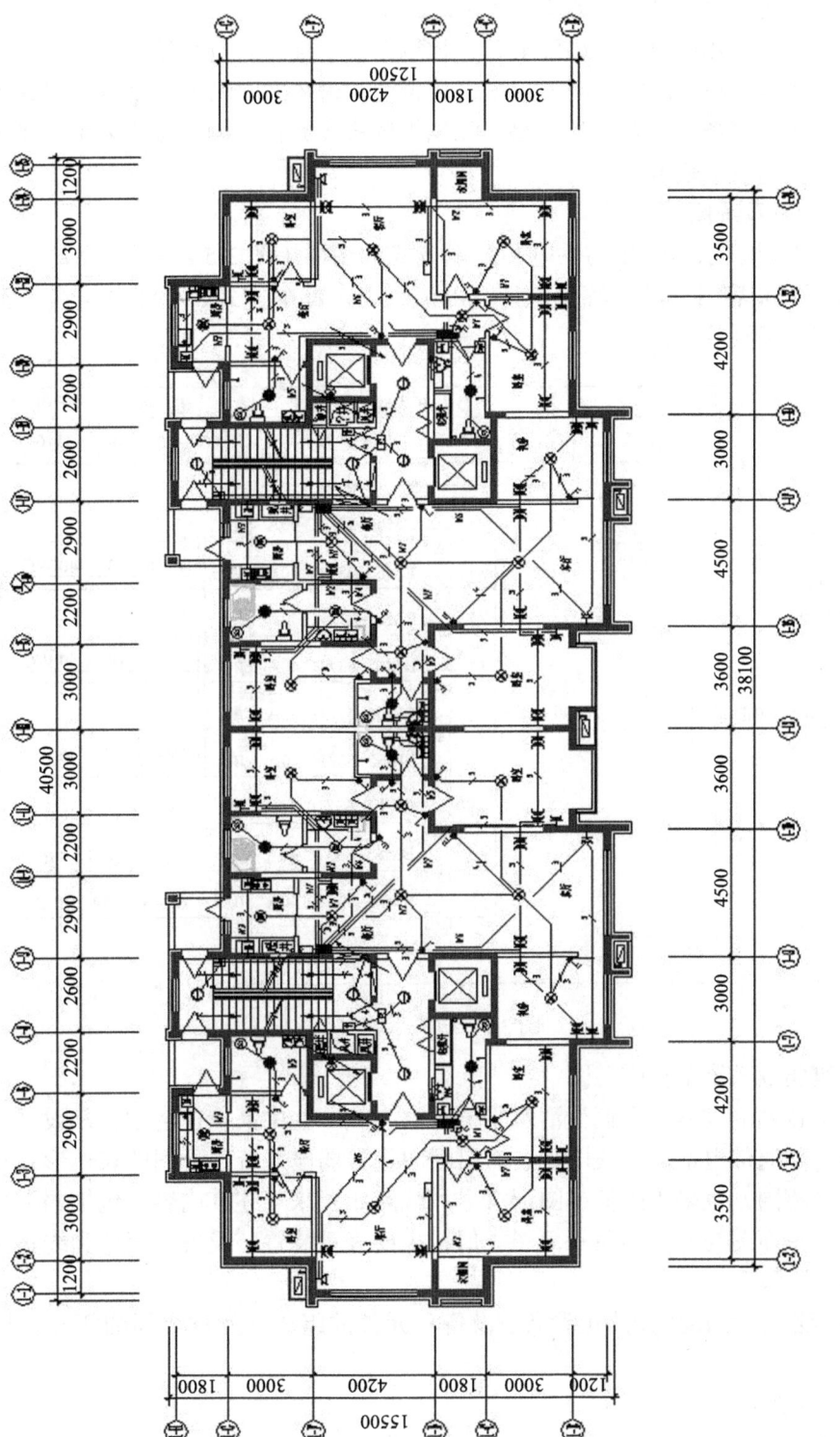

图 3-4 动力照明平面图

用电设备的位置和要求等内容。为了突出电气线路的表达，用细实线画出简化的建筑平面轮廓，电气部分用粗实线绘制。楼房的各层平面图应分开绘制。

平面图上的各种用电设备，如配电箱、控制开关、插座及灯具等均按照统一规定的图例表示。通常将本工程所用的图例（包括安装高度）附在平面图中，以便对照看图。

在平面图中，多条走向相同的线路，无论根数多少，都只画一根线表示，其根数用小短线或小短斜线加数字表示。

2）电气配电系统图

配电系统图是表示建筑物的供电和配电方式的图样（图3-5）。配电系统图集中反映动力和照明的安装容量、计算容量、计算电流，以及配电方式、导线和电缆的型号和截面、开关的型号规格等。

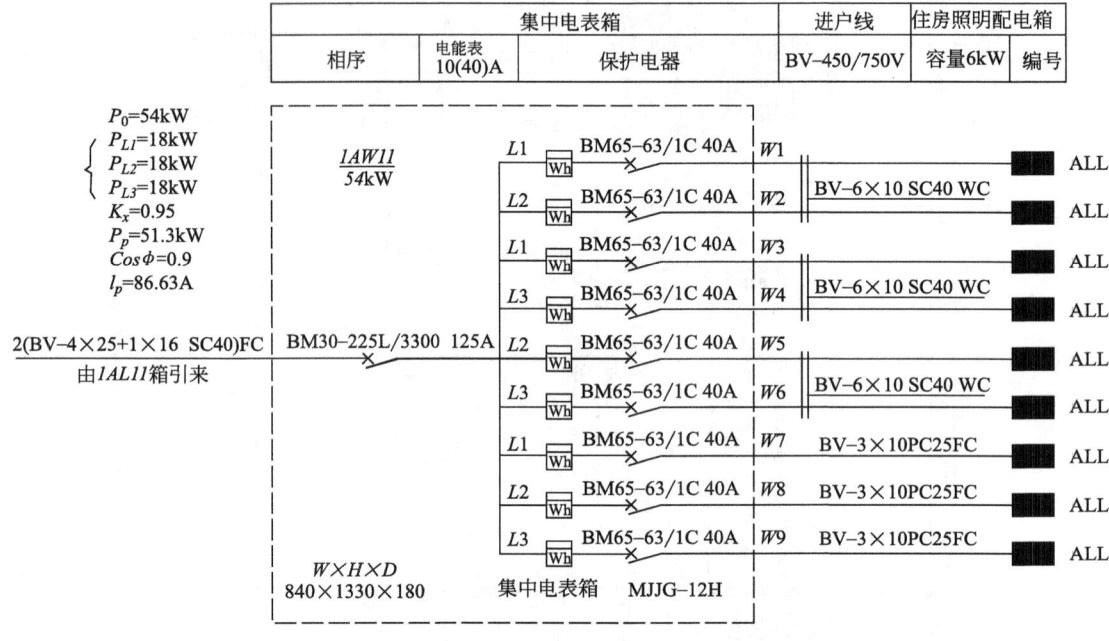

图 3-5　电气系统图

（2）建筑弱电系统工程施工图

随着科学技术的发展，人们生活水平的提高，在一些中高档住宅中，都设置了较完善的弱电设施，如通信电话、有线电视、对讲呼叫等。弱电系统工程图的表达形式与电气照明工程图基本相同，也采用图例或图形符号和线路布置来表述其内容，包括弱电平面图和系统图。弱电平面图与电气照明平面图类似，主要表示装置、设备、元件和线路平面布置的图样（图3-6）。

弱电系统图是用来表示弱电系统中设备和元件的组成、元件之间的相互连接关系的图样。

1）通信电话

如图3-7所示，本住宅采用电话ADSL宽带接入网形式，每户设Ⅱ型家庭宽带配线盒，从配线盒引出五条线，其中一条"1×UTP VG20 DA"（即1根非屏蔽八芯五类

117

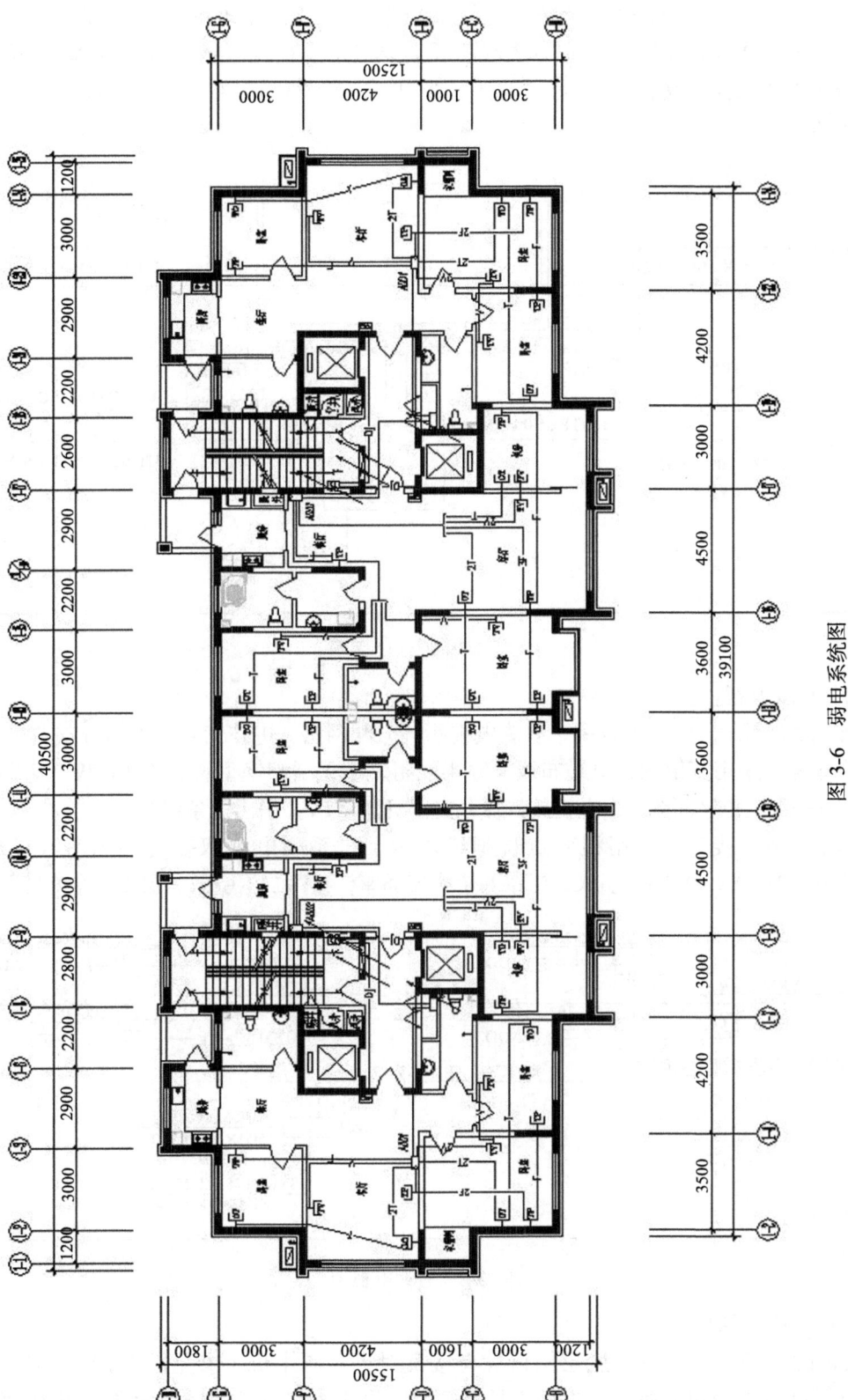

图 3-6 弱电系统图

线采用直径 20 mm 的硬塑料管穿管配线沿板暗敷）接客厅语音插座（TP）。另外四条"4×UTP VG40 QA"（即 4 根非屏蔽八芯五类线采用直径 40 mm 的硬塑料管穿管配线沿墙暗敷）引入二层，接两个插座（其中一个 TP、一个 TD），再由二层引入三层，接两个插座（TP）。

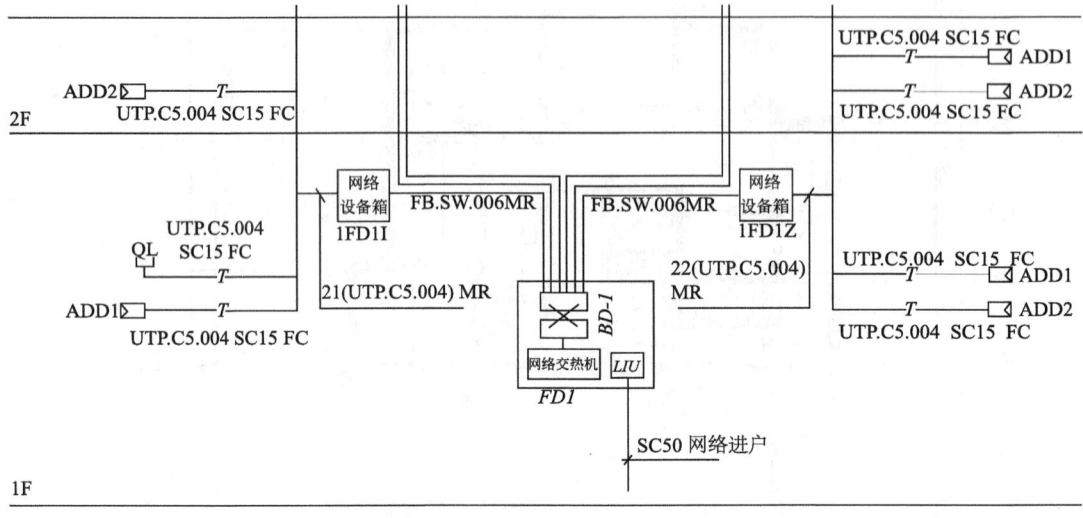

图 3-7　通信电话图

2）有线电视

如图 3-8 所示，每户设置一个有线电视系统分配网络，进户信号放大器分支器机箱设在一层汽车房，采用宽带同轴电缆布线，穿半硬阻燃型无增塑钢型塑料管（UPVC）沿墙沿板暗敷。在一层弱电平面图上由电视放大器分支器机盒（TV）引出五条线路，一条"1×SYWV-75-5 VG20 DA"接客厅（用粗双点长画线表示）86 系列电视双孔终端插座。其余四条"4×SYWV-75-5 VG40 QA"引入二层接两个终端插座，再由二层引入三层接两个终端插座。

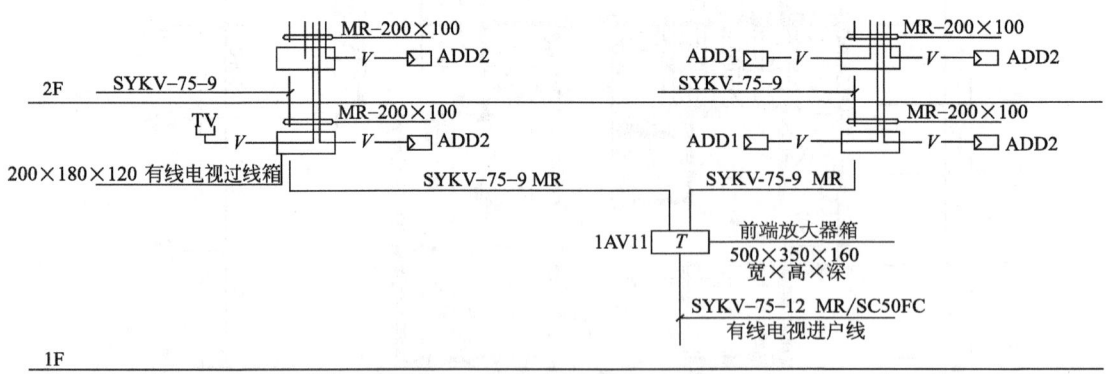

图 3-8　有线电视图

3）楼寓对讲呼叫

如图 3-9 所示，在每户底层门口设有楼寓对讲呼叫主机（参见图 3-10 中图例符号），每层在楼梯口设用户分机。用户分机具有开启一层主入口电控门锁及紧急呼叫的功能，并与小区管理中心联网。对照平面图和系统图可以看出，从呼叫主机引出五条线路，其中两条"BV–2×2.5+E2.5 VG20 QA"，一条接对讲话筒，另一条接电控门锁。其余三条"RVV–5×1.0"分别接一层、二层、三层分机。

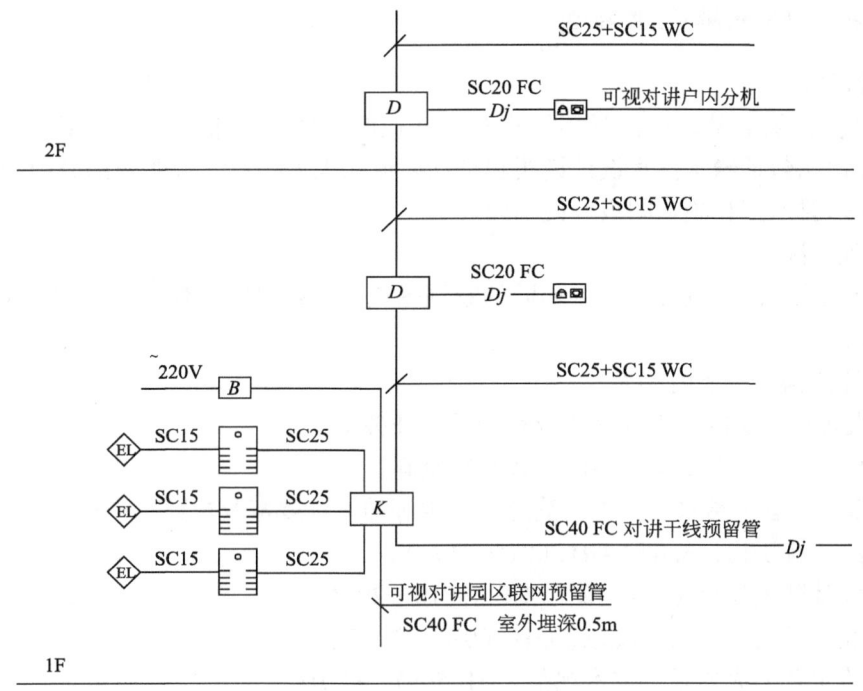

图 3-9 楼寓对讲图

序号	符号	设备名称	型号规格	安装方式
1	SI	总线隔离中继器	HJ1751	顶边距梁下 0.3m
2	S	光电感烟探测器	JTY-GD-1109	吸顶
3	I	感温探测器	JTW-BCD-2106	吸顶
4		手动报警按钮 带对讲插孔	J-SAP-M-01	距地 1.5m
5		模块	HJ1750 1750B 1825 1807	顶边距梁下 0.3m
6		声光警报器	SGJ-1	顶边距梁下 0.3m
7		消防电话分机	HJ1756	距地 1.5m
8		消火栓按钮	J-XAP-1	消火栓箱内安装
9		排烟口 正压送风口		水暖设备
10		火灾报警线路	RVS-2×1.5SC15	CC WC
11		火灾报警线路	RVS-2×1.5+NHBV-2×2.5SC15	CC WC
12		消防电话线路	RVS-2×1.5+ZRBV-1×1.5SC15	WC FC
13		直接控制线路	见平面图	WC FC

图 3-10 设备图例

单元3　设备施工图案例识读

以某高校教学楼的设备施工图为案例进行设备施工图识读。

任务一　给水排水工程图

1. 设计说明

在本书所提供的某高校教学楼给水排水专业施工图中，第一、二张图纸就是设计说明，本设计说明包括给水排水设计说明和自动射流灭火系统设计说明两部分内容。

（1）给水排水工程施工图设计说明内容

1）工程概况

因与建筑施工图识读部分采用相同的案例图纸，工程概况与建筑施工图基本相同，此处不再赘述。

2）设计依据，主要内容为：

① 建设单位提供的本工程有关资料和设计任务书。

② 建筑以及各相关专业提供的设计图纸资料。

③ 国家现行有关给水、排水、消防和卫生等的设计规范及规程，包括：

《建筑给水排水设计标准》GB 50015—2019；

《建筑设计防火规范（2018版）》GB 50016—2014；

《自动喷水灭火系统设计规范》GB 50084—2017；

《消防给水及消火栓系统技术规范》GB 50974—2014；

《建筑机电工程抗震设计规范》GB 50981—2014；

《建筑灭火器配置设计规范》GB 50140—2005；

《生活饮用水卫生标准》GB 5749—2006；

《民用建筑节水设计标准》GB 50555—2010；

《城镇污水处理厂污染物排放标准》GB 18918—2002；

《车库建筑设计规范》JGJ 100—2015；

《汽车库、修车库、停车场设计防火规范》GB 50067—2014；

《建筑屋面雨水排水系统技术规程》CJJ 142—2014；

《民用建筑绿色设计规范》JGJ/T 229—2010；

《沈阳市绿色建筑评价标准》DB2101/TJ22—2015；

《沈阳市绿色建筑评价技术细则》DB2101/TJ23—2015；

《沈阳市公共建筑绿色设计标准》DB2101/TJ25—2017；

《建筑给水排水及采暖工程施工质量验收规范》GB 50242—2002；

《自动喷水灭火系统施工及验收规范》GB 50261—2017；

《二次供水工程技术规程》CJJ 140—2010；

《二次供水设施卫生规范》GB 17051—1997。

设计依据必须来自于国家规范性文件，具有权威性；这些文件是强制推行的，具有法律效应；并且必须标明规范性文件的详细编号，还应精确到文件颁布实施的年份。应选用现行有效的国家、行业和地方法规。没有依据国家规范，或者选用了因颁行年份过时或其他各种原因而失效的规范，此设计文件会被视同不合法。如选用了地方、行业规定，其前提是不能与国家法规相冲突，如有冲突之处，以国家法规为准。

3）设计范围

描述了本工程设计的给水排水专业设计范围，室内生活给水、生活污水、雨水、消火栓系统自动喷淋系统及建筑灭火器配置等。

4）给水工程

本工程设计的给水工程包括生活给水工程和生活热水工程两部分。

生活给水工程的供水由市政引来 DN150 生活给水管，经园区生活泵房（本工程地下室设有效容积 400m³ 服务于整个园区）供给，水泵采用变频调速微机控制。本工程最高日用水量 82.5m³/h，所有水箱的出水管上均设置紫外线消毒器；入口设计秒流量及压力详见系统图部分。给水泵房及消防水池由市政管网直接供给，园区地上生活给水系统共分为两个区。园区内低于本工程用水单位（含本工程）为低区，高于本工程用水单位为高区。在给水总进户管上设置水平螺翼式水表。在各个不同用水单位上分别设置计量水表，水表口径比连接管管径小一号。给水管道在交付使用前必须冲洗和消毒，并经有关部门取样检验，符合《生活饮用水卫生标准》GB 5749—2006 方可使用。卫生间的给水支管敷设在楼板垫层内，埋地部分在沟槽内敷设，小于 DN25 管径可以墙体留槽暗敷。给水管均按 0.002 的坡度坡向立管或泄水装置。给水和热水立管穿楼板时应设套管。安装在楼板内的套管，其顶部应高出装饰地面 20mm；安装在卫生间及厨房内的套管，其顶部高出装饰地面 50mm，底部应与楼板底面相平；套管与管道之间缝隙应用阻燃密实材料和防水油膏填实，端面光滑。管道穿钢筋混凝土墙和楼板、梁时，应根据图中所标注管道标高、位置配合土建工种预留孔洞或预埋套管。

生活热水工程中，各层有开水需求区域可设置电开水器。电开水器必须带有保证使用安全的装置。单台开水器功率 $N=9kW$，有效容积 $V=80L$。塑料给水管道不得与水加热器直接连接，应有不小于 0.4m 的金属管段过渡。自来水进开水器前应设置过滤器和止回阀。

5）排水工程

本工程生活污水通过园区化粪池处理后排入市政排水管道。地下室排水由潜水排污泵提升排至室外，排污泵由水位控制装置控制启停。取最高日给水用水量的 90%（冷却塔排水不计入其中），计最高日排水量为 74.3m，最大时排水量为 12.1m。排水管横管与横管、横管与立管的连接，应采用 45° 三通或 45° 四通和 90° 斜三通或 90° 斜四通。排水立管与排出管的连接，应采用两个 45° 弯头或弯曲半径不小于 4 倍管径的 90° 弯头。排水立管在每层距地面 1.5 ~1.8m 处设立一个管卡子。排水通气管在顶部设伞形风帽，且高出屋面一定高度，具体高度见相关设计图纸，安装详图见图集《建筑排水设备附件选用安装》04S301（以下简称图集 04S301）。地漏为不锈钢材质，低于地面 5~10mm，没有特殊标注的均为 DN50。空调机房等季节性排水采用可开启式密闭地漏。地漏及无存水弯的卫生器具下均设 P 型或 S 型存水弯，水封深度不小于 50mm，安装详图见图集 04S301。严禁采用钟罩型地漏，严禁采用活动机械密封替代水封。地面清扫口采用铜制品，清扫口表面与地面平，安装详图见图集 04S301。卫生洁具选型应满足室内装修要求并采用节水型产品，卫生洁具楼板留洞及预埋件根据具体型号由甲方确定。设计图纸中定位尺寸仅供参考。卫生器具及附件，其材质和技术要求均应符合现行有关产品标准规定的材质和技术要求，安装高度按有关规范规定执行。

6）屋面雨水

本工程屋面采用重力流内排水系统，排至室外雨水管网；暴雨强度：5.19L/S.100m；安全溢流口设计重现期：50年；采用87型雨水斗，雨水斗型号同接口管径。

7）消防工程

本工程建筑分类为多层实验教学楼。本工程地下消防水池及泵房按园区最不利建筑仿真实训中心（二类高层）设计。消防用水量如下：室内消火栓40L/s，室外40L/S。火灾延续时间2h。自动喷淋用水量30L/S，自动跟踪定位射流系统10L/S，火灾延续时间1h。则一次消防用水量为720m³（消防水池有效容积756m²）。消防水池及泵房设置在地下一层，分成两个能独立使用的消防水池。消火栓及喷淋系统不分区，自动喷淋与自动跟踪定位射流系统合用一套消防泵及供水系统。采用成套稳压设备稳压。室外设置消防水泵接合器，喷淋与自动跟踪定位射流合用系统3组，消火栓系统3组。园区统一考虑设置室外消火栓环状管网（不在本次设计范围内）。设置室外地下式消火栓，间距不大于120m，保护半径150m。消防水池分别设置消防车取水口。室内消火栓管网为环状，室内消火栓的布置按两股水柱同时到达任意一点设计。每个消火栓箱内均配置消防软管卷盘。消火栓充实水柱均不小于13m。本工程均为减压稳压消火栓。室内消火栓箱体尺寸为（宽×高×厚）：单栓700×1000×240。均为铝合金单开门，栓口中心距离地面1.1m。消火栓箱处均设报警按钮及警铃（由电气专业设计）。单栓箱内配置为：SN65消火栓1个，衬胶水龙带1个（带长25m），ϕ19mm水枪1支。消防软管卷盘一套，卷盘型号为：JPS0.8-19。

自动喷水灭火系统：本工程设湿式自动喷洒灭火系统。其中地下一层车库按中危险级Ⅱ级设计，水带长度为30m。喷水强度8L/min·m，超12m中庭设置自动跟踪定位射流系统，详见具体说明。湿式报警阀组设于消防泵房内，具体位置见图纸，本工程地下室按照无吊顶设计，采用直立式喷头；其他房间按照吊顶设计，采用下垂式喷头。本工程均采用快速反应喷头，喷头温级68℃，本工程地下车库采用预作用自喷系统，共设有1套雨淋报警阀；其余部分均采用湿式自喷系统，共设有2套湿式报警阀。当配水支管工作压力大于0.4MPa时设减压孔板减压，孔板孔径见相关图纸。末端试水装置安装详见图集04S206第76页。无吊顶时，当通风管道、排管、桥架的宽度大于1.2m时其下方应增设喷头。在每个防火分区最不利喷头处均设末端试水装置，试水引到排水处，采用间接排水空口出流方式。根据《建筑灭火器配置设计规范》GB 50140—2005要求，本工程配置手提磷酸铵盐干粉灭火器。地下车库按B类火灾，其余部位按A类火灾，电气房间等按严重危险级设计，其他按中危险级设计。每处具体数量及位置见相关图纸。灭火器设置在灭火器箱内。没有特殊标明的每处两具，距地不小于150mm（MF/ABC5×2表示2具5kg装）。根据《自动喷水灭火系统施工及验收规范》GB 50261—2017，喷头安装必须在系统试压、冲洗合格后进行。

8）材料、设备及防腐保温

表达了本工程中所用到的管材、阀门、套管等详细情况以及保温、防腐的做法。

9）其他部分

包括本工程试压、节能、环保、卫生防疫、防噪声、绿色建筑和抗震设计等方面的内容。

（2）自动射流灭火系统设计说明内容

1）设计规范

建筑设计防火规范（2018 年版）GB 50016—2014。

自动跟踪定位射流灭火系统技术规程 DB21/T 1825—2010。

2）设计范围

中庭喷射型自动射流灭火装置灭火系统。

3）基本设计参数及有关说明

消防用水量：10L/s，每点两股水柱到达。

喷射型自动射流灭火装置采用 ZDMS0.6/5S-LA231 型。

单台流量：5L/S。

工作压力：0.6MPa。

4）消防水池及消防泵房

消防泵：流量 Q=10L/s（与自动喷淋泵合用）。

扬程 H=1.0MPa。

屋顶重力水箱稳压。

消防水池：消防水池内储存按 1h 火灾延续时间计算的消防水量，即容量大于 36m^3。

5）标高和尺寸

本工程图纸中，标高以 m 计，其他以 mm 计；室内地面为 0.000m；管道标高是指管中心标高；图中尺寸有误差时以平面图为准。

6）管道及设备安装

埋地管道采用球墨管，明管道采用内、外壁热镀锌钢管；连接方式：DN ≤ 50 时采用螺纹和卡压连接，DN > 50 时采用沟槽连接件连接、法兰连接；管道安装方式：室内消防水炮供水干管沿墙面敷设；系统施工安装完毕，应进行验收前全系统运行试验。

7）管道试压

水压强度试验压力 1.4MPa，水压强度试验的测试点应设在系统管网的最低点。对管网注水时，应将管网内的空气排净，并应缓慢升压，达到试验压力后，稳压 30min，目测管网应无泄漏和无变形，且压力降不应大于 0.05MPa。

8）管道防腐与保温

管道镀锌层被破坏处刷防锈漆二道；埋地管刷镀锌钢管防锈漆二道；室外明露消防管道按相关国标图集进行保温。

9）喷射型自动射流灭火装置图例

表达了喷射型自动射流灭火装置的示意图（图 3-11）。

10）本说明中未叙述部分，按照国家有关规范或图集进行施工。

2. 平面图

室内给水排水管道平面图是设备施工图纸中最基本和最重要的图纸，它主要表明建筑物内的给水排水管道及卫生器具和用水设备的平面布置关系。图中的线条都是示意性的，同时管材配件如活接头、补心、管箍等并不画出来，因此在识读图纸时还须熟悉给水排水管道的施工工艺。

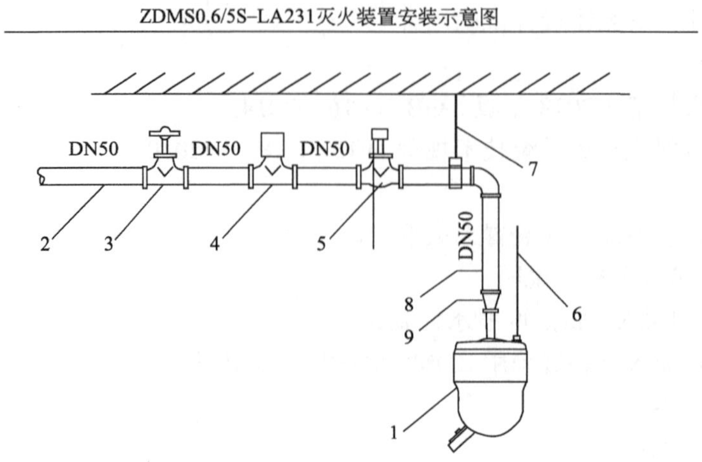

ZDMS0.6/5S–LA231灭火装置安装示意图

图 3-11　灭火装置安装图

1—ZDMS0.6/5S-LA231 灭火装置　2—配水支管　3—手动闸阀　4—DN50 电磁阀　5—水流指示器
6—导线　7—防晃支架　8—短立管　9—异径管（短立管大于 10cm、小于 50cm）

本案例中，给水排水平面图包括给水排水及消火栓平面图、喷淋平面图以及屋顶排水平面图三部分。

（1）给水排水及消火栓平面图

本案例为五层建筑，有一层地下室，因此给水排水及消火栓平面图共六张。由于设备用房分布在地下一层，所以要从给水排水和消火栓的水源处开始读图，即先从地下一层平面图开始识读（图 3-12）。

首先要弄清楚给水引入管和污水排出管的平面位置、走向、定位尺寸、与室外给水排水管网的连接形式、管径及坡度等。对照设计说明中的内容，再仔细观察图纸，可以很容易获得这些信息。

然后需要查明给水排水干管、立管、支管的平面位置与走向、管径尺寸及立管编号。根据线型和其他信息，从平面图中可以清楚地查明是明装还是暗装，从而确定施工方法（图 3-13）。

以上都清楚后，还要查明卫生器具、用水设备和升压设备的类型、数量、安装位置、定位尺寸。

给水排水管道图识读完后，再识读消防水管图。消防给水管道要查明消火栓的布置、口径大小及消防箱的形式与位置。每识读一处，都要翻看设计说明中的内容，再对照图中的内容才能准确地了解图纸所传达的信息（图 3-14）。

识读完地下一层平面图后，再依次向上识读一～五层平面图。立管的位置不变，只有水平分管的位置及走向有所变化。楼层越往上，建筑房间的功能分布越规整，因此楼层越往上的水管分布越简单（图 3-15）。

（2）喷淋平面图

同理，本案例的喷淋平面图也一共有六层。喷淋的水源来自于消防水泵，因此还是先从地下一层开始识读（图 3-16）。

地下一层的喷淋平面图乍一看非常复杂，是因为这一层的线条比较多，交织在一起显得很复杂，如果能找到规律，喷淋平面图还是非常简单的。

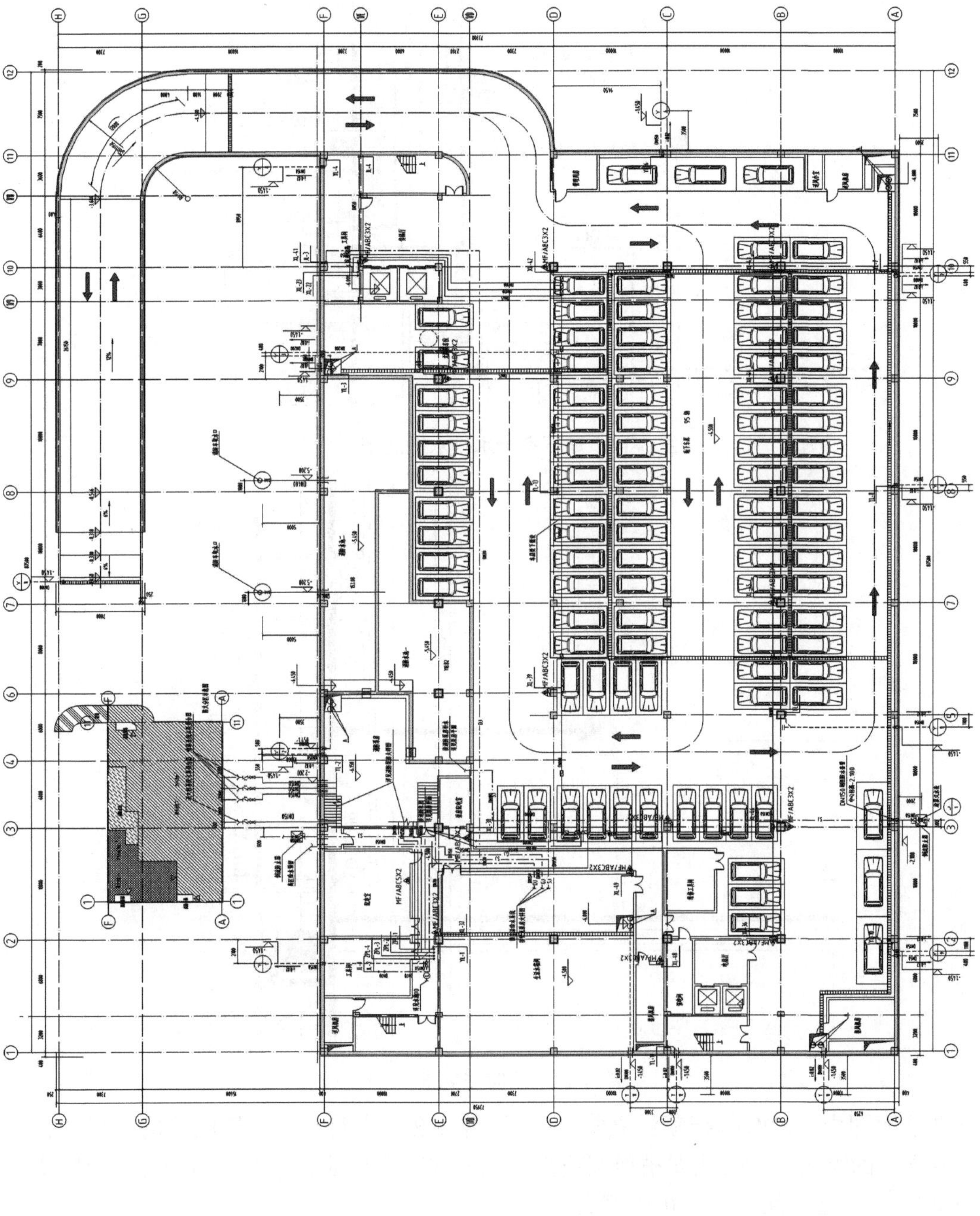

图 3-12　地下室给水排水图

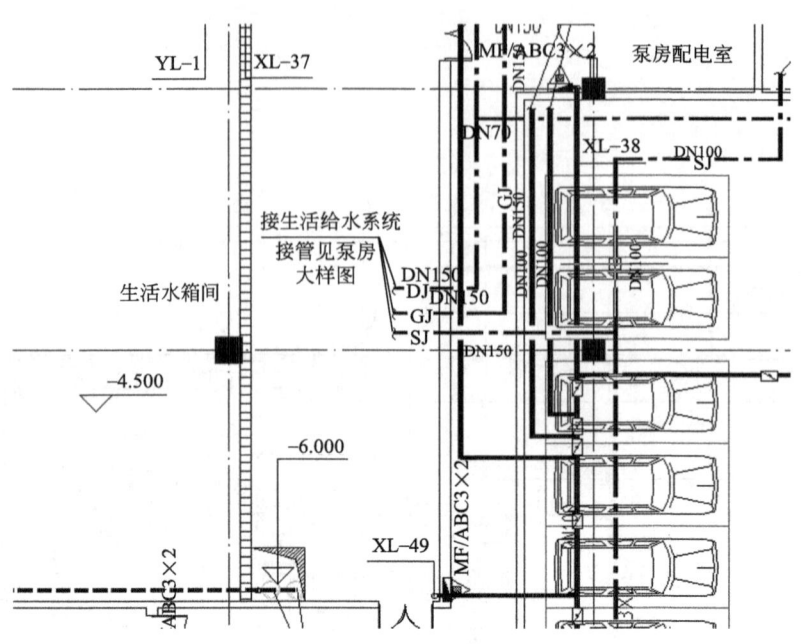

图 3-13　地下室给水排水图局部

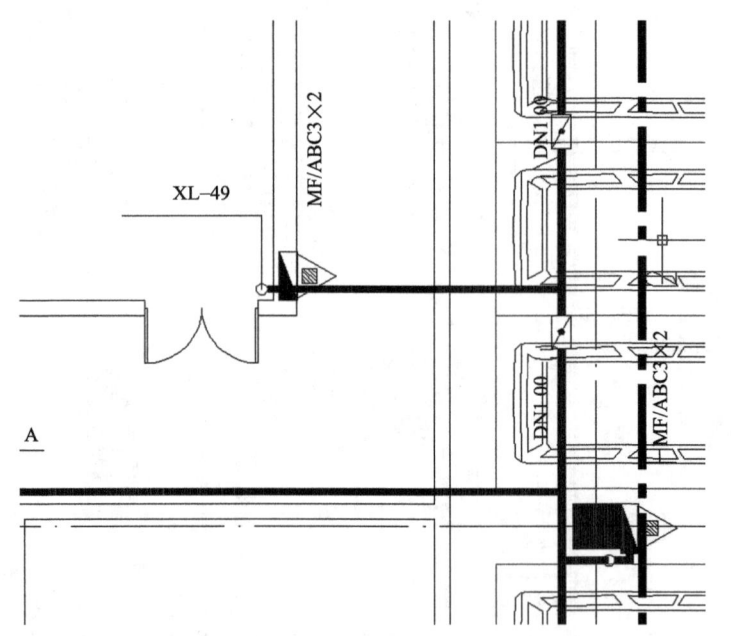

图 3-14　消防图局部

喷淋平面图中，ZPL 是指喷淋立管，PL 是指喷淋泄水管。在布置喷头的时候，根据要求选取相应的喷头，如隐藏式吊顶型喷头、上喷式直立型喷头、上下喷头（两只喷头在同一个位置）、边墙型快速响应扩展喷头。

一般来说，在喷淋平面图中无法表达的，需要通过其对应的系统图进行诠释，譬如管道、各种配件的安装高度等。这些会在后面的章节中讲解。

喷淋横管接出处设置 1 个信号阀、1 个压力阀和 1 个水流指示器，且在水流指示器后

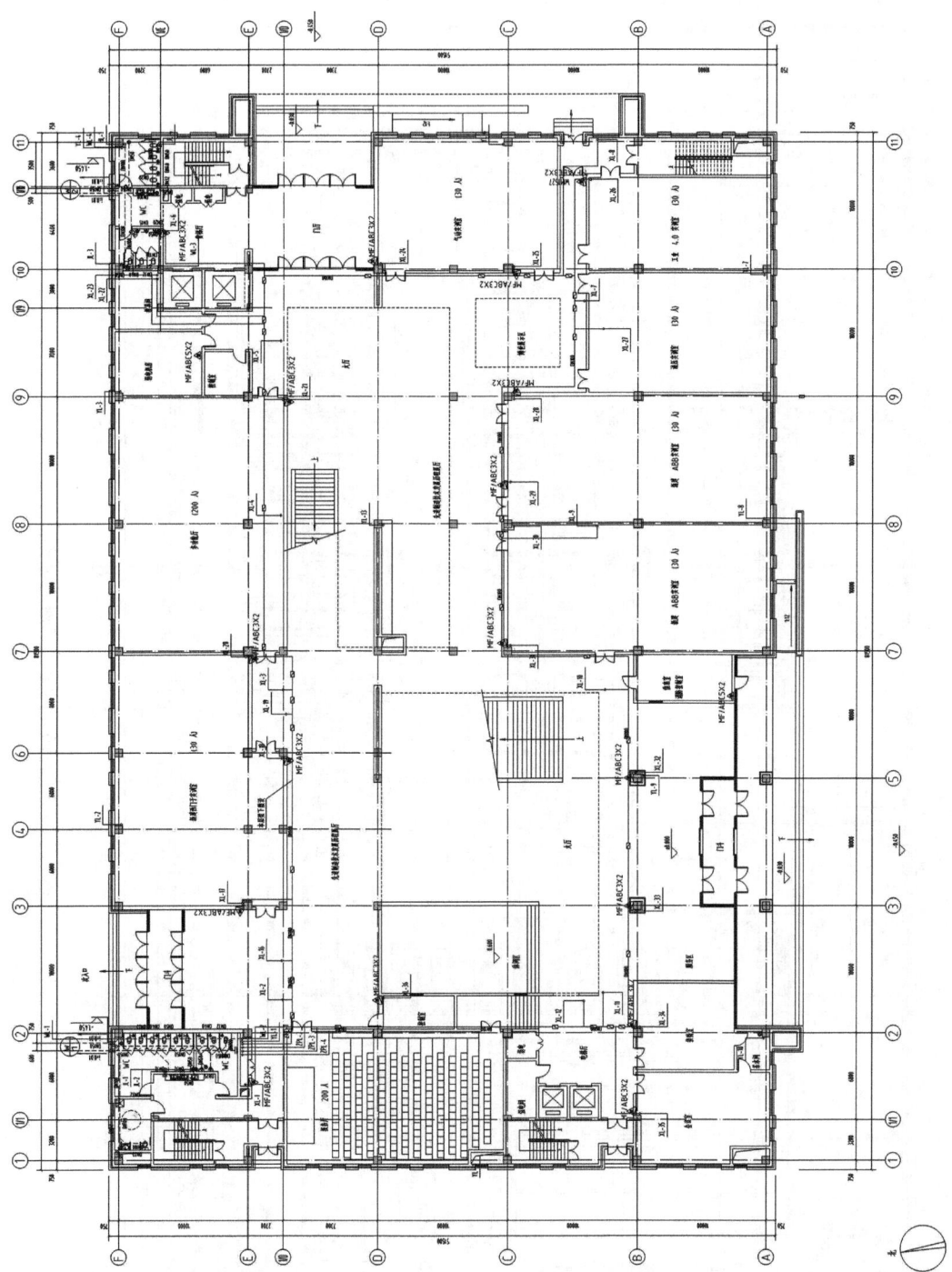

图 3-15 一层给水排水平面图

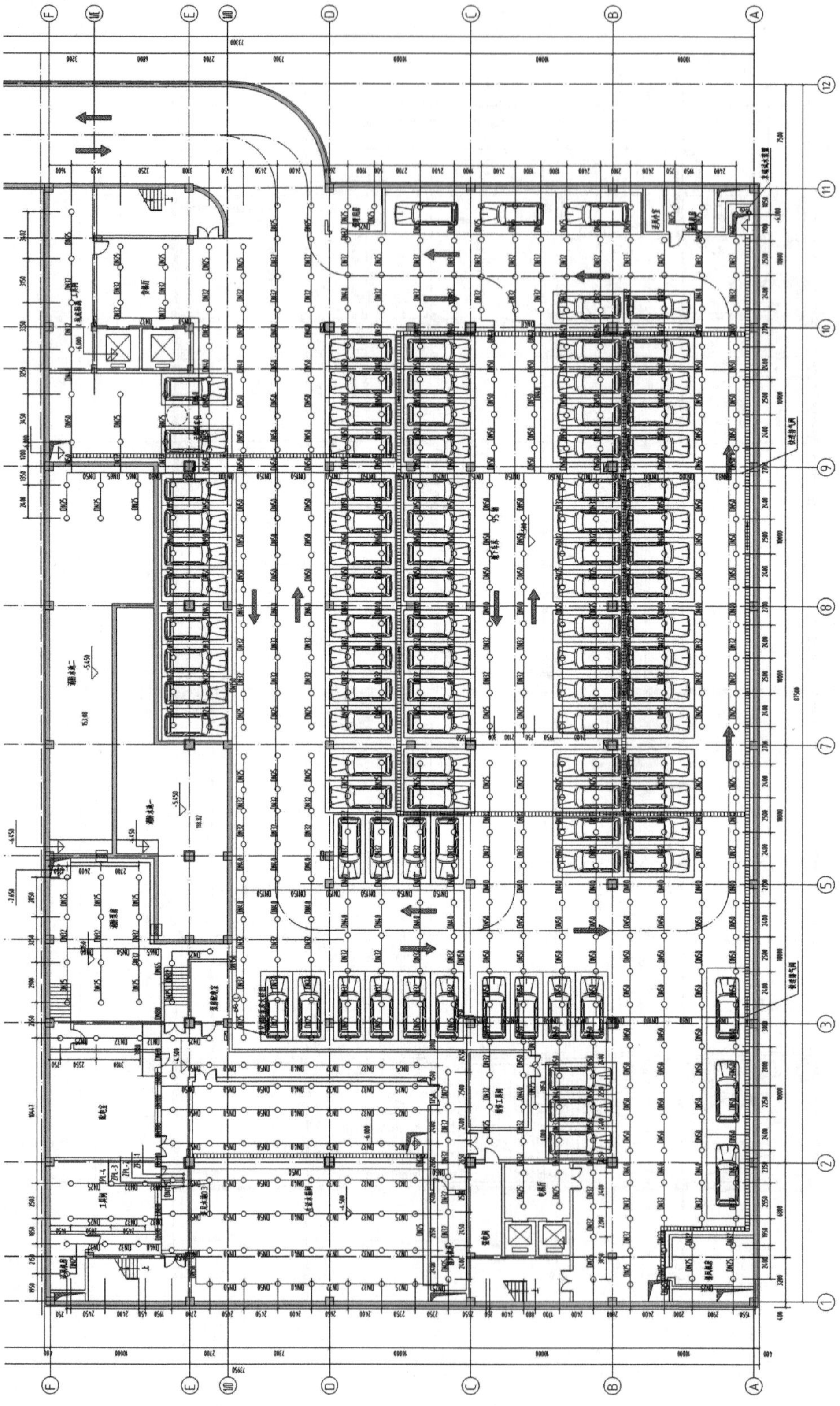

图 3-16 地下室喷淋平面图

端设置排水管段、试验阀和泄水阀（图 3-17）。

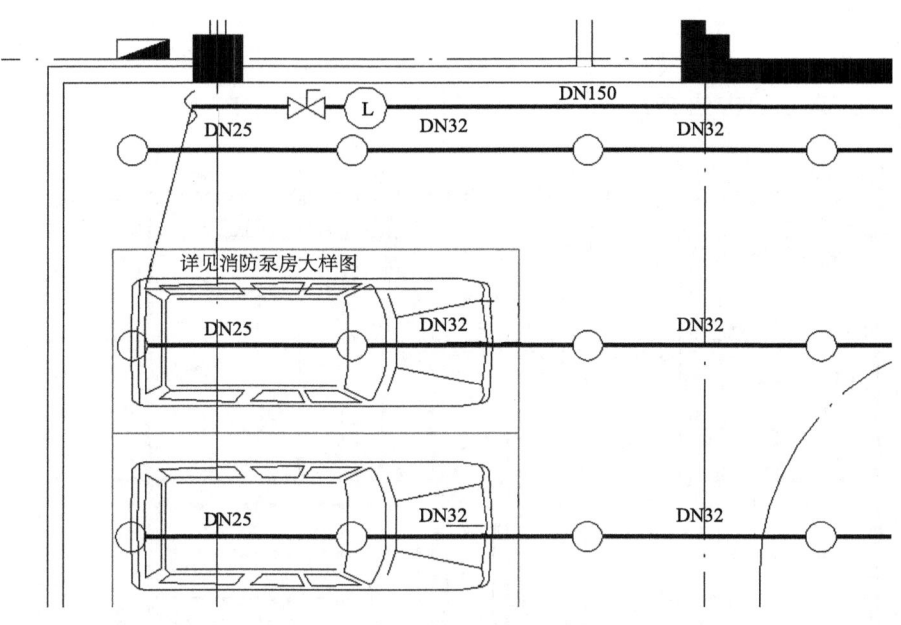

图 3-17　喷淋平面图局部

　　值得注意的是，在某些设计复杂之处，还可以通过画喷头安装示意图进行补充说明，这部分内容一般在设计说明中可以找到（图 2-11）。

　　在识读完地下一层喷淋平面图后，再依次向上识读一～五层图纸，会发现与给水排水图类似，楼层越往上越简单（图 3-18）。

　　（3）屋顶排水平面图

　　本案例顶层机房及屋面排水平面图只有一张图纸（图 3-19）。

　　屋顶排水平面图与建筑施工图中屋顶平面图极为相似，建筑施工图中的屋顶平面图主要是从建筑的角度来表达屋顶坡度关系，而设备施工图中的屋顶排水平面图主要是从排水的角度来表达屋面的排水形式。

　　由图 4-20 可知，整个屋面被划分为多个排水分区，每个排水分区内部都标有排水方向和排水坡度，本案例中的排水坡度均为 2%。沿着排水坡度进行查询，可以看到屋面上的雨水都被汇集到几个不同的雨水口处，并连接雨水立管通过内排水的方式排出。

　　3. 系统图

　　给水排水管道系统图主要表明管道系统的立体走向。

　　在给水系统图中，不画卫生器具，只需画出水龙头、淋浴器花洒、冲洗水箱等符号；用水设备如锅炉、热交换器、水箱等需画出示意性的立体图，并标注文字说明。

　　在排水系统图中也只画出相应卫生器具的存水弯或器具排水管。

　　本案例中的给水排水系统图有给水系统图、污水系统图、喷淋系统图、消火栓系统图和雨水系统图。

　　（1）给水系统图

　　给水系统图需要识读给水管道系统的具体走向，干管的布置方式，管径尺寸及其变化

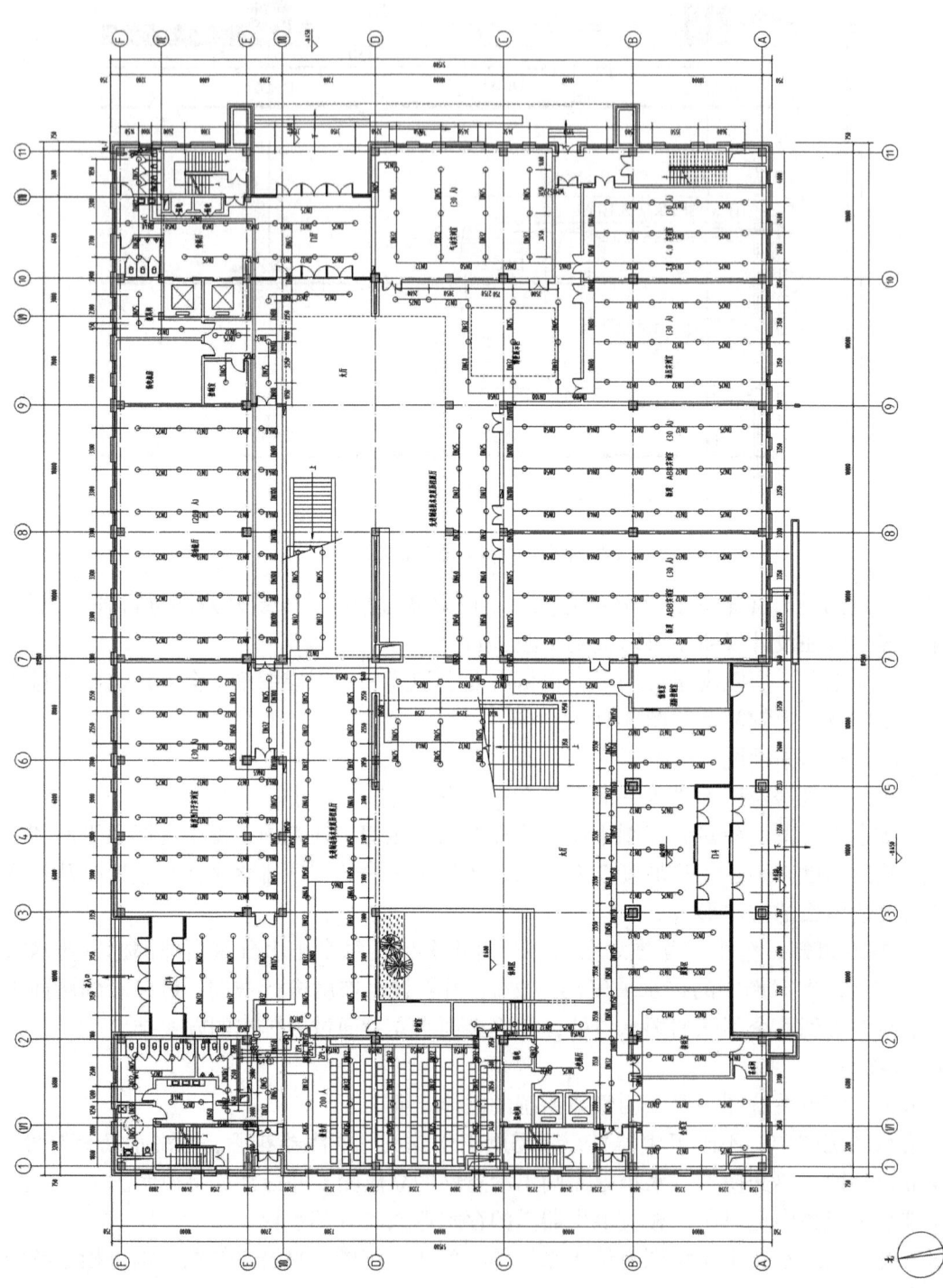

图 3-18 一层喷淋平面图

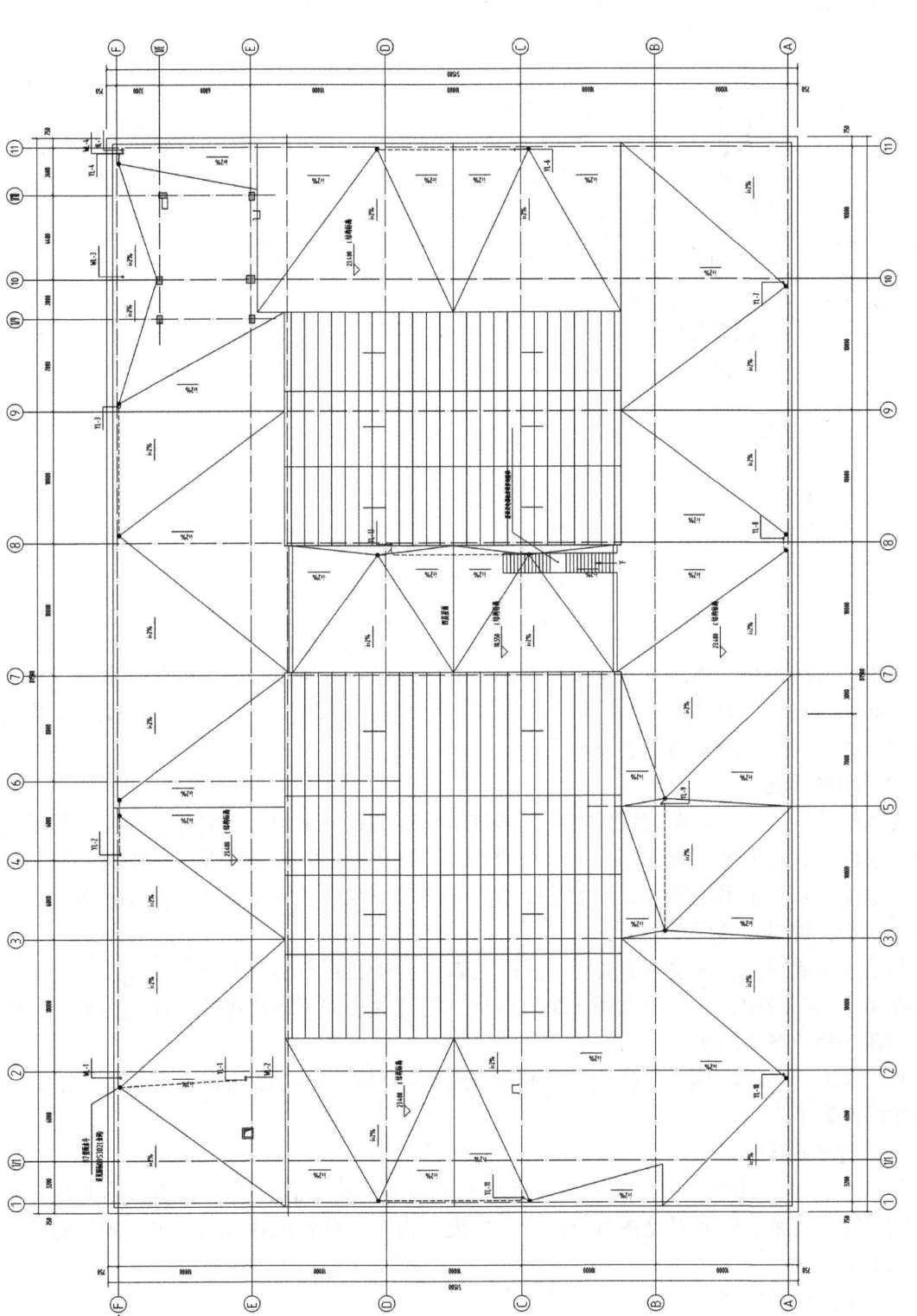

图 3-19　屋顶排水平面图

情况，阀门的设置，引入管、干管及各支管的标高（图 3-20）。

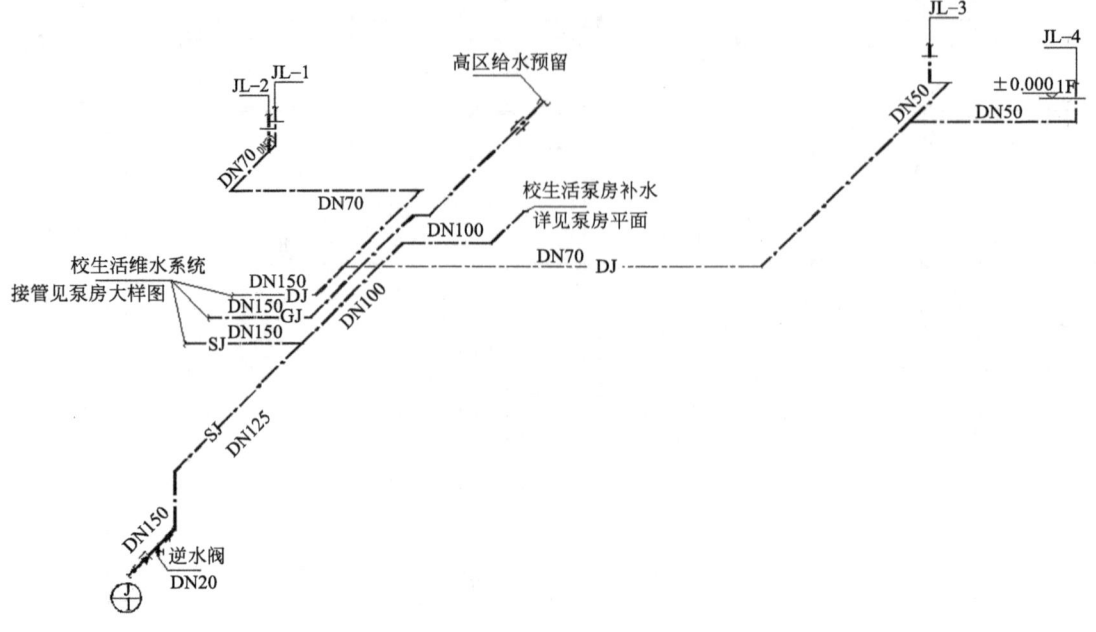

图 3-20　给水系统图

由于本案例为教学类建筑，每层只有两套卫生间需要有给水设备，因此图纸中的给水管道分布比较简单。从图 3-20 中可以看出，整个系统图有四根给水立管，管径已在管道旁做出标准，阀门也用图例做了表示。

（2）污水系统图

污水系统图属于排水系统图，需要了解排水管道的具体走向、管路分支情况、管径尺寸与横管坡度、管道各部分标高、存水弯的形式、清通设备的设置情况、弯头及三通的选用等。识读排水管道系统图时，一般按照卫生器具或排水设备的存水弯、器具排水管、横支管、立管、排出管的顺序进行。

与给水系统相同，本案例中的污水系统也来自于每层的两套卫生间。

在本工程图纸中，两套卫生间的距离较远，需要各自进行污水排放，因此污水系统图被分成两部分（图 3-21）。

从图 3-21 中可以看出，整个系统图有四根污水立管，管径已在管道旁做出标准，阀门也用图例做了表示。

（3）喷淋系统图

在自动喷淋图纸中，平面图表达的是水平方向的管道布置，而系统图表达的是垂直方向的布置。将平面图和系统图对应识读，能更加快速、有效地获得图纸中所表达的信息（图 3-22）。

（4）消火栓系统图

消火栓系统在平时是一个封闭的、静止的系统，管网内部维持着一定的压力，一旦火警发生，其水流方向将由室外给水管网、消防水泵、水泵接合器、高位水箱等处流向消火

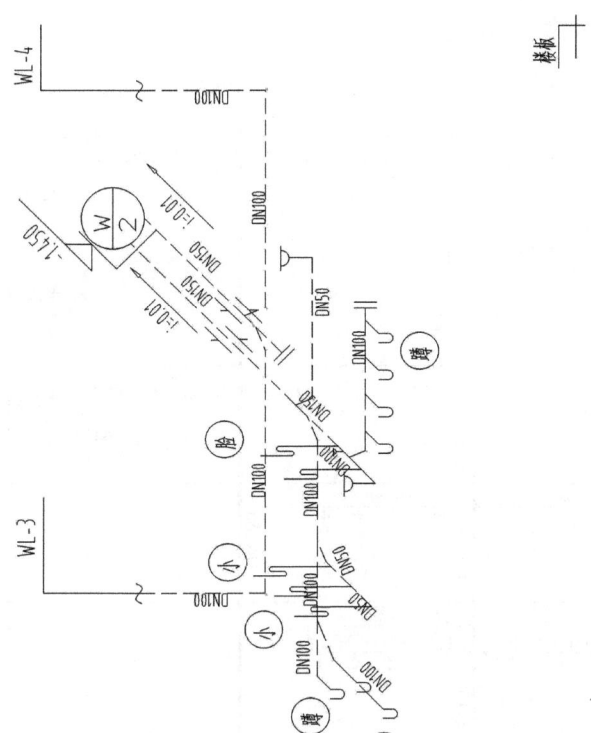

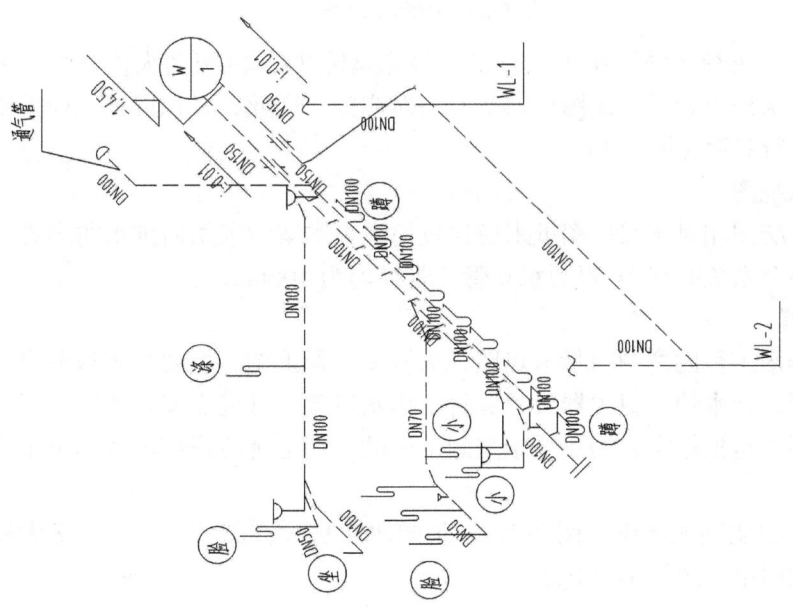

133

图 3-21 污水系统图

栓的终端——水枪。

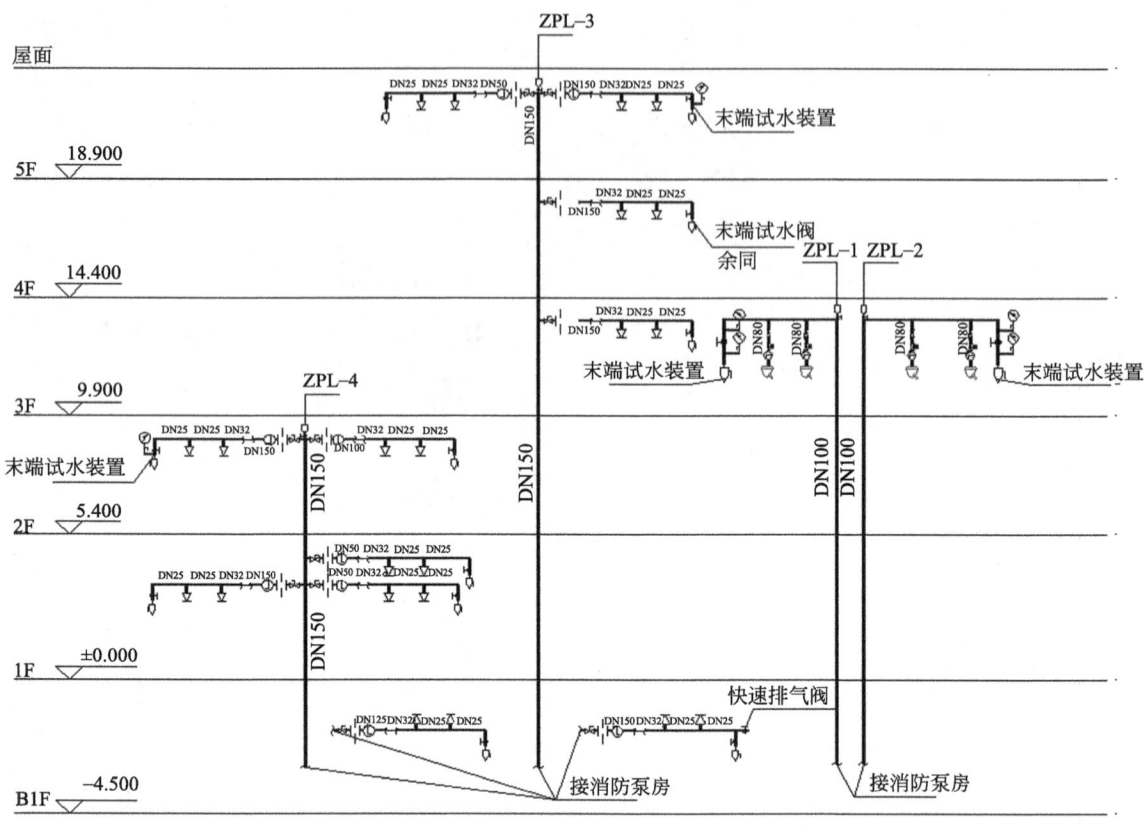

图 3-22 喷淋系统图

从本案例的消火栓系统图中可以看出，整栋建筑共有 49 根消火栓立管。每根立管连接的消火栓在给水排水管道平面图中都是一一对应的。因此，在识读消火栓系统图时，需要翻看平面图进行对照（图 3-23）。

（5）雨水系统图

雨水排水系统图相对于其他图纸来说比较简单，本案例采用内排水的形式，从图 3-24 中可以看出，整个系统共有 14 根雨水立管，管径均为 100mm。

4. 详图大样

室内给水排水工程的详图包括节点图、大样图、标准图，主要是管道节点、水表、消火栓、水加热器、开水炉、卫生器具、套管、排水设备、管道支架等的安装图及卫生间大样图等。这些图都是根据实物用正投影法画出来的，图上都有详细尺寸，可供安装时直接使用。

本案例中有卫生间大样图（图 3-25）、消防水泵房大样图和生活水泵房大样图。具体的识读方法比较简单，此处不再介绍。

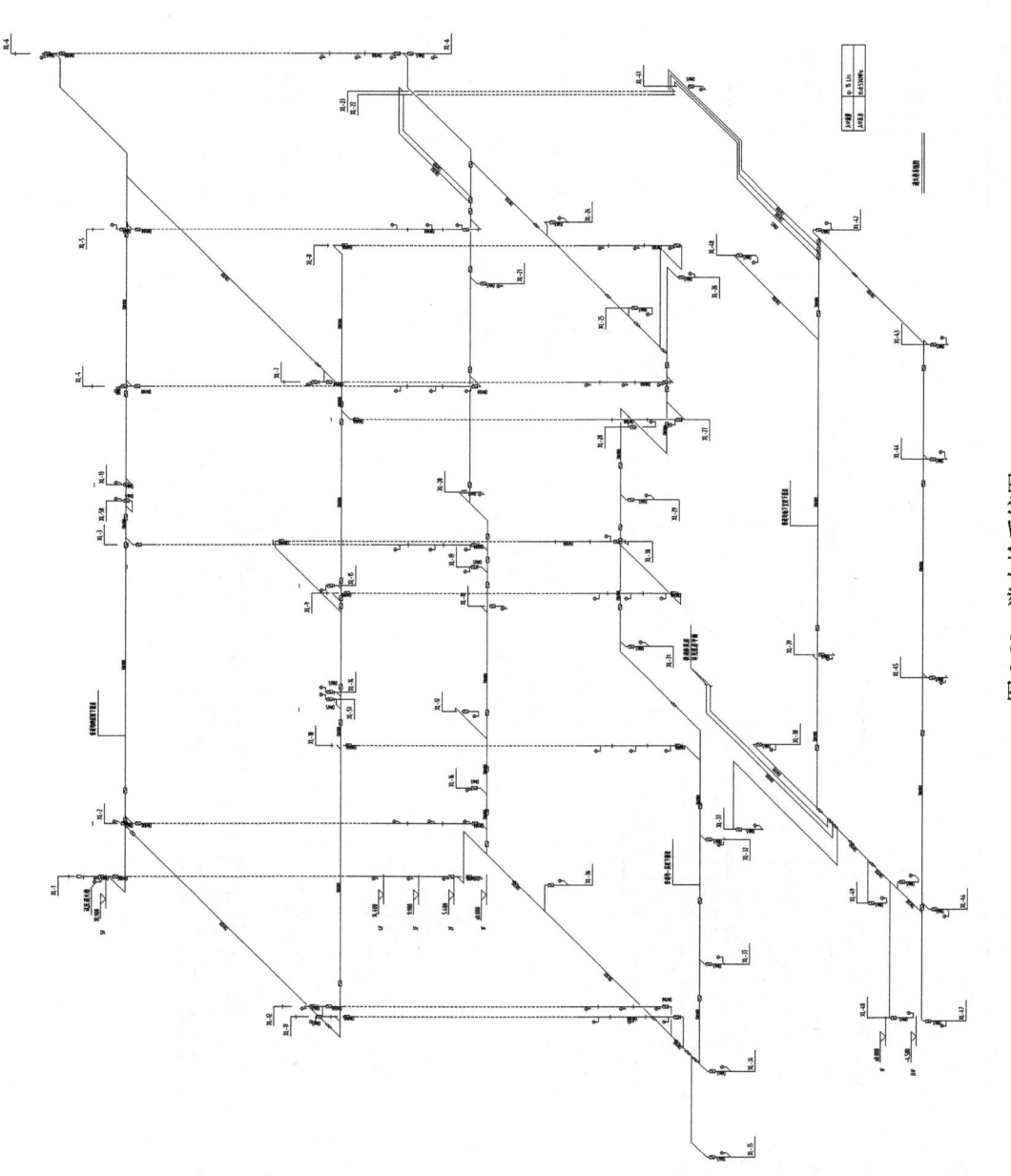

图 3-23 消火栓系统图

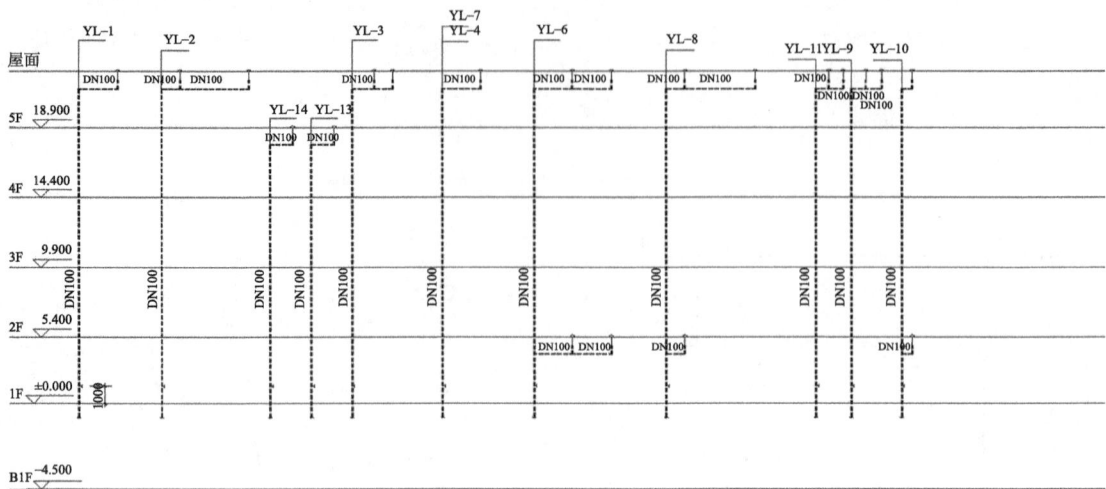

图 3-24　雨水排水系统图

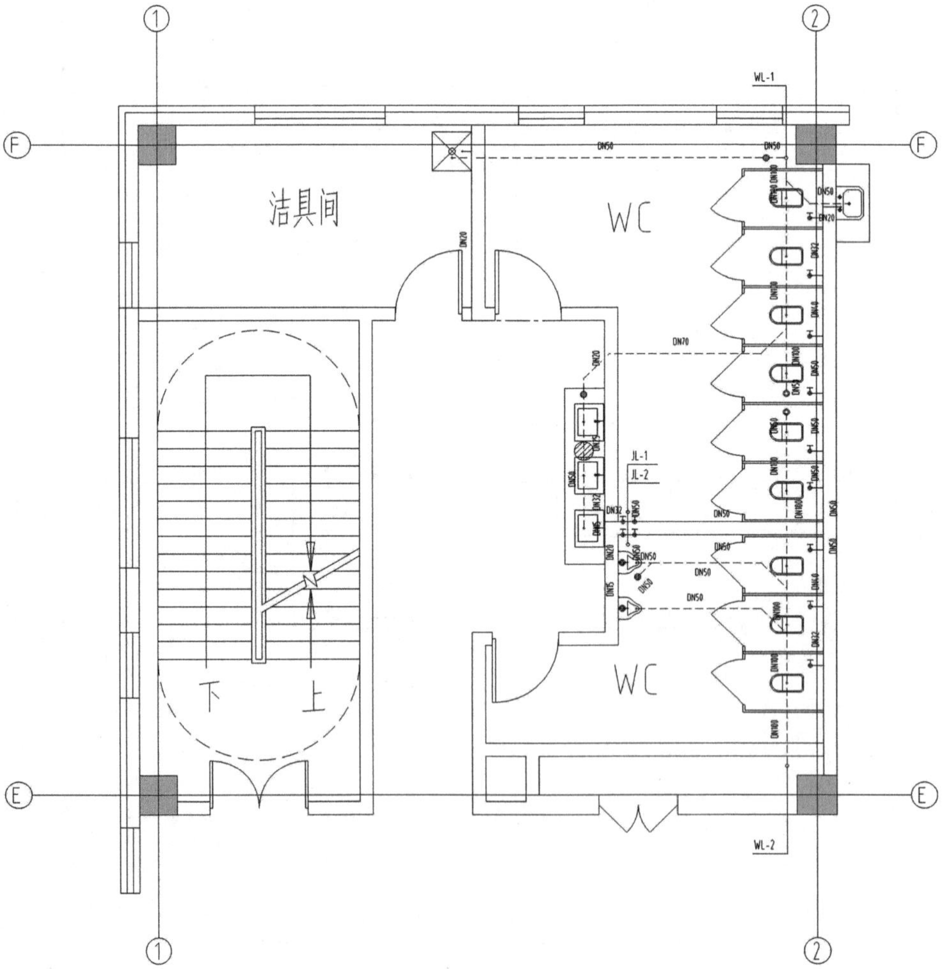

图 3-25　卫生间大样图（一）

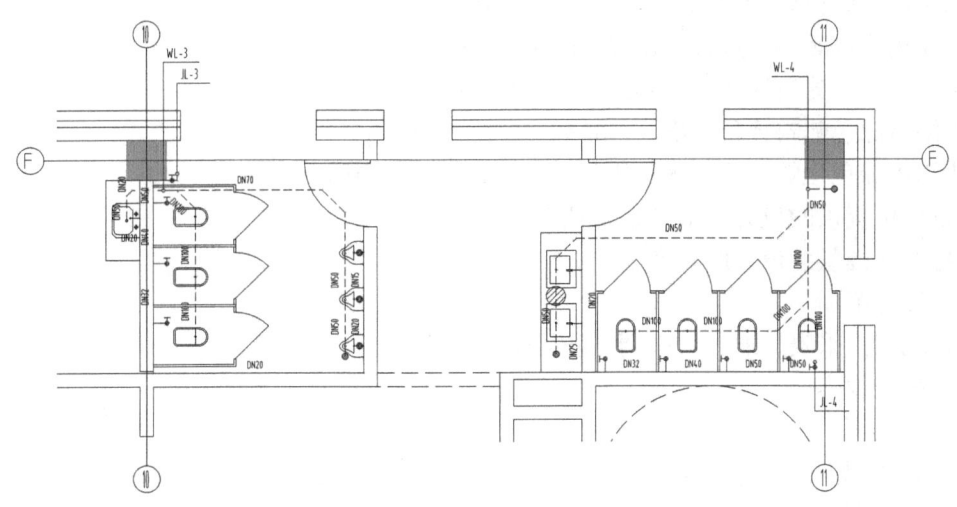

图 3-25　卫生间大样图（二）

任务二　暖通空调工程图

1. 设计说明

在某高校教学楼暖通空调专业施工图中，前三张图纸都是设计说明部分。

（1）工程概况

本工程为某学校装备制造职业教育公共实训基地建设项目，地上功能主要为职业培训实训教室，位于某市某区某学校院内，西临校园主入口，南临劳动路，东侧为现有室外运动场，北侧为现有体育馆。本工程总建筑面积为 21397.32m²，其中地上面积为 16984.68m²，地下面积为 4412.64m²。建筑层数及高度：本工程地上 5 层，地下 1 层。地下室层高 4.5m；地上一层，层高 5.4m，地上二~五层，层高 4.5m。室内外高差 0.45m，建筑高度 23.85m（室外地面至屋面面层最高高度）。

（2）设计依据

《民用建筑供暖通风与空气调节设计规范》GB 50736—2012；

《建筑设计防火规范（2018 年版）》GB 50016—2014；

《公共建筑节能设计标准》GB 50189—2015；

《公共建筑节能（65%）设计标准》DB21/T 1899—2011；

《供热计量技术规程》JGJ 173—2009；

《建筑给水排水及采暖工程施工质量验收规范》GB 50242—2002；

《通风与空调工程施工质量验收规范》GB 50243—2016；

《建筑节能工程施工质量验收标准》GB 50411—2019；

《建筑机电工程抗震设计规范》GB 50981—2014；

《汽车库、修车库、停车场设计防火规范》GB 50067—2014；

《车库建筑设计规范》JGJ 100—2015；

《民用建筑绿色设计规范》JGJ/T 229—2010；

《地面辐射供暖技术规程》DB21/T 1686—2008；

《沈阳市公共建筑绿色设计标准》DB2101/TJ25—2017；

《沈阳市绿色建筑评价标准》DB2101/TJ22—2015；

《沈阳市绿色建筑评价技术细则》DB2101/TJ23—2015；

建设单位提供的设计要求及设计任务书；

土建专业提供的设计图纸及要求。

（3）设计范围

本建筑室内采暖、通风、空调、防排烟系统。

（4）设计内容

① 节能设计；

② 采暖系统；

③ 通风系统；

④ 空调系统；

⑤ 防排烟系统；

⑥ 绿色专篇；

⑦ 环保、卫生防疫、防噪声；

⑧ 抗震；

⑨ 其他。

2. 通风及防排烟平面图

本案例的通风及防排烟平面图共 7 张图纸，包括地下一层、地上一～五层及屋顶。

（1）地下一层平面图

从图 3-26 中可以看出，本建筑共有两个送风机房和两个排风机房。

送风机房分别在①轴与Ｆ轴、⑪轴与Ａ轴的交叉点处，排风机房分别在①轴与Ａ轴、①轴与Ｃ轴的交叉点处。

以①轴与Ｆ轴交叉处的送风机房为例（图 3-27），新风从送风竖井经送风机房送入建筑内部，经防火阀由 1000mm×320mm 的主管道送入，到Ｅ轴处分出两个支管，一个到生活水箱间，尺寸变为 800mm×320mm，另一个变成 630mm×320mm，继续向东延伸，到工具间、配电室和泵房配电室再分出支管，每个支管都配备防火阀。

再以①轴与Ａ轴交叉处的排风机房为例（图 3-28），排风管道自排风竖井接出，经排风机房进入建筑内部，经排烟阀由两个 2000mm×320mm 的主管道接入，逐级缩小管径，从 1600mm×320mm 到 1250mm×320mm，再到 1000mm×320mm，基本覆盖整个地下车库的排烟区域。

其他通风及防排烟管道均可参考上述情况，需要注意的是每个送风或排烟支管处的防火阀设置。

（2）一层平面图

从图 3-29 中可以看出，一层平面图除了在每个功能房间都布置了中央空调室内机之外，还在建筑中央位置配置了一条排烟管道，在卫生间配置了排风管道。

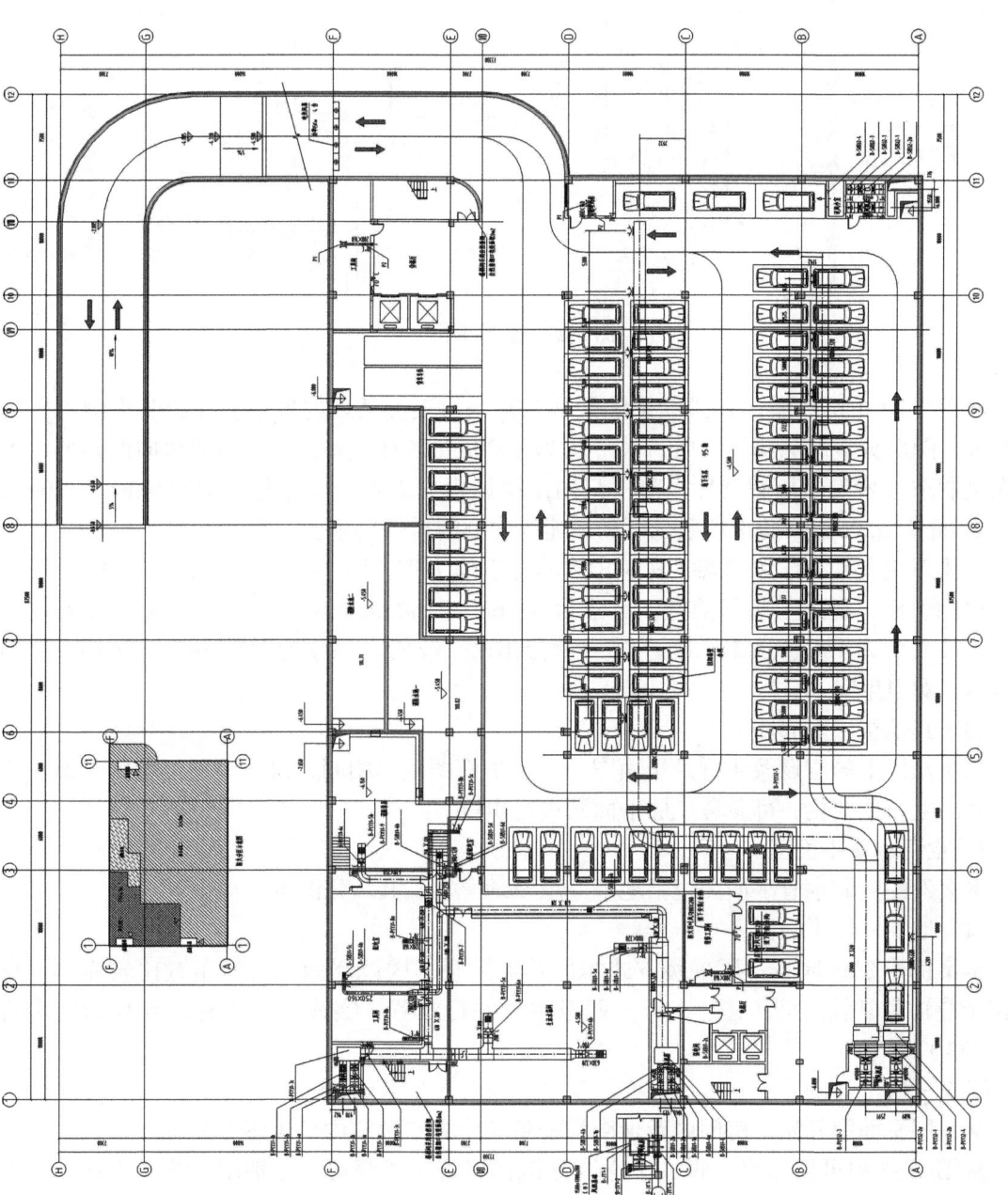

图 3-26 地下室通风平面图

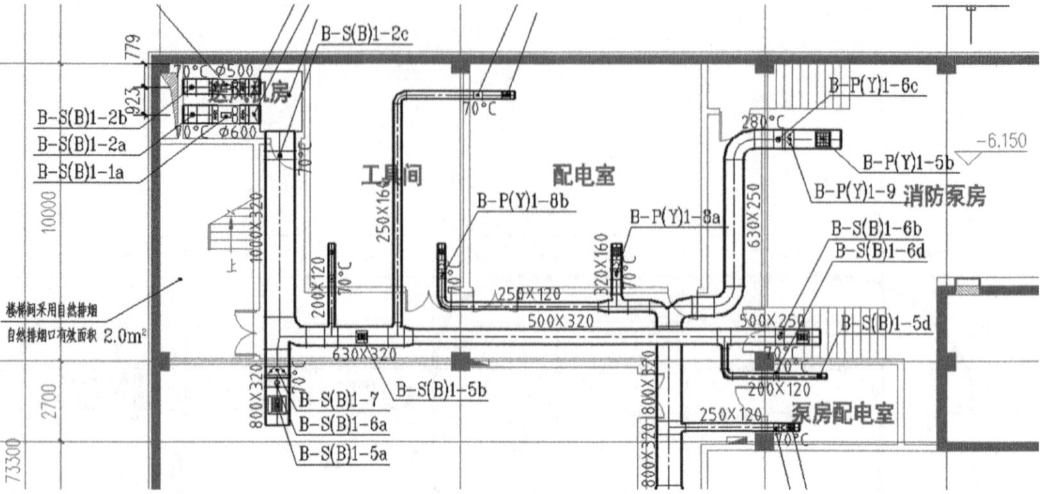

图 3-27　送风机房

140

从图 3-30 中可以看出，排烟系统是从⑦轴与ⓓ轴交叉处的排烟竖井经防火阀引出排烟主管，随后分成两只排烟支管，尺寸均为 1000mm×320mm，一支向北再向西延伸，到达先进制造技术发展历程展厅；另一只向南中途再分支管，尺寸分别为 800mm×320mm 和 1000mm×320mm。此排烟系统可满足建筑中庭的排烟要求。

排风系统我们以①～②轴／ⓔ～ⓕ轴的卫生间为例（图 3-31），排风管道从排风竖井经防火阀引出，经过卫生间前室，尺寸为 500mm×250mm。随后分出支管进入无障碍卫生间，尺寸变为 160mm×120mm。另一侧分出两个支管，尺寸为 400mm×160mm，分别到达男、女卫生间。

（3）其他楼层平面图

二层及以上的空调及防排烟平面图与一层平面图基本相同，仅在个别位置因平面功能不同而产生一些变化，可参考一层平面图进行识读。

3. 空调水管平面图

本案例的空调水管平面图包括地下一层及地上五层共六张图纸。

（1）地下一层平面图

本案例中建筑地下一层采暖方式为散热器采暖，因此空调水管的布置比较简单，只存在于ⓓ轴和ⓕ轴之间（图 3-32）。两条水管并行布置，实线为供水管，虚线为回水管（图 3-33）。

（2）一层平面图

从一层平面图开始，房间内及走廊均配备了中央空调室内机（图 3-34）。

从图 3-35 中可以看出，每一个空调分机都连着三条管道，分别用实线、虚线、点划线来表示。其中实线代表供水管，虚线代表回水管，点划线代表空调的冷凝水管。顺着这些线去查找，就可以看出每个管道最终到达的位置（图 3-35）。

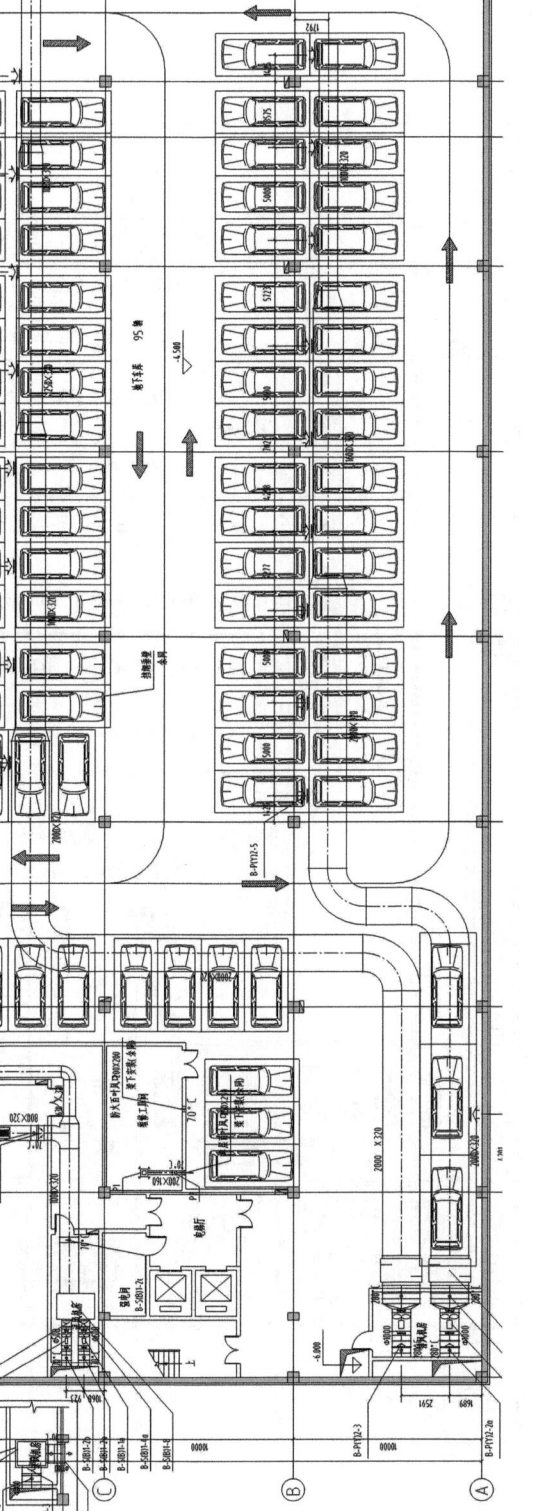

图 3-28 排风机房

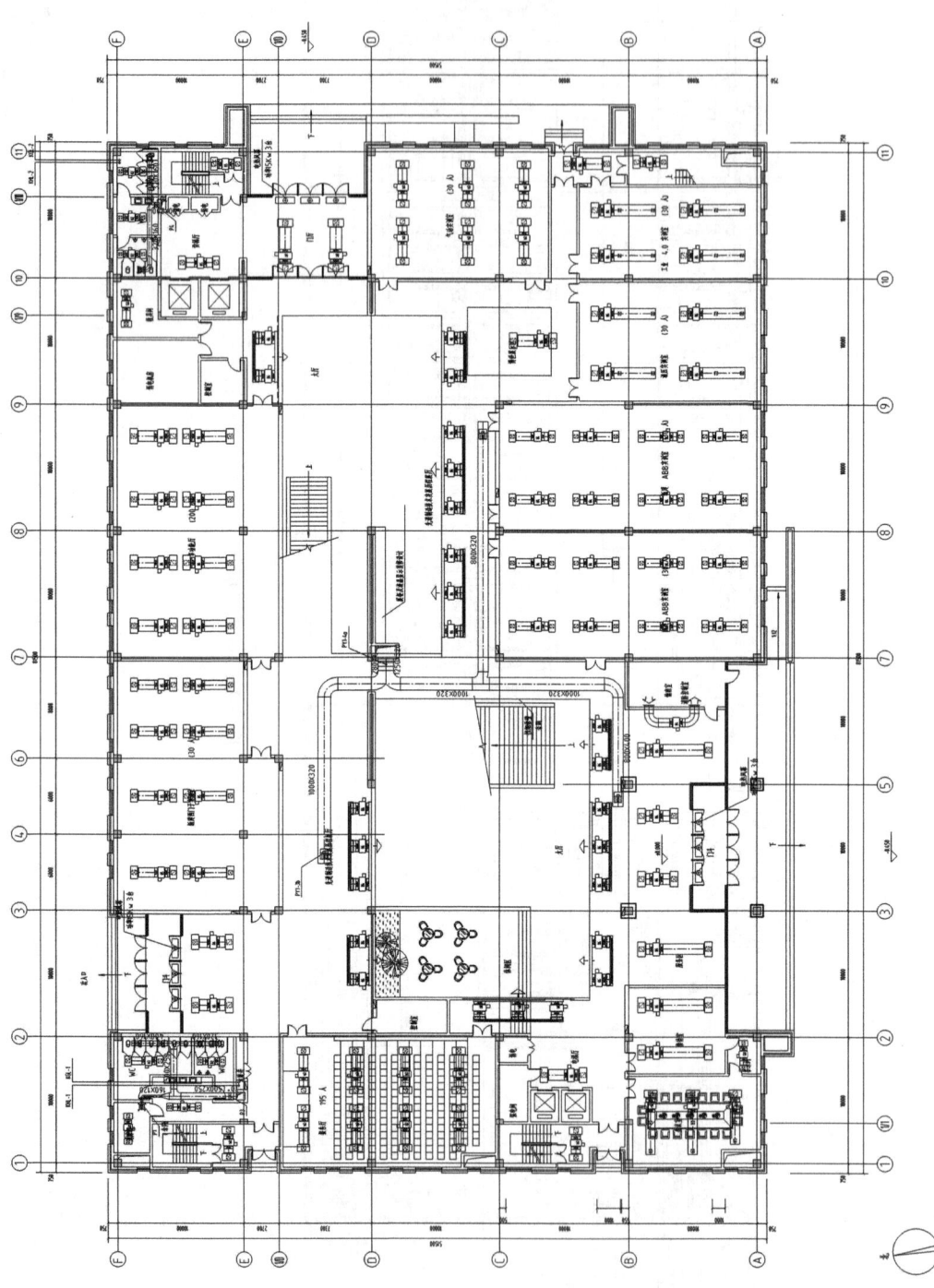

图 3-29 一层空调及防排烟平面图

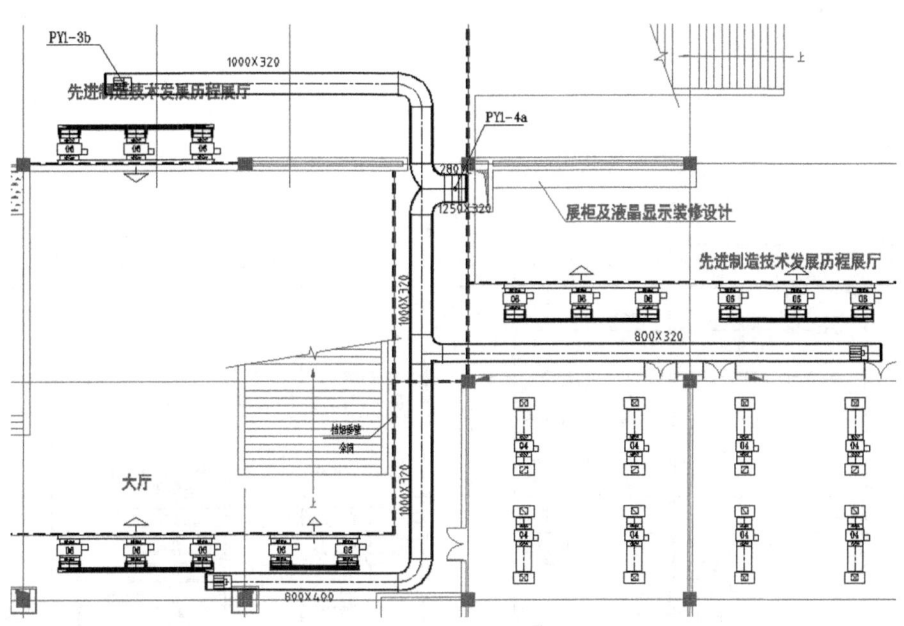

图 3-30　排烟管道

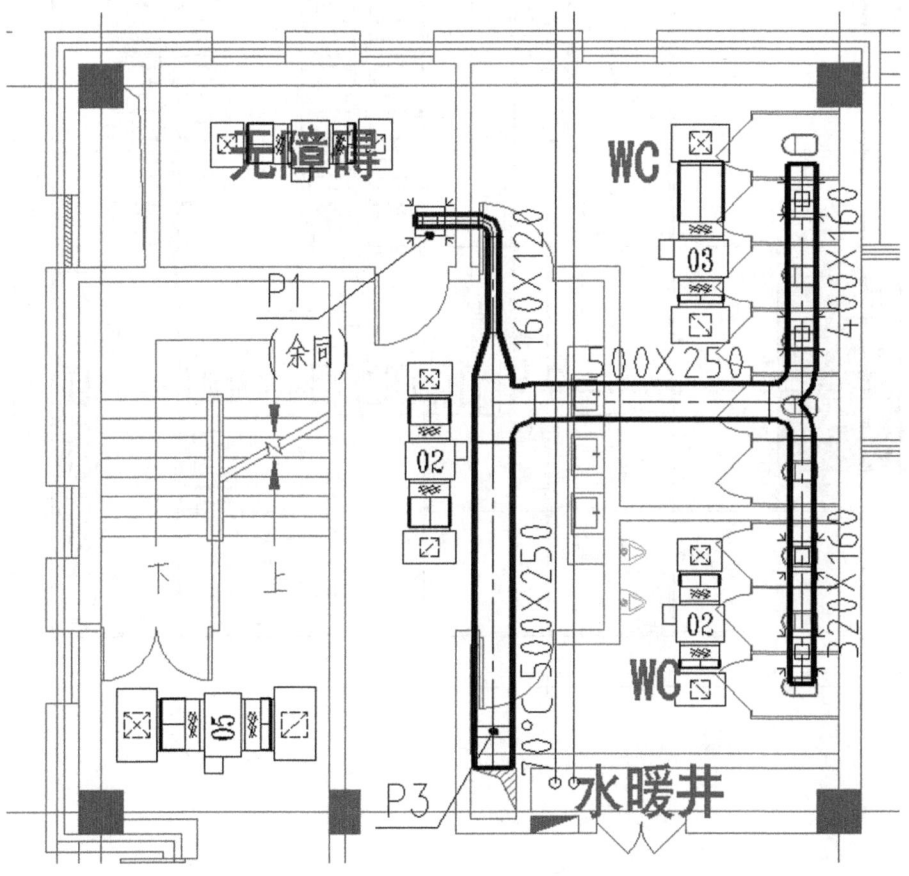

图 3-31　排风管道

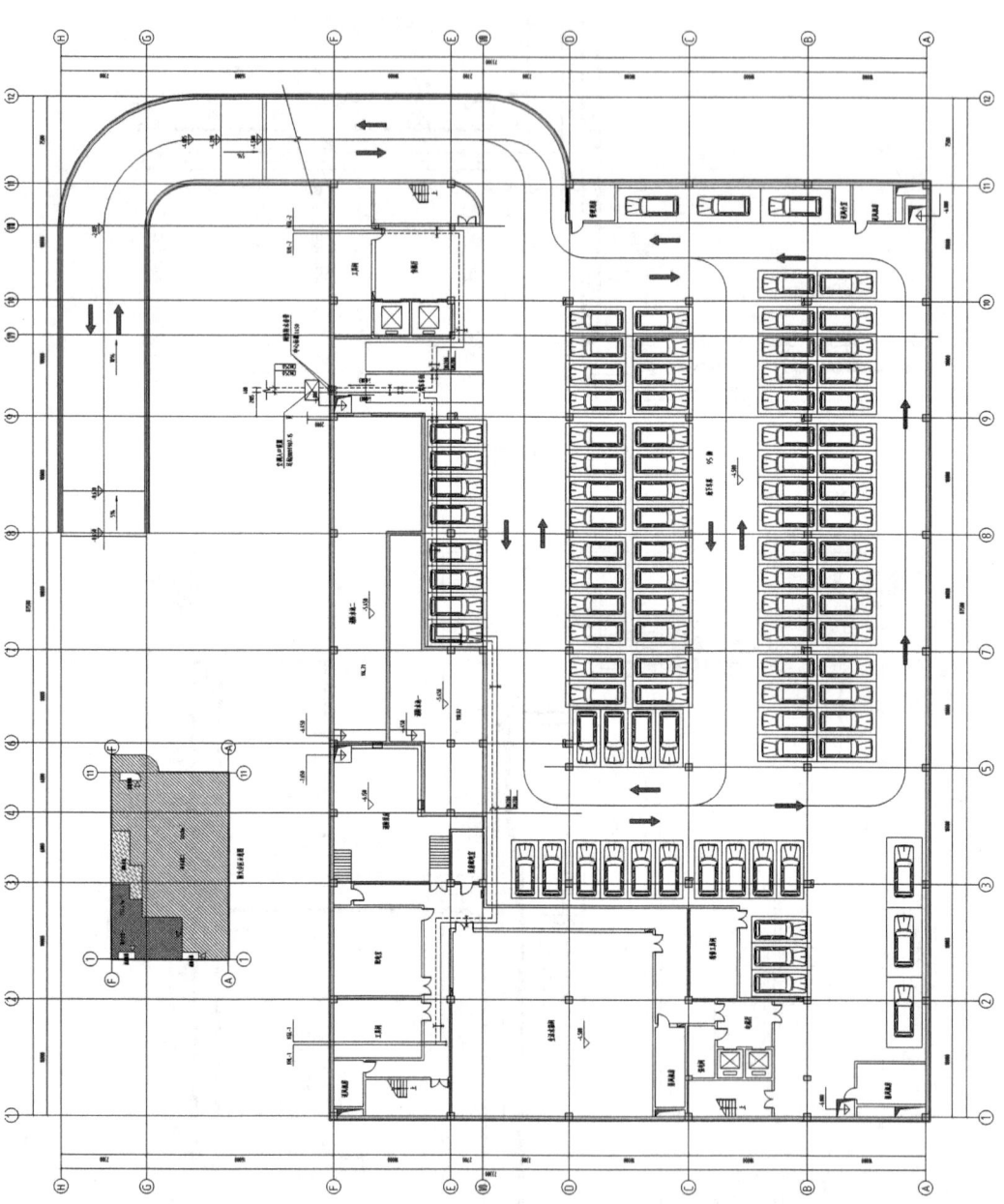

图 3-32 地下一层空调水管平面图

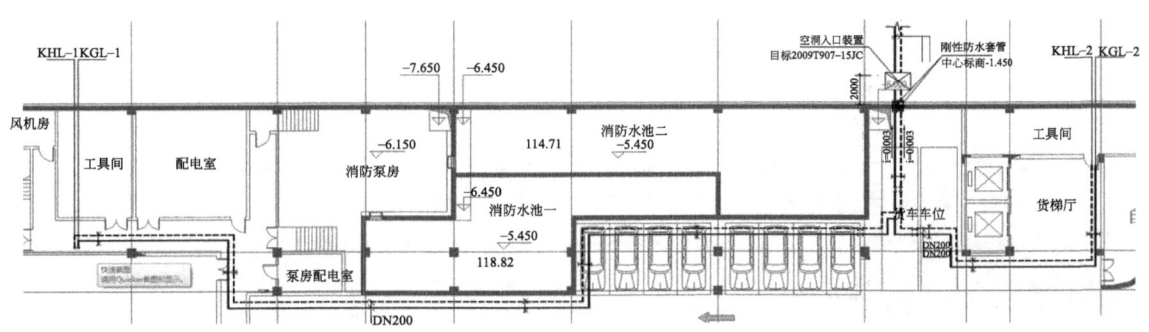

图 3-33 供水管与回水管

（3）其他楼层平面图

二层及以上的空调水管平面图与一层平面图基本相同，仅在个别位置因平面功能不同而产生一些变化，可参考一层平面图进行识读（图 3-36）。

4. 采暖平面图

本案例采暖方式为地下一层采用散热器采暖，地上一层采用地热采暖，其他楼层采用中央空调采暖。因此采暖平面图只在地下一层有所体现（图 3-37）。

从图 3-38 中可以看出，所有散热器均分布在西北角的几个房间，包括送风机房、工具间、消防泵房、生活水箱间及排烟机房。

与空调水管不同，在采暖平面图中，每组散热器连接的管道只有两根，一根是供水管，另一根是回水管。供水管将热水送入散热器，使房间升温，满足日常工作、生活需要后，再将降温后的水经过回水管送回加热装置进行再加热，如此循环往复，以达到为建筑内各房间采暖的目的。

从图 3-39 中还可以看出，因流量要求不同，所采用的管道管径都不相同，有 DN20，也有 DN40 等，在识图过程中要加以注意。

5. 地热盘管平面图

本案例只有地上一层采用地热采暖的形式，因此在本案例设备施工图纸中，地热盘管平面图只在一层平面图中有所体现（图 3-39）。

由于各功能房间中均配备了中央空调室内机，因此地热盘管只分布在中庭、走廊及其他公共空间的地面。

6. 系统图

本案例系统图包括采暖系统图和空调水管系统图。

（1）采暖系统图

采暖系统图（图 3-40）清晰地表示出该采暖系统的构成、管道空间走向及设备的布置情况。同时还可以看出采暖管道的标高、管径以及各采暖设备的排布情况等。

（2）空调水管系统图

空调水管系统图表达了整个建筑的空调系统中水管的走向及设备的排布。对照空调水管平面图进行识读，能加深对整个空调系统的理解（图 3-41）。

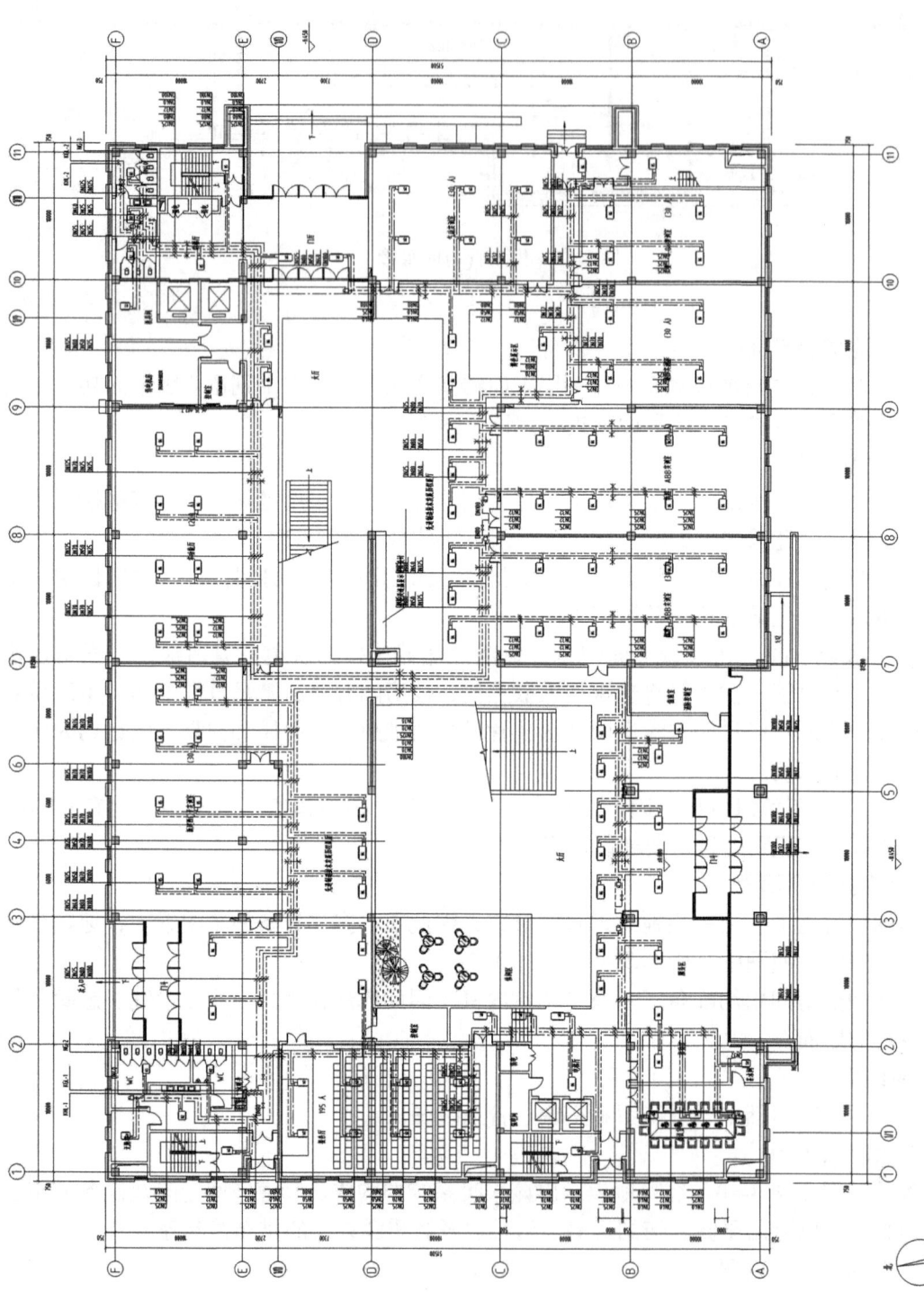

图 3-34　一层空调水管平面图

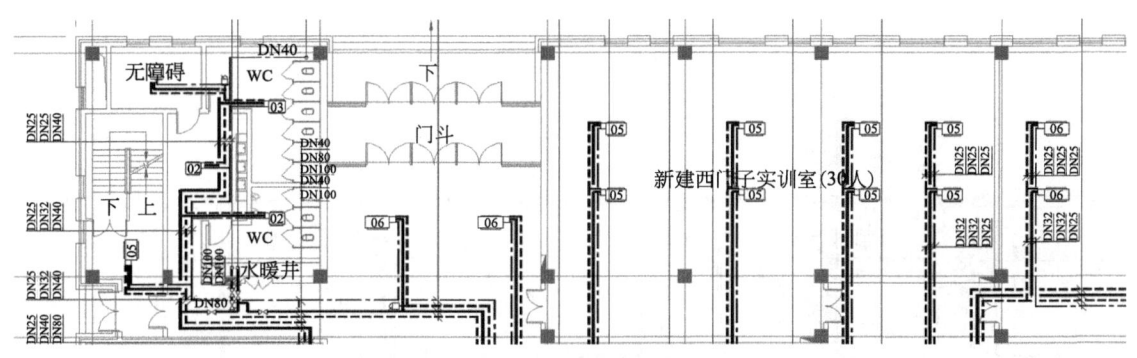

图 3-35 管道终端

任务三 电气设备工程图

电气设备工程图包括三部分，分别为强电施工图、弱电施工图及消防施工图。

1. 强电施工图

（1）设计说明

在某高校教学楼电气专业强电施工图中，第一张图纸就是设计说明部分，其内容为：

1）工程概况

本工程为某学校装备制造职业教育公共实训基地建设项目，总建筑面积：21397.32m²，地上建筑面积：16984.68m²，地下建筑面积：4412.64m²。本工程层数为地上五层，地下一层。地下一层层高为 4.50m，一层层高为 5.40m，二~五层层高均为 4.50m；室内外高差为 0.45mm。建筑高度为 23.85m。地上建筑耐火等级为二级，地下建筑耐火等级为一级。本工程采用钢筋混凝土框架结构，抗震等级为三级，建筑结构的安全等级为二级；基础形式为筏板基础;抗震设防烈度 7 度，构造措施按 7 度考虑。建筑设计合理使用年限：50 年。

2）设计依据

各市政主管部门的审批意见；

建设单位提供的设计任务书及设计要求；

相关文件、会议纪要、方案（初步设计）阶段可行的相关资料以及相关专业提供的工程设计资料；

国家现行的主要设计规程、规范及标准：

《民用建筑电气设计标准》GB 51348—2019；

《教育建筑电气设计规范》JGJ 310—2013；

《建筑照明设计标准》GB 50034—2013；

《低压配电设计规范》GB 50054—2011；

《智能建筑设计标准》GB 50314—2015；

《电力工程电缆设计规范》GB 50217—2018；

《建筑物防雷设计规范》GB 50057—2010；

《建筑机电工程抗震设计规范》GB 50981—2014；

《建筑设计防火规范（2018 年版）》GB 50016—2014；

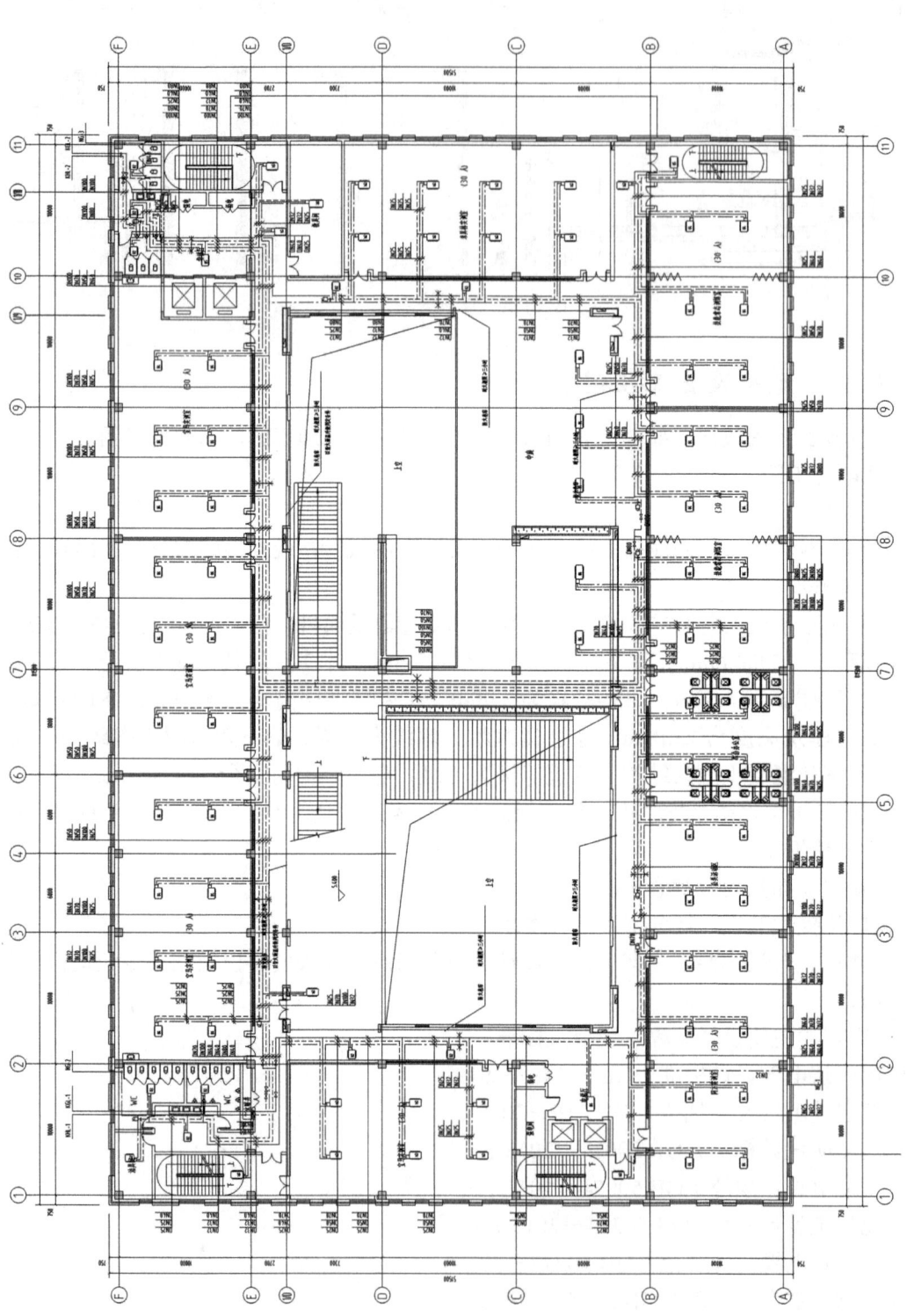

图 3-36 二层空调水管平面图

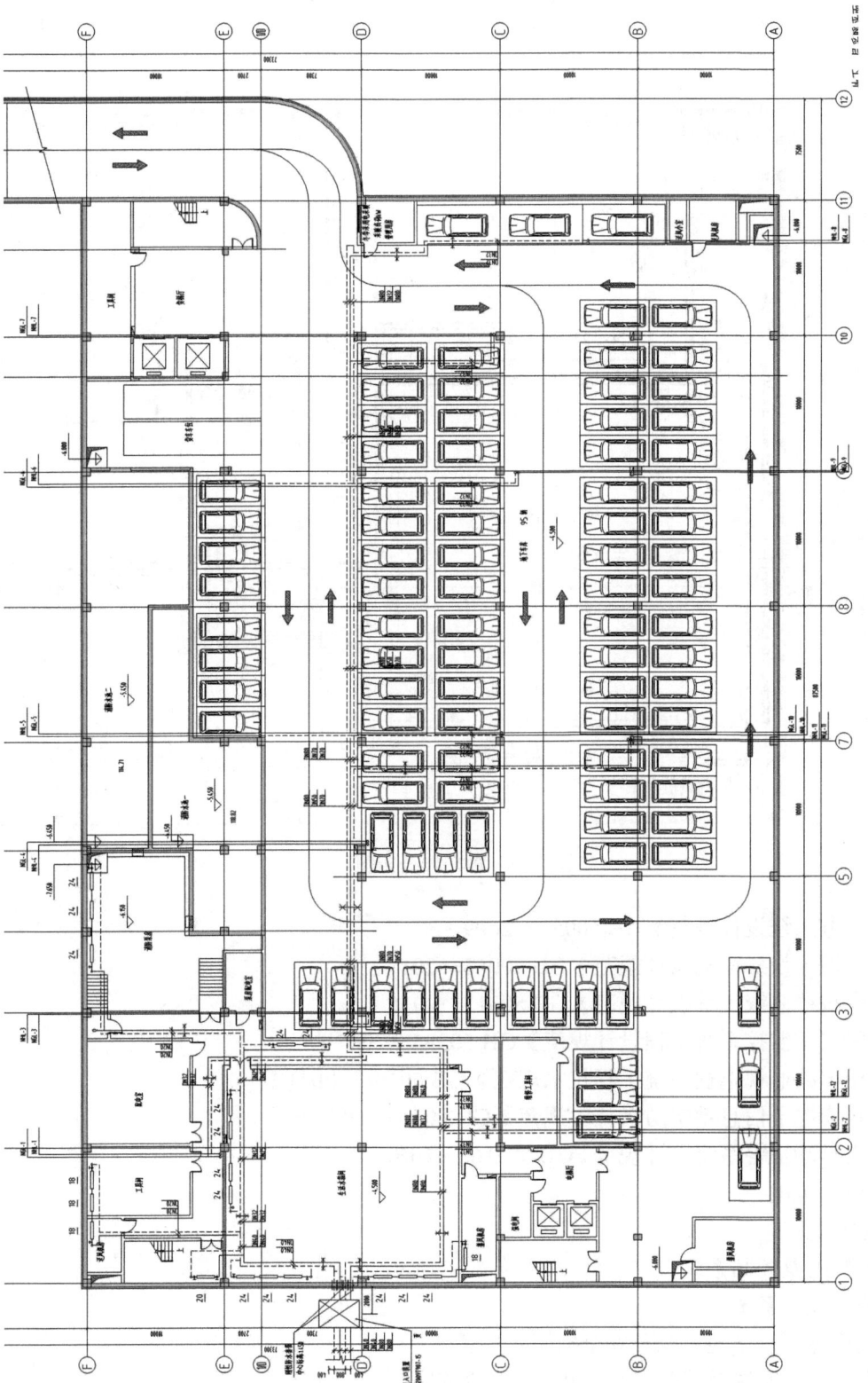

图 3-37 地下室采暖平面图

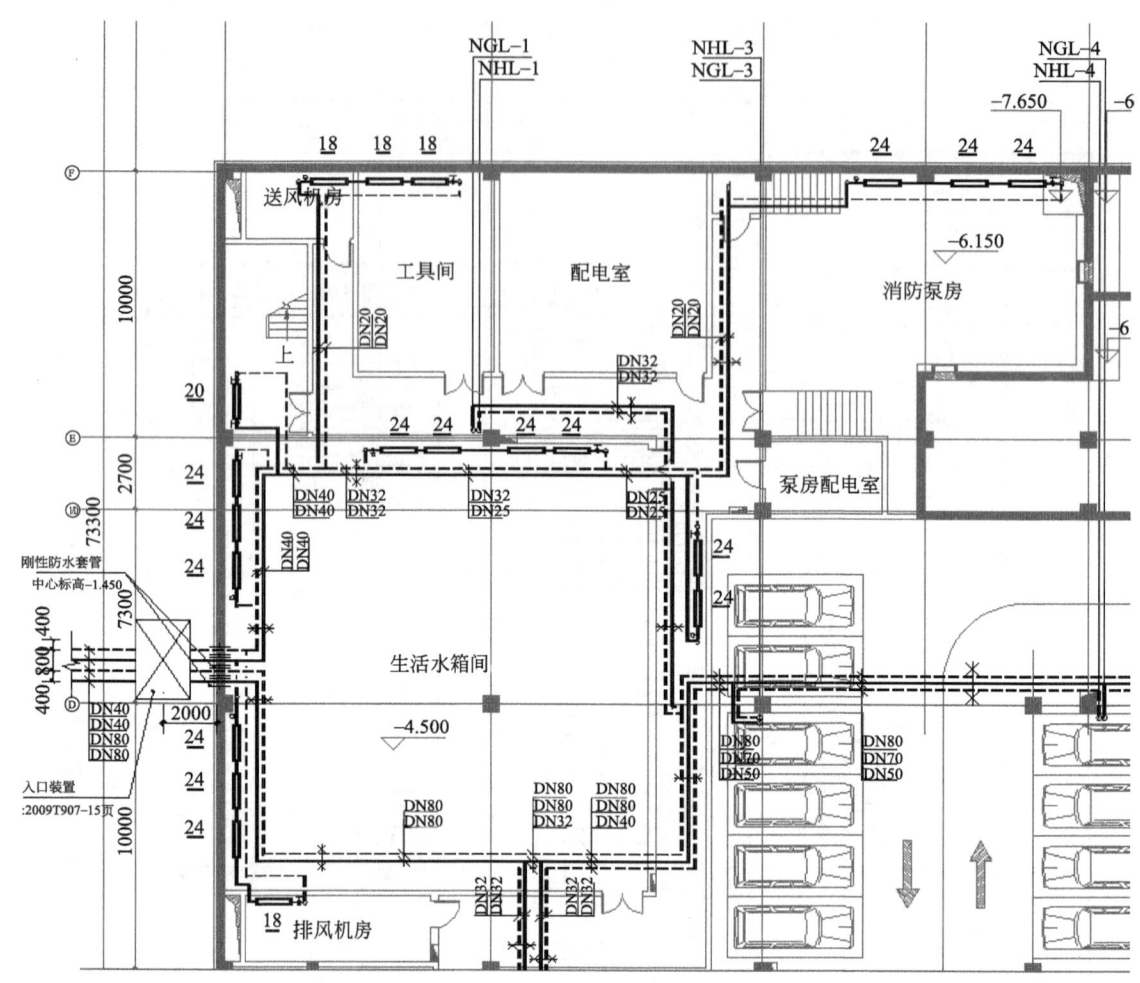

图 3-38　散热器分布图

《供配电系统设计规范》GB 50052—2009；

《通用用电设备配电设计规范》GB 50055—2011；

《综合布线系统工程设计规范》GB 50311—2016；

《视频安防监控系统工程设计规范》GB 50395—2007；

《民用闭路监视电视系统工程技术规范》GB 50198—2011；

《建筑物电子信息系统防雷技术规范》GB 50343—2012；

《火灾自动报警系统设计规范》GB 50116—2013。

3）设计范围

配电系统；

动力配电及控制系统；

照明及配电系统；

建筑物防雷、接地系统及安全措施；

弱电智能化系统及消防系统见相关专篇说明。

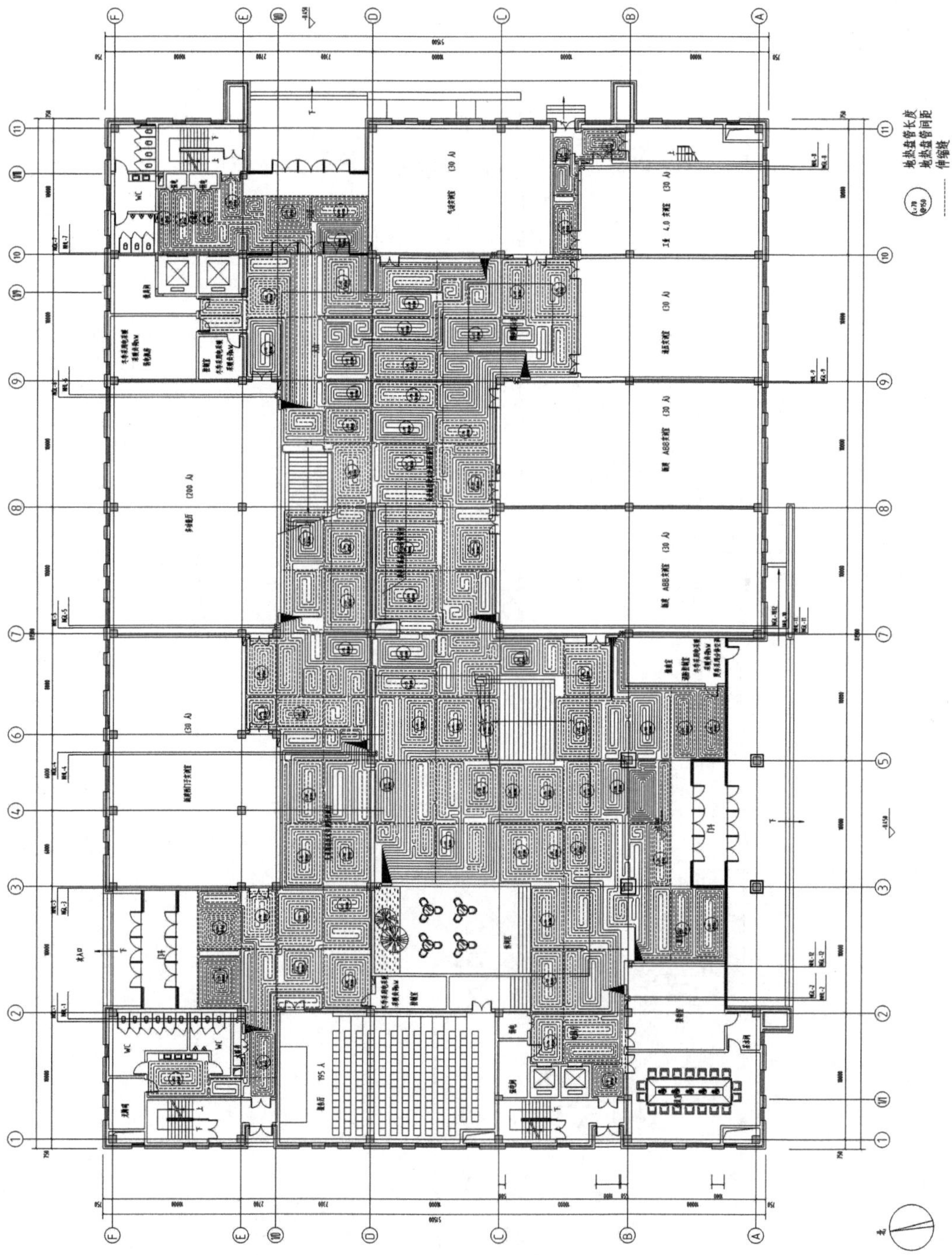

图 3-39　一层地热盘管平面图

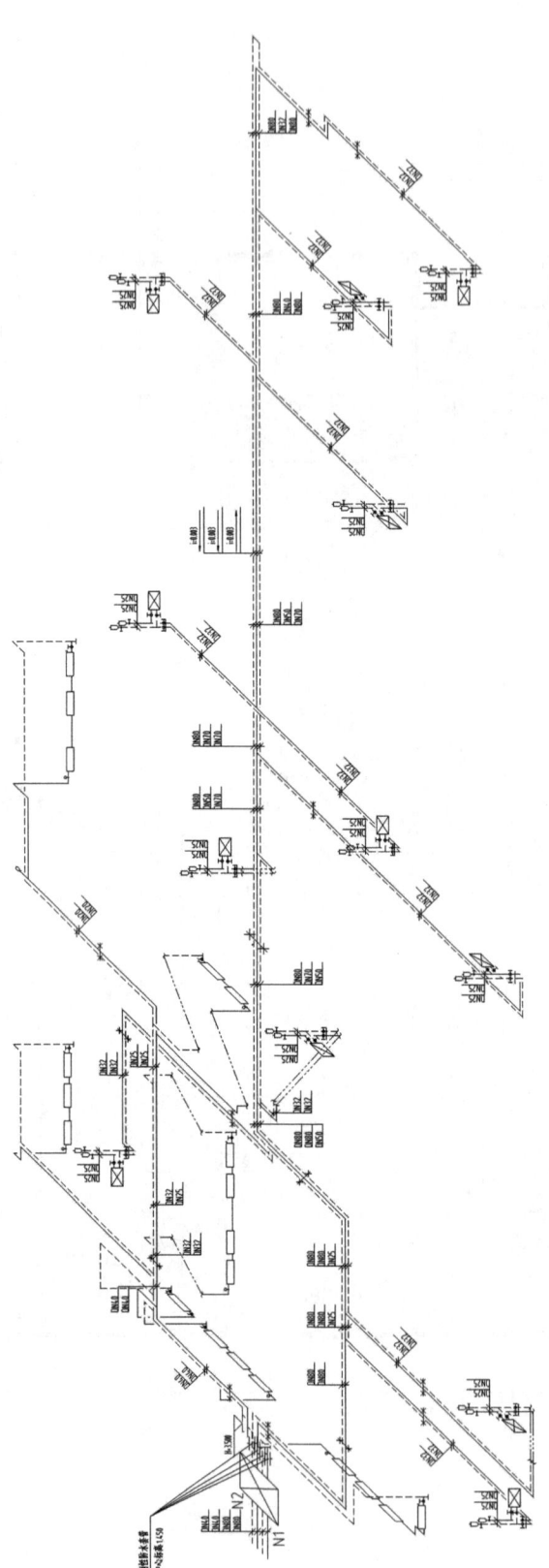

图 3-40 采暖系统图

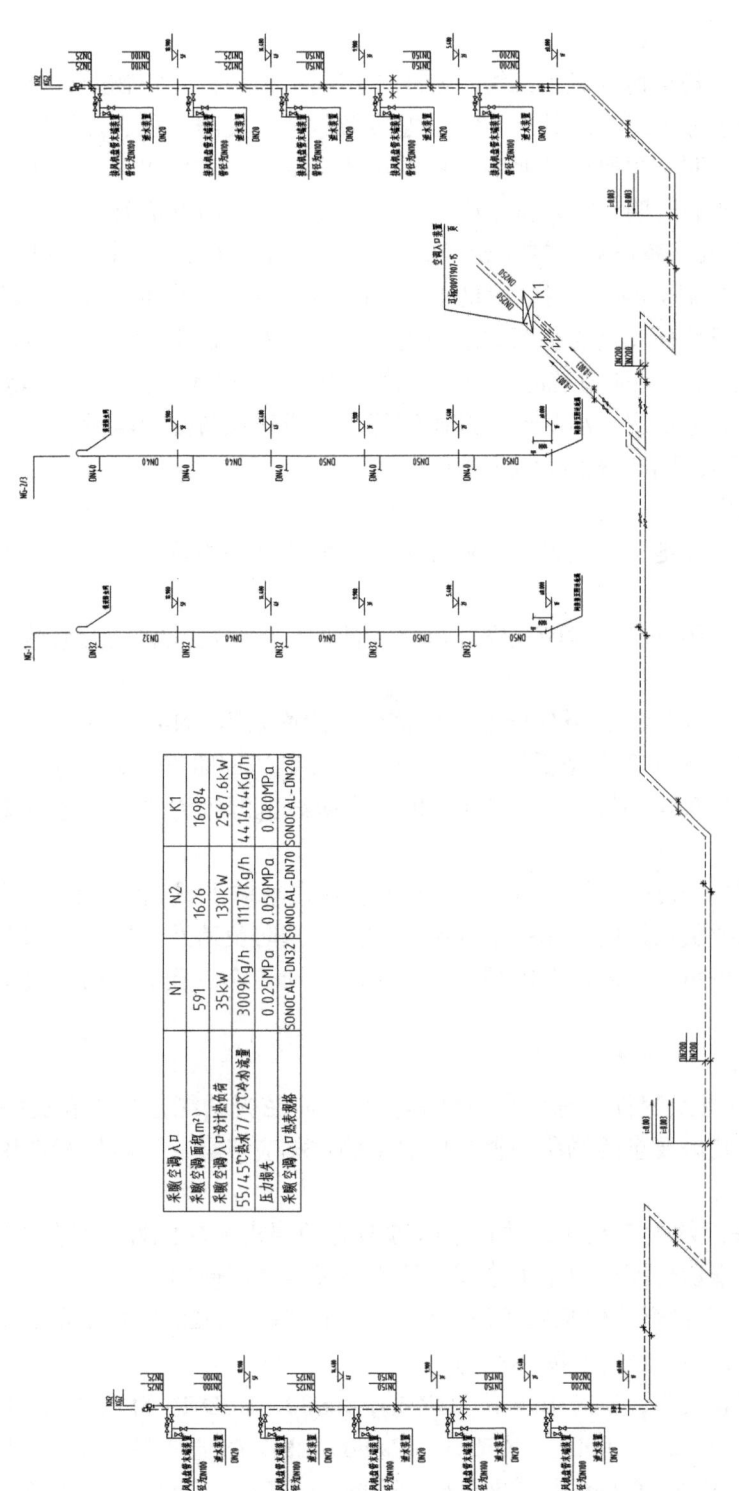

图 3-41　空调水管系统图

4）配电系统

① 供电负荷。

本工程用电设备负荷等级为二级。建筑内用电负荷根据建筑物的重要性或用电设备对供电可靠性的要求分为二级。其中二级用电负荷包括：安防系统、计算机网络系统、消防报警系统、应急照明、主要通道照明、重要场所照明、消防用水泵、消防风机及其他消防用电设备。其他普通照明、实训室用电、动力负荷为三级用电负荷。

② 供电电源及后备电源。在本建筑北侧室外设置一处 10/0.4kV 室外箱变，由城市电网引来一路 10kV 高压电源，用以满足工程平时供电要求。另外在园区内设置一处柴油发电机房，作为二级负荷及重要负荷的应急电源，柴油发电机组采用自动启动装置，并应在 30s 内实现供电。应急照明系统除市电及柴发供电外，另外设置集中蓄电池 EPS 电源作为应急供电措施；弱电机房、消防安防控制室等主要机房设备除市电及柴油发供电外，另外设置 UPS 不间断电源作为应急供电措施。

③ 配电室设置。

配电室设置：在地下一层设置一处配电室。低压开关柜选择固定式开关柜，低压柜为上进下（上）出型。

低压配出：选用密集型封闭式铜芯母线、低烟无卤阻燃铜芯电力电缆、矿物绝缘类不燃性电力电缆。

④ 配电系统接地形式：低压配电系统接地形式均采用 TN-C-S 系统。

⑤ 电能计量：本工程采用低压侧集中计量，在低压回路设电力计量仪表。

⑥ 0.4/0.23kV 配电系统：0.4/0.23kV 侧一次接线电源侧为单母线分段接线方式，分段运行。

⑦ 低压供配电方式：低压配电系统采用放射式与树干式相结合的方式；照明、普通电力及其他非重要负荷用电采用树干式配电方式；消防负荷及重要负荷用电采用放射式配电方式，消防设备负荷均采用双电源供电，末端自动转换，且消防用电设备的配电装置应有明显标志。

5）照明系统

① 光源、灯具及附件。选用高效灯具，具有防眩光功能，并具有良好的显色性和适宜的色温。有精装修要求的场所根据装修要求确定相应灯具，一般场所选用直管 LED 灯、LED 筒灯。

LED 灯功率因数大于 0.90，并符合电磁兼容的要求。功能性灯具如 LED 灯、安全出口指示灯、疏散指示灯须有国家主管部门的检测报告方可使用。

② 照明系统应符合《建筑照明设计标准》GB 50034—2013 中有关照度指标、功率密度指标相关要求，主要场所照明标准为：

实训室：实验桌面，E：300lx，UGR/19，Ra/80，LED T8 直管灯；LPD ≤ 9W/m²；

教室：课桌面，E：300lx，UGR/19，Ra/80，LED T8 直管灯；LPD ≤ 9W/m²；

办公室、会议室：0.75m 水平面，E：300lx，UGR/19，Ra/80，LED T8 直管灯；LPD ≤ 9W/m²；

弱电机房、安防消控室：0.75m 水平面，E：300lx，UGR/22，Ra/80，LED T8 直管灯；

LPD $\leqslant$ 9W/m² ；

变配电室：0.75m 水平面，E：200lx，$Ra/80$，LED T8 直管灯；

风机房、泵房：地面，E：100lx，UGR/-，$Ra/60$，LEDT8 直管灯；LPD $\leqslant$ 4W/m²；

公共车库：地面，E：50lx，UGR/-，$Ra/60$，LED 雷达感应灯；LPD $\leqslant$ 2.5W/m²；

卫生间：地面，E：75lx，UGR/-，$Ra/60$，LED 灯；LPD $\leqslant$ 3.5W/m²；

走廊、流动区域、楼梯间：地面，E：100lx、UGR/22，$Ra \geqslant 80$；LPD $\leqslant$ 4W/m²；

电梯前厅：地面，E：100lx，UGR/-，$Ra/60$，LED 灯。

③ 照明控制：照明控制采用中央集中式、分布式的网络结构，采用先进的照明控制技术，远程控制或实时控制。

公共区域采用智能照明控制系统，根据自然采光情况、人流情况进行节能控制。

办公室、实训室、设备用房、普通用房等部位采用多功能面板开关、移动位移和照度探测器，分组分区控制，以达到节能的目的。

疏散指示照明平时处于点亮状态，备用照明根据使用情况点亮或关闭；应急照明及疏散指示照明在火灾时由消防控制室集中控制点亮。

④ 配电室、弱电机房、强弱电竖井、消防设备用房等应急照明采用区域集中应急电源装置供电，结合市电及柴油发供电，其照度应满足正常照明标准要求，持续供电时间不小于 180min。

⑤ 安全出口标志灯、疏散指示灯、疏散用应急照明灯采用区域集中应急电源装置供电，结合市电及柴油发供电，持续供电时间 $t \geqslant$ 90min，疏散区域地面最低水平照度 $E \geqslant$ 5lx。

⑥ 本工程装修后，走道疏散指示灯间距不应大于 20m，否则应在疏散走道及其转角处墙上 0.5m 处增加疏散指示灯。应急照明灯具和疏散指示标志灯具，应设玻璃或其他不燃烧材料制作的保护罩保护。

⑦ 所有灯具均采用 Ⅰ 类灯具，灯具 PE 端子须可靠联结 PE 线。

⑧ 对于供电给手持式电气设备和移动式电气设备末端线路或插座回路，切断故障回路的时间不大于 0.4s。

6）电气节能与环保

① 供配电系统的节能设计：

区配电室深入负荷中心；设计中供配电系统整体分布合理，减少线路损耗；

对供配电系统的构成进行技术经济分析，选用低损耗节能型设备；

电能分配须三相负荷平衡；

提高用电设备的功率因数，合理进行无功补偿；低压配电侧采取谐波抑制措施；

设置电能监控系统，对工程的电力配电系统实现统筹管理；

生活水泵采用变频控制，以达到节能目的。

② 照明节能设计：

根据不同工程的使用要求合理选用高效节能型光源，并采用高效节能灯具；

按照现行建筑照明设计标准所规定的功率密度值的要求进行照明设计；

尽可能充分利用自然光，以节约电能；多设置开关点，使灯具开关控制灵活、方便、节能。

照明控制采用中央集中式、分布式的网络结构，采用先进的照明控制技术，远程控制或实时控制。

7）线路敷设

① 进户线采用铠装铜芯电缆室外直埋敷设，埋设深度为室外地面下 0.8m。

② 自配电室低压配电柜配出电缆均经电缆桥架敷设至分区配电竖井；封闭密集母线槽采用吊装；

矿物绝缘类不燃性电缆采用明敷或电缆梯架内敷设。

③ 本工程识图标识为：

SC：热浸镀锌钢管，明敷于潮湿场所或埋地敷设时采用管壁厚度不小于 2.0mm，明敷或暗敷于干燥场所时管壁厚度不小于 1.5mm；

CT：托盘式桥架；MR：封闭式金属槽盒；SCE：吊顶内敷设；FC：地面内暗敷设；WC：墙内暗敷设；CC：板内暗敷设；CE：沿顶棚或顶板面敷设。

④ 密集型铜芯插接母线在电气竖井敷设，分支处设置插接箱配电。

⑤ 普通干线采用辐照交联低烟无卤阻燃电力电缆，沿电缆桥架敷设或穿管墙内暗敷设。消防设备及重要设备采用矿物绝缘电力电缆。

用电设备的主备电缆分线槽敷设，在同一桥架内敷设时加防火隔板。消防配电线路明敷时（包括敷设在吊顶内），应穿金属导管或采用封闭式金属槽盒保护，金属导管或封闭式金属槽盒应采取防火保护措施。暗敷时应穿管并应敷设在不燃性结构内且保护层厚度不应小于 30mm。矿物绝缘类不燃性电缆可直接明敷。同一配电室内向二级负荷及重要负荷供电的两段母线，在母线分段处应有防火隔断措施。

⑥ 普通照明、动力等分支线路采用辐照交联低烟无卤阻燃电线电缆穿金属管，沿板、棚及墙内暗敷设。

⑦ 应急照明、消防电力分支线路采用低烟无卤辐照交联耐火电线，穿阻燃金属管沿板内及墙内暗敷设。穿管敷设时应敷设在不燃烧体结构内且保护层厚度不应小于 30mm。明敷时应穿金属管或封闭线槽保护，并应在金属管或金属线槽上采取防火保护措施。

⑧ 照明线路均为 WDZ-BYJ（F）-0.45/0.75kV 2.5mm^2；插座线路均为 WDZ-BYJ（F）-0.45/0.75kV 4.0mm^2。

⑨ WDZ-BYJ（F）-0.45/0.75kV 2.5 导线穿管标准：2~3 根为 SC15，4~7 根为 SC20。

⑩ 金属管内穿线时：50mm^2 及以下，每 30m 设一拉线盒；70~95mm^2，每 20m 设一拉线盒。

⑪ 所有穿过建筑物沉降缝的管线应按《建筑电气安装工程图集》中有关做法施工。

⑫ 电缆桥架和管线跨越防火分区处、进入电气竖井穿墙处、每层穿楼板处的孔洞等，必须用防火材料封堵，做法见图集 04D701-1《电气竖井设备安装》。

⑬ 电气线路不应穿过可燃外保温材料，确需穿过时，应采取穿管等防火保护措施。

8）设备安装

① 低压配电柜，落地安装，下设电缆沟。低压柜为上进下（上）出型。消防用电设备的配电设备应有明显标志。

② 应急照明箱，UPS 落地安装，小容量可壁挂安装；照明配电箱、动力配电箱明装于电气竖井内墙上，井外配电箱为墙上暗装；设备用房内动力配电箱为墙上明装。当箱体高度不大于 0.6m 时，箱体下口距地宜为 1.5m；箱体高度大于 0.6m 时，箱体上口距室内地面不大于 2.2m。

③ 照明开关暗装于墙上、柱上，底边距地 1.3m，距门框边 0.2m。

④ 所有电源插座均采用安全型三孔＋二孔、带保护门及带 PE 线型，暗装于墙上、柱上。

⑤ 电缆桥架水平安装时，支架间距不大于 1.5m；垂直安装时，支架间距不大于 2m。桥架施工时，应注意与其他专业的配合。金属电缆桥架（或金属线槽）及其支架和引入或引出电缆的金属导管应可靠接地，全长不应少于 2 处与接地保护导体（PE）相连。

9）防雷接地

① 本工程雷击次数 n=0.0971 次 /a，按照二类防雷保护等级设计。在屋顶女儿墙上设置接闪带，接闪带采用 ϕ12 镀锌圆钢，在屋面做小于 10m×10m 或 12m×8m 的接闪网格，所有突出屋面的金属构件均须与接闪网可靠焊接。

② 防雷引下线利用柱内主钢筋（>ϕ16 二根）与共同接地体可靠焊接，引下线要求连续焊接成电气通路，分别与接闪带、接地网可靠焊接。在距室外地面上 0.5m 引下线处，做接地电阻测试点。防雷引下线间距不大于 18m。

③ 利用结构地梁内两根主钢筋，纵横焊接成电气通路，作为接地装置。综合接地网的接地电阻值不得大于 1.0Ω，实测达不到要求时，增加人工接地装置。

④ 其他防雷、接地说明见防雷及接地平面图。

10）抗震

① 内径不小于 60mm 的电气配管及重力不小于 150N/m 的电缆梯架、电缆槽盒、母线槽均应进行抗震设防。

② 配电箱（柜）、通信设备的安装螺栓或焊接强度应满足抗震要求。靠墙安装的配电柜、通信设备机柜底部安装应牢固。壁式安装的配电箱与墙壁之间应采用金属膨胀螺栓连接。设在水平操作面上的消防、安防设备应采取防止滑动措施。

③ 机电抗震设计由专业公司进行深化设计。

11）其他

① 电梯具有自动平层功能。消防水泵从接到启泵信号到水泵正常运转的自动启动时间不应大于 2min。

② 凡与施工有关而又未说明的，参见国家、地方标准图集施工，或与设计院协商解决。

③ 本工程所选设备、材料必须具有国家级检测中心的检测合格证书，必须满足与产品相关的国家标准。

④ 本设计文件需报有关部门审查批准后方可用于施工。

⑤ 施工单位必须按照工程设计图纸和施工技术标准施工，不能自行修改工程设计。施工单位在施工过程中发现设计文件和图纸有差错的，应当及时提出意见和建议。

⑥ 图中箱、柜尺寸仅供参考，具体以订货产品为准。

（2）系统图

本案例工程电气强电图纸中包含九张系统图。看系统图的目的是为了了解系统的基本组成、主要电气设备、元件等连接的关系及规格、型号、参数等，掌握该系统的各个组成部分（图3-42）。

本工程系统图有竖向干线系统图、配电系统图、消防设备系统图、应急照明配电系统图、公共照明配电系统图以及照明配电系统图。

（3）各类平面图

平面布置图是建筑电气工程图纸中的重要图纸之一，如电力平面图、照明平面图、防雷接地平面图等，都是用来表示设备安装位置、线路敷设部位、敷设方法及所用导线型号、规格、数量、管径大小的。通过阅读系统图了解系统组成概况后，可以依据平面图编制工程预算和施工方案，组织具体施工。所以必须熟读平面图。

阅读平面图的一般顺序为：进线→总配电箱→干线→支干线→分配电箱→用电设备（图3-43）。

本工程电气平面图有地下室电力干线平面图、电力平面图、Dynalite灯控系统通信架构拓扑图、照明总线平面图、照明平面图、急照明平面图、风机盘管配电平面图、接地防雷平面图等。

2. 弱电施工图

（1）设计说明

弱电施工图的第一张图纸就是设计说明。

本案例弱电设计说明内容为：

1）设计依据

① 建筑概况。

本工程为某学校装备制造职业教育公共实训基地建设项目，基地选址在某高校校园内。

本工程层数为地上五层，地下一层，建筑高度为23.85m，总建筑面积：21397.32m²，地上建筑面积：17109.60m²，地下建筑面积：4287.72m²。

耐火等级：地上建筑耐火等级为二级，地下建筑耐火等级为一级。

建筑结构形式为钢筋混凝土框架结构，基础形式为筏板基础。

② 国家有关的规范、规程：

《民用建筑电气设计标准》GB 51348—2019；

《综合布线系统工程设计规范》GB 50311—2016；

《智能建筑设计标准》GB 50314—2015；

《数据中心设计规范》GB 50174—2017；

《安全防范工程技术规范》GB 50348—2004；

《视频安防监控系统工程设计规范》GB 50395—2007；

《出入口控制系统工程设计规范》GB 50396—2007；

《建筑物电子信息系统防雷技术规范》GB 50343—2012；

《教育建筑电气设计规范》JGJ 310—2013。

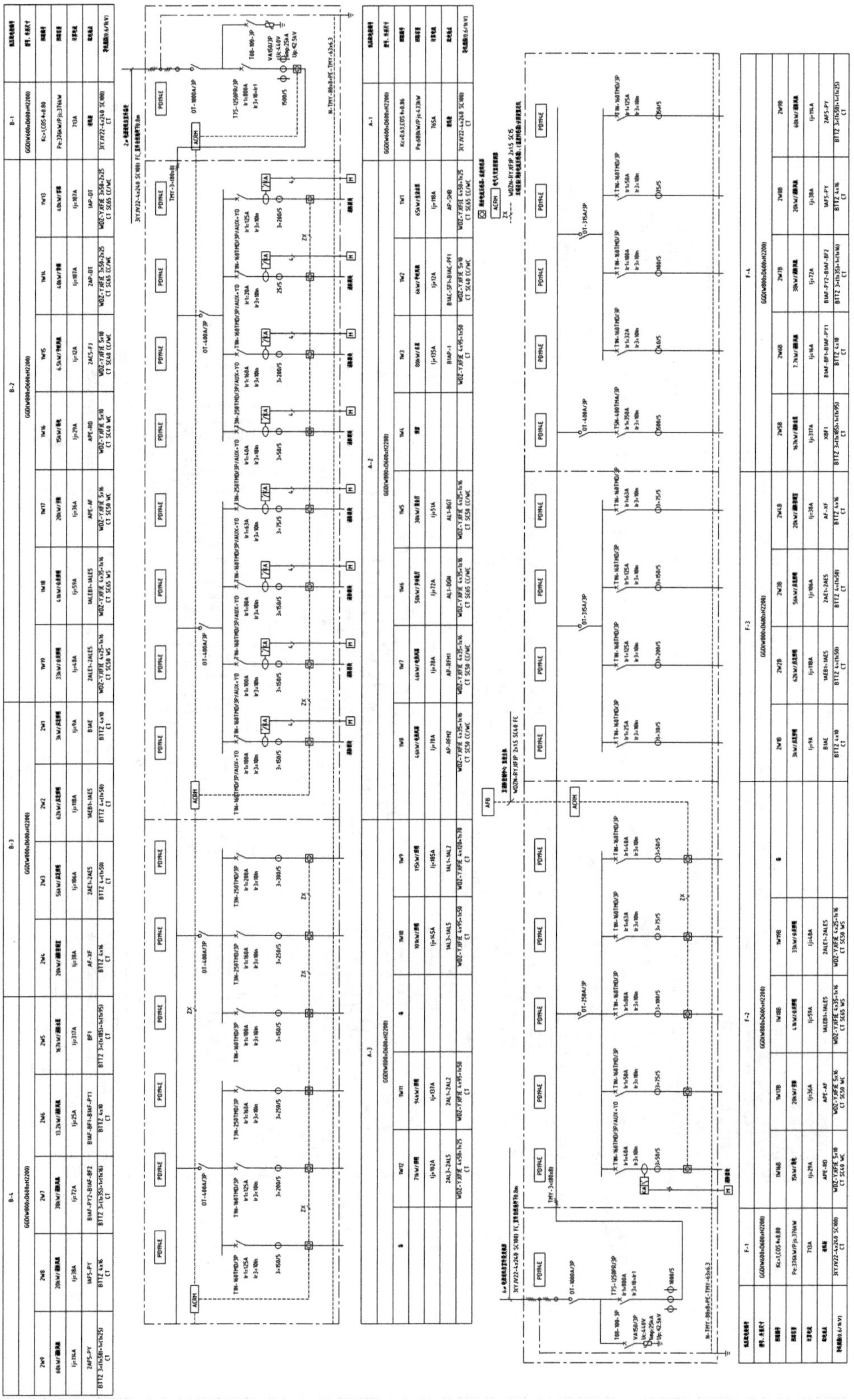

159

图 3-42 配电系统图

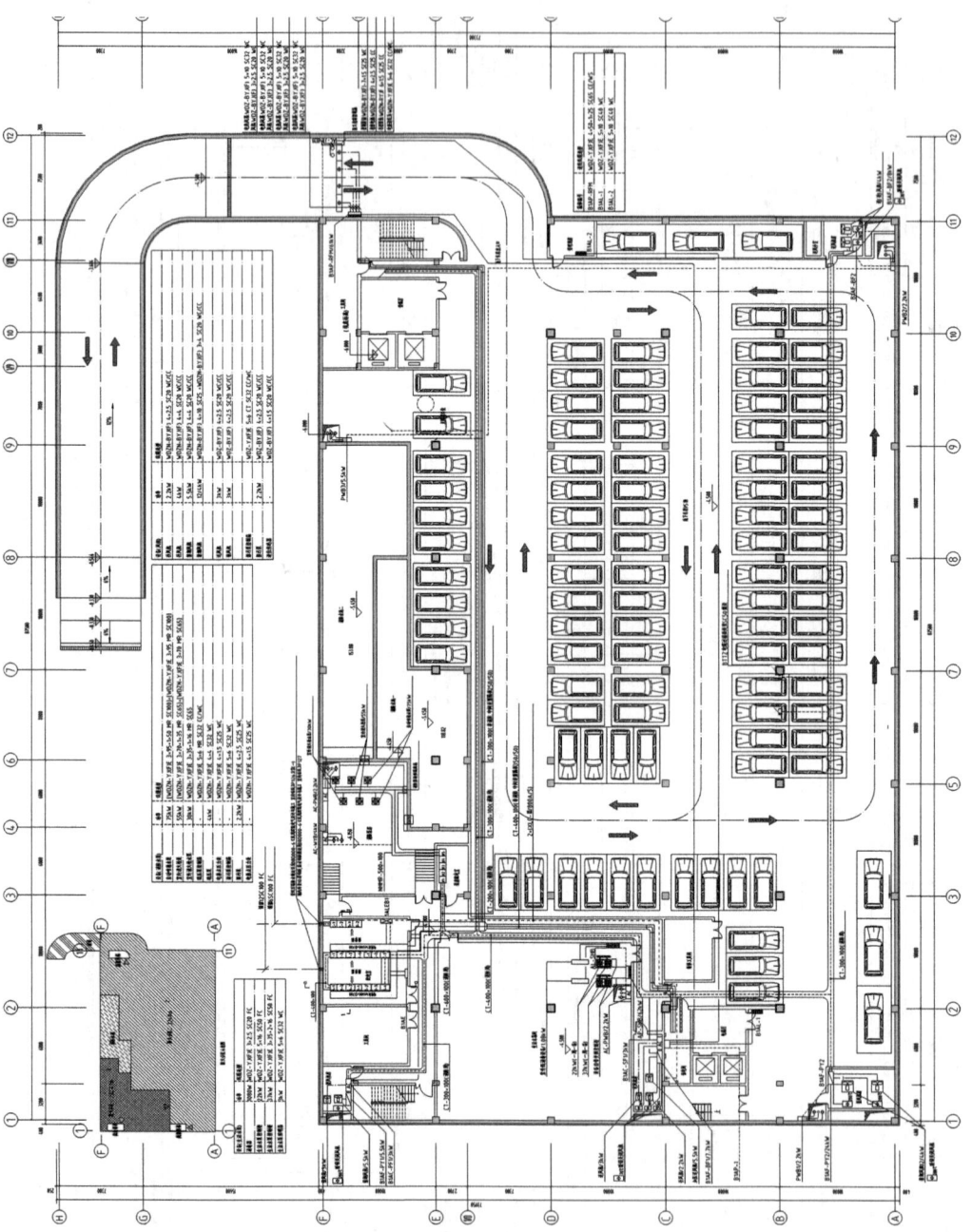

图3-43 地下室电力干线平面图

③该项目的设计任务书及各专业所提供的资料。

2）建筑设备管理系统

①建筑设备管理系统对本工程的空调系统、新风系统、通风及排风系统、给水排水系统、配电系统、照明系统等进行集中管理与分散控制。中央管理主机设置在图书馆消防控制室内，管理分机设置在公寓楼消防控制室内。

②建筑设备管理系统采用集散型控制方式，即集中管理、分散控制。系统结构分为三层：顶层为管理层，包括服务器及工作站等；中层为控制层，包括DDC及网关等；底层为执行层，包括传感器、电动阀等。

③直接数字控制单元（DDC）作为现场控制器，负责进行数据的采集、运算处理，并对现场设备进行控制。所有的检测、控制过程均可独立完成。各个DDC之间通过现场总线进行实时通信。中央管理主机通过通信总线与控制器进行通信，实现对现场设备进行更高一级的控制管理并协调各个DDC之间的关系。楼控系统的中央管理主机通过系统集成，完成与智能建筑其他系统的通信，使整个系统实现信息综合共享。

④建筑内控制器之间的通信线路，均采用六类4对非屏蔽双绞线，穿热浸镀锌钢管暗敷设；控制器（DDC）至现场各种传感器、变送器、阀门等的控制线、信号线、电源线等，采用WDZ-BYJ（F）-0.45/0.75kV型低烟无卤阻燃铜芯电线，穿热浸镀锌钢管暗敷设或采用线槽明敷设。

3）安全防范系统

①安防系统采用先进的数字化、智能化、网络化技术，通过统一的通信平台和管理软件将主控设备和各子系统设备联网，实现由中央控制室对全系统进行信息集成的自动化管理，形成由周界、楼体及楼内重要部位的实体防范、技术防范及人防构成的多层次、全方位、多手段的安全防范体系。子系统包括：视频监控系统、门禁系统、电子巡更系统、车辆管理系统及IC卡综合应用系统。防范系统控制中心设置在主办公楼消防控制室内，本工程消防控制室作为分控室。安防控制室设置为禁区，应有保证自身安全的防护措施和进行内外联络的通信手段，并应设置紧急报警装置和留有向上一级接处警中心报警的通信接口。

②视频安防监控系统：视频安防监控系统由高清网络摄像机、监视器、监控管理平台、网络存储等组成，用来对本楼的多功能厅、大堂、通道、电梯厅、电梯轿箱、报告厅等重要部位进行视频监控，并可与其他系统联网，实现相关设施的联动操作。系统对所有视频、音频信号进行实时存储，在视频图像720P高清实时存储状态下，存储时间不低于30d。系统应具有系统信息存储功能，在供电中断或关机后，对所有编程信息和时间信息均应保持。监视图像信息和声音信息应具有原始完整性。系统记录的图像信息应包含图像编号、地址、记录时的时间和日期。

③门禁系统：门禁系统采用IC卡、生物识别及密码等复合技术，由IC卡、读卡器、电磁门锁及主机等组成。采用TCP/IP网络及RS485通信连接方式，控制器连接多组控制单元和门禁控制器组成门禁系统，通过控制器接入服务器，实现网络连接。书库、通道门禁系统设置自动开闭门装置，刷卡成功后门自动开启，人离开门自动关闭。门禁系统所控制的各通道门，与消防报警系统具有联动管理功能，当出现消防警情下，自动联动打开相

应区域的疏散通道门。

④ 电子巡更系统：在各层楼梯口、电梯前室等部位设置在线巡更点，按预先设定的路线，对保安人员巡查进行监督和记录，并可与其他安防系统联网。

⑤ 车辆管理系统：在停车场设置车辆管理系统，由道闸、发卡器、读卡机及控制主机等装置组成，可按长期用户和临时用户的不同使用特性进行分类管理，系统可根据进出的车牌号、特征、入库号及出库号等参数进行车辆防盗监控。

⑥ IC 卡综合应用：对于各建筑内通道门、出入口、餐饮消费、车辆管理等采用联网集中控制，使用同一张 IC 感应卡识别身份，进行各种出入、消费及考勤管理等。

⑦ 数字高清摄像机采用网络模式通过 6 类非屏蔽网线连接本层就近交换机，门禁线路均采用 6 类非屏蔽网线，沿金属线槽敷设、穿镀锌钢管暗敷设；供电电源采用 POE 交换机供电。

4）综合布线系统：

① 综合布线系统包括语音及数据传输。网络交换机及跳线架设在一层弱电机房。

② 设备间子系统：是数据光纤网络和语音集中控制的地方，包括总配线架、跳线及相关网络设备（防火墙、路由器、服务器及交换机等），总配线架汇集了来自各楼层配线间的垂直主干线缆，并与相关网络设备通过跳线或对接实现系统的联网。数据、语音系统均采用光纤连接，采用 19 英寸（1 英寸 =2.54cm）机柜型抽屉式光纤配线架。机房通信缆线防火等级均采用 CMP 级电缆及 OFCP 级光缆。

③ 主干子系统：综合布线系统数据、语音传输主干采用 8 芯室内万兆多模光纤。光纤按照内网、外网，每套网络布线系统各配置 2 根 8 芯室内万兆多模光纤配置。

④ 管理子系统：水平线缆连接硬件采用六类非屏蔽 24 口 RJ45 模块式配线架，语音主干采用 110 型 19 英寸机柜式快接配线架，数据主干光纤采用 19 英寸机柜型抽屉式光纤配线架。在楼层弱电间内分别采用对立的配线机柜，以实现综合布线系统内网与外网的物理隔离功能。

⑤ 水平子系统：网络拓扑结构为星形结构，水平传输线缆采用六类非屏蔽双绞线，网络线缆水平链路的长度不超过 90m。

⑥ 宽带进户线采用光纤、电话进户线采用电缆直埋地敷设，进户过墙处穿钢管保护。主干及水平采用金属线槽敷设，水平至工作区线缆穿镀锌钢管沿现浇板、墙、柱暗敷设。

5）计算机网络系统

① 网络采用以太网交换技术和星形冗余拓扑结构，网络中心机房配置两台核心交换机、一台路由器、一台防火墙，核心交换机实现双机热备功能。采用双链路与汇聚层交换机互联，以提高线路和带宽的冗余度。网络结构划分成 3 层：核心层、汇聚层及接入层。

② 多功能厅、走道、报告厅、会议室、办公室等公共位置，设置无线网络覆盖，无线网络部署采用瘦 AP+ 无线控制器模式。

③ 整个网络系统将根据功能应用，采用划分 VLAN 网的方式实现隔离，控制广播流量和保证数据的安全，防止信息外泄。网络边界采取防火墙、入侵防御系统等安全策略。

④ 核心交换机放置在主办公楼网络核心机房内，汇聚交换机设置在本楼一层弱电机房内，接入交换机设置在各层弱电井（间）内。

6）语音程控交换机系统

① 语音程控交换机系统主要实现公寓楼内部之间以及内部与外部的语音通信功能。采用电信公司提供的虚拟交换机方式实现内部与外部的通话功能，配线装置考虑安装在本楼一层弱电机房内。

② 电话数字程控交换机内线终端局满配容量按照综合布线系统语音信息点的1.2倍考虑，实际配置内线接口按照公寓楼内部学生及员工数量综合考虑。

③ 由电信运营服务商在公寓楼内设置终端局，以实现本楼的外部以及内部电话通信的需要。

7）固定、移动通信接入系统

① 原有校区主办公楼网络核心机房为整个校园固定、移动通信信号接入机房，固定、移动通信外线信号均由图书馆外网接入机房。

② 机房内设置固定语音电话、计算机网络外线进线机柜，负责对固定语音电话及计算机网络外线进线的接驳，并通过机柜间跳线方式与校园内部综合布线系统总配线架进行信号跳接，实现校园内固定电话、计算机网络的使用需要。

③ 电信、移动、联通的移动电话信号覆盖系统，由各移动通信运营商负责针对本项目进行相关设计。

8）公共广播系统

① 公共广播系统具有紧急广播、背景音乐广播、定时广播、广播呼叫等功能。

② 公共广播系统采用100V定压传输方式，广播主机及中心控制设备设置在原校区主办公楼一层消防控制室内，本楼广播设备设置在一层消防分控制内，设置不间断后备电源。

③ 卫生间采用3W嵌装扬声器；走廊、实训室、地下车库、地下设备用房、教室等场所采用壁龛扬声器，由分线箱单独配出线路，由消防联动。

④ 广播扬声器应使用阻燃材料，或具有阻燃后罩结构。

⑤ 广播线路采用WDZN-RVS铜芯电线穿镀锌钢管暗敷设，功放设备的输出端至线路上最远的用户扬声器的线路衰耗不大于1.5dB（1000Hz）。

9）信息发布及查询系统

① 本系统由媒体服务器、管理主机、查询终端、网络播放器及显示设备组成。各个网络播放器通过计算机网络接收管理主机发布的信息及多媒体图像。

② 在本楼各公共区域、大厅、电梯厅、公共走道等部位设置信息发布查询一体机，网络播放器就近放置在设备的棚顶内（视网络播放器与设备的距离而定，两者距离最远不超过10m）。

一体机查询导航系统基于网络进行信息更新、查询、维护与管理。

③ 系统采用TCP/IP网络，通信线路为UTP-Cat.6-4P。

10）会议系统

① 会议发言系统：采用鹅颈式电容话筒，点对点连接，独立操作，互不干扰。配备相应的混音器，采用DVD作为会议室的音源。

② 会议扩声系统：采用主扩声音箱、辅助音箱，保证足够的声压级、声场均匀度及

声音的清晰度。配备调音台及音频分配器。

③ 多媒体显示系统：在会议室中部配备正投投影机，与正投投影机对应设置投影幕。配备专业的 VGA、视频信号管理设备，包括 VGA 矩阵及视频矩阵。配备会议摄像机，多角度摄像可满足会议记录及会场展示的需要。

④ 中央控制系统是把会议室多种设备集中在一起控制，通过控制器触摸屏就地控制投影幕升降、投影机开关、DVD 开关、音视频信号及 VGA 信号的切换等。

⑤ 同声传译系统：由话筒拾取发言者原语，用扬声器将发言者声音如实地在厅内放送，译员用耳机收听由控制台送来的发言者原语，同时进行翻译并用话筒将译语送至控制台，译语由发射机通过红外线辐射板向厅内发送。

⑥ 会议讨论系统和会议同声传译系统必须具备火灾自动报警联动功能。

⑦ 会议系统需由专业厂家根据技术要求进行深化设计。

11）信息机房系统

① 各弱电控制机房应采取防静电措施，主要的控制室、控制中心要设置防静电地板，架空高度 300mm。

② 机房内设置日常及应急照明设备，日常照明照度达到 500LUX。

③ 各弱电系统机房接地采用与建筑接地共用接地极，接地电阻 $R \leqslant 1\Omega$，并设置局部等电位联结；同时考虑外部接入信号的防浪涌和防雷电波侵入等措施，设置适配的浪涌保护器。

12）弱电工程识图标识

SC：热浸镀锌钢管，管壁应大于 1.5mm；PC：阻燃塑料管，管壁厚度不小于 2.0mm，氧指数不小于 32。

FC：地面内暗敷设；WC：墙内暗敷设；CC：混凝土板内暗敷设。

13）选用标准设计图集：

《建筑电气工程设计常用图形和文字符号》09DX001；

《智能建筑弱电工程设计与施工》09X700；

《安全防范系统设计与安装》06SX503；

《综合布线系统工程设计与施工》08X101-3。

14）其他

① 网络、视频监控等弱电系统引入端，设置适配的电涌保护器。

② 凡与施工有关而又未说明的，参见国家、地方标准图集施工，或与设计院协商解决。

③ 本工程所选设备、材料，必须具有国家级检测中心的检测合格证书；必须满足与产品相关的国家标准；供电产品、消防产品应具有入网许可证。

④ 为方便设计，所选设备型号仅供参考，招标所确定的设备规格、性能等技术指标，不应低于设计图纸的要求。

⑤ 所有系统设备确定后均需建设、施工、设计、监理四方进行技术交底。

⑥ 6 金属槽盒通过墙壁或楼板处采用防火绝缘堵料将槽盒内和槽盒四周空隙封堵，并应做防水处理。金属槽盒及其支架和引入或引出电缆的金属导管应可靠接地，全长不应少

于 2 处与接地保护导体（PE）相连。

⑦ 施工单位必须按照工程设计图纸和施工技术标准施工，不得擅自修改工程设计。施工单位在施工过程中发现设计文件和图纸有差错的，应当及时提出意见和建议。

（2）系统图

本案例电气工程弱电图纸中系统图被绘制在一张图纸中，包括综合布线系统图、视频监控门禁及巡更系统图、公共广播系统图、BAS 控制系统图、停车场管理示意图及报告厅音频系统示意图（图 3-44）。

（3）各类平面图

平面图中包含弱电平面图和安防平面图（图 3-45）。

对照阅读系统图，了解系统组成概况后，可以依据弱电平面图编制工程预算和施工方案，组织具体施工。

3. 消防施工图

（1）设计说明

本案例电气消防施工图纸共有 14 张，第一张图纸就是设计说明。

仔细阅读设计说明，不仅可以了解建筑消防设计的整体思路，还可以快速了解消防施工中所用到的消防设备、材料和施工方法。

本案例设计说明内容为：

1）工程概况

本工程位于沈阳职业技术学院校园内，西临校园主入口，南临劳动路，东侧为现有室外运动场，北侧为现有体育馆。

本工程为多层学校类公共建筑，层数为地上五层，地下一层，总建筑面积：21397.32m²。地上建筑面积：16984.68m²，其中：一层建筑面积 4078.45m²，层高为 5.4m，主要功能为实训教室、报告厅、多功能厅及展厅等；二层建筑面积 3427.90m²，层高为 4.5m，主要功能为实训教室、公共活动区、办公室等；三层建筑面积 3213.27m²，层高为 4.5m，主要功能为实训教室、公共活动区、办公室等；四层建筑面积 3213.27m²，层高为 4.5m，主要功能为实训教室、公共活动区、办公室等；五层建筑面积 3051.79m²，层高为 4.5m，主要功能为实训教室、公共活动区、室外平台、办公室等；顶层机房建筑面积：124.92m²，其功能为电梯机房；地下建筑面积 4412.64m²，层高为 4.5m，主要功能为地下停车场及设备用房。

2）设计依据

① 各市政主管部门的审批意见；

② 建设单位提供的设计任务书及设计要求；

③ 相关文件、会议纪要、方案（初步设计）阶段可行的相关资料以及相关专业提供的工程设计资料；

④ 国家现行的主要设计规程、规范及标准：

《建筑设计防火规范（2018 年版）》GB 50016—2014；

《汽车库、修车库、停车场设计防火规范》GB 50067—2014；

《火灾自动报警系统设计规范》GB 50116—2013；

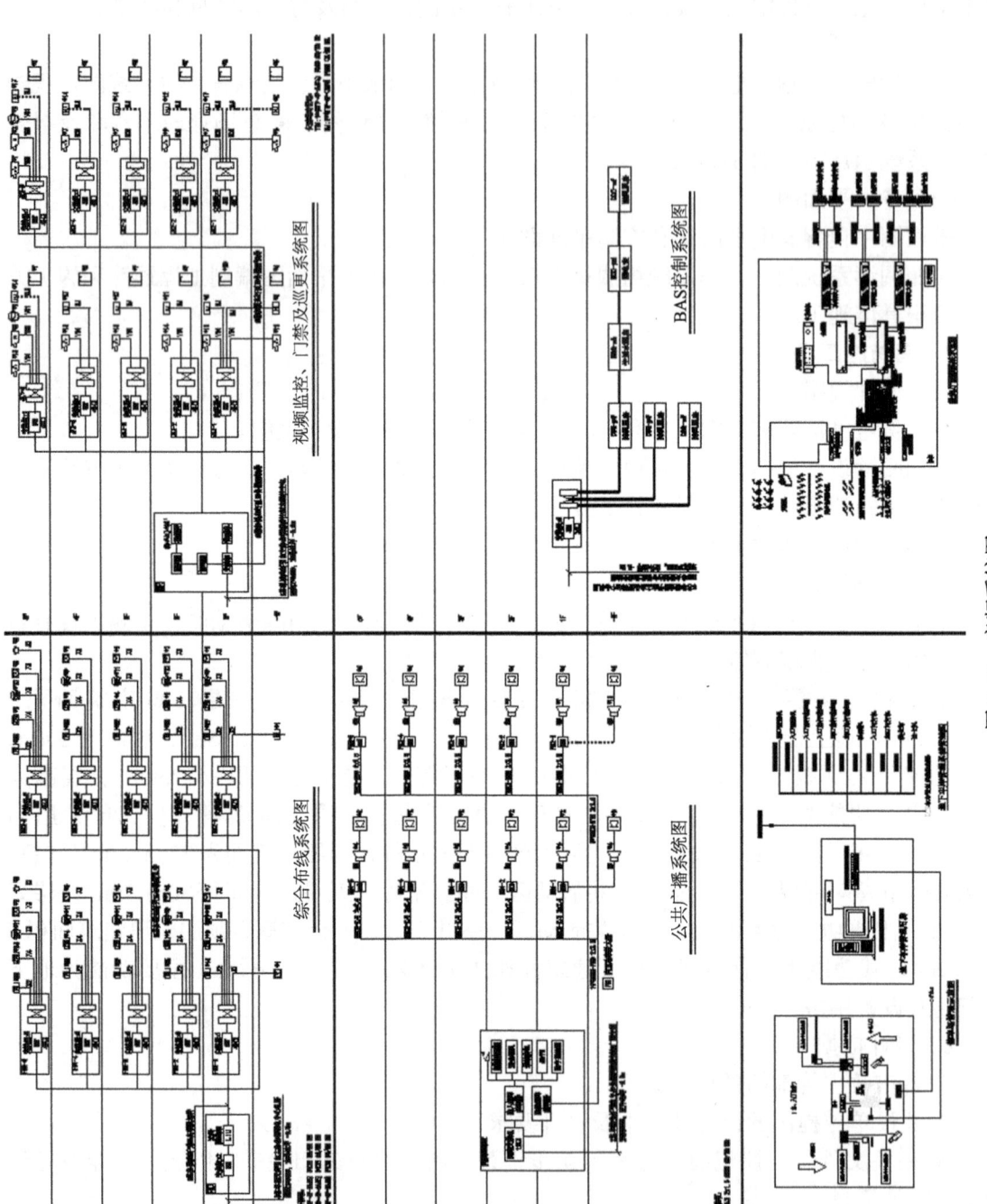

图 3-44　音频系统图

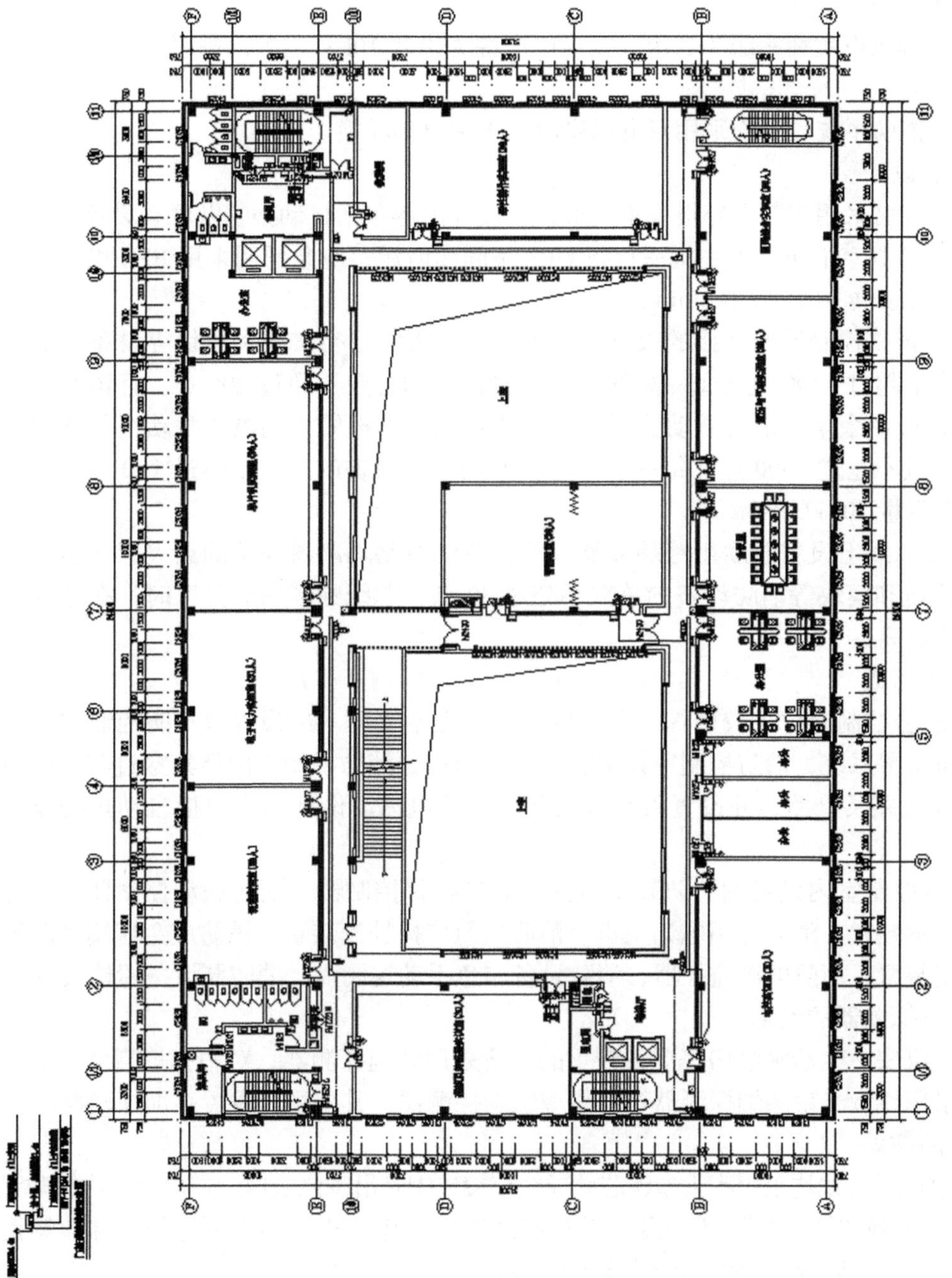

图 3-45　弱电平面图

《民用建筑电气设计标准》GB 51348—2019；

《车库建筑设计规范》JGJ 100—2015；

《教育建筑电气设计规范》JGJ 310—2013。

3）电源概况

① 本工程供电负荷等级为二级，主供电电源为市政 10kV 电源，备用电源为园区柴油发电机组。

② 所有消防系统负荷均采用双电源供电，末端自动转换。

4）系统设计

① 整个校区采用控制中心报警系统形式。设计内容包括自动报警及联动设计。

② 消防控制室消防报警主机另自备 UPS 不间断电源；应急照明采用 EPS 集中蓄电池方式供电，持续供电时间 $t \geq 30min$。

③ 火灾报警控制器所连接的火灾探测器、手动火灾报警按钮和模块等设备总数和地址总数，均不超过 3200 点，每一总线回路连接设备的总数不超过 200 点，且留有不少于额定容量 10% 的余量；消防联动控制器地址总数或火灾报警控制器（联动型）所控制的各类模块总数不超过 1600 点，每一联动总线回路连接设备的总数不超过 100 点，且留有不少于额定容量 10% 的余量。

④ 系统总线上设置总线短路隔离器，每只总线短路隔离器保护的火灾探测器、手动火灾报警按钮和模块等消防设备的总数不超过 32 点；总线穿越防火分区时，在穿越处设置总线短路隔离器。

5）系统组成

① 主消防控制室位于校区综合办公楼一层，在本工程一层设置分消防控制室，服务本工程消防报警系统，消防控制室设置直接对外出口，消防控制室内严禁穿过与消防设施无关的电气线路及管路，并设置可直接报警的外线电话。设计内容包括自动报警及联动设计。

② 消防控制室内设置的消防设备包括：火灾报警控制器、消防联动控制器、消防控制室图形显示装置、消防专用电话主机、消防应急广播控制装置、消防应急照明和疏散指示系统控制装置、消防电源监控器、消防设备应急手动控制盘、消防泵设备巡检装置等。

6）火灾探测器的设置

对消防泵房、生活水泵房等湿气较重的场所采用感温探测器；对中庭等高度大于 12m 的空间，采用线型光束感烟探测器及图像型感烟探测器；其他场所设置感烟探测器。

7）线路敷设

① 报警联动总线均采用耐火型铜芯软导线穿镀锌钢管沿现浇板内、柱内及墙内暗敷设。

② 防排烟风机、消防泵等应急手动控制线路均采用耐火铜芯控制电缆，穿镀锌钢管暗敷设或敷设在有防火保护的封闭式金属线槽内。

③ 消防广播线路均采用耐火型铜芯软导线穿镀锌钢管沿现浇板内、柱内及墙内暗敷设。

④ 线路暗敷设时，应穿管并应敷设在不燃烧体结构内且保护层厚度不应小于 30mm；或穿有防火保护的金属管或有防火保护的封闭式金属线槽。

⑤ 敷设管线说明：

SC：热浸镀锌钢管，管壁应大于 1.5mm；MR：封闭式防火线槽；CC：结构板内暗敷设；CE：沿结构板明敷；FC：地面内暗敷设，WC：墙内暗敷设。

8）设备安装

① 控制模块安装在联控设备所在处的墙上或棚上，模块严禁设置在配电（控制）柜（箱）内；本报警区域内的模块不应控制其他报警区域的设备。未集中设置的模块附近应有尺寸不小于 100mm×100mm 的标识。

② 手动报警按钮（带电话插孔）墙上明装，底边距地 1.4m。

③ 消火栓按钮安装在消火栓箱左侧墙上（明装），底边距地 1.5m。

④ 报警系统接线端子箱在一层弱电井内明装。

⑤ 火灾声光警报器，其声压级不应小于 60dB；在环境噪声大于 60dB 的场所，其声压级应高于背景噪声 15dB。

⑥ 广播扬声器需使用阻燃材料，或具有阻燃后罩结构。壁挂扬声器底边距地 2.4m。

9）接地

① 火灾自动报警系统采用共用接地，接地电阻不得大于 1.0Ω。

② 在消防控制室设置专用接地板，并用专用接地干线引至总等电位端子箱。

10）消防联动设计

① 消防联动控制器应能按设定的控制逻辑向各相关的受控设备发出联动控制信号，并接受相关设备的联动反馈信号。

② 消防水泵、防烟和排烟风机的控制设备，除应采用联动控制方式外，还应在消防控制室设置手动直接控制装置。

③ 需要火灾自动报警系统联动控制的消防设备，其联动触发信号应采用两个独立的报警触发装置报警信号的"与"逻辑组合。

④ 消火栓系统应由消火栓系统出水干管上设置的低压压力开关、高位消防水箱出水管上设置的流量开关或报警阀压力开关等信号作为触发信号，直接控制启动消火栓泵。消火栓按钮的动作信号应作为报警信号及启动消火栓泵的联动触发信号，由消防联动控制器联动控制消火栓泵的启动。消火栓泵的动作信号应反馈至消防联动控制器。

⑤ 自动喷洒系统应由湿式报警阀压力开关的动作信号作为触发信号，直接控制启动喷淋消防泵。水流指示器、信号阀、压力开关、喷淋消防泵的启动和停止的动作信号应反馈至消防联动控制器。

⑥ 消防水泵当接到启泵信号到水泵正常运行的自动启动时间不大于 2min。

⑦ 火灾声光报警器及消防广播联动控制：在确认火灾后应启动建筑内的所有火灾声光报警器及应急广播。消防应急广播与火灾声警报器分时交替工作。

⑧ 应急照明和疏散指示联动控制：在确认火灾后，由发生火灾的报警区域开始，顺序启动全楼疏散通道的消防应急照明和疏散指示系统，系统全部投入应急状态的启动时间不大于 5s。

⑨ 非消防电源的联动控制：消防联动控制器应具有切断火灾区域及相关区域的非消防电源的功能。当需要切断正常照明时，宜在自动喷淋系统、消火栓系统动作前切断。

⑩ 防火门系统的联动控制：疏散通道上各防火门的开启、关闭及故障状态信号反馈至防火门监控器。

⑪防火卷帘系统的联动控制：非疏散通道上设置的防火卷帘的联动控制方式，由防火卷帘所在防火分区内任意两只独立的火灾探测器的报警信号，作为防火卷帘下降的联动触发信号，并联动控制防火卷帘直接下降到楼板面。

⑫消防中心通过消防电话等确认报警部位的火灾发生情况，消防电话还需具有与各消防设备机房直接通信的功能。

⑬所有消防报警设备的报警情况在消防中心均能显示及打印记录。

⑭所有消防执行设备的动作在消防中心均能人工干预。

11）防火门监控系统

① 防火门主机设置在消防控制室，防火门监控系统采用 CAN 总线，监控通信线 DC24V 电源线：WDZN-RYJS-2×1.5+WDZN-BYJ-2×2.5-SC25 共管敷设。

② 防火门监控器主机专用于防火门监控系统并独立安装，不能兼用其他功能的消防系统，不与其他消防系统共用设备。

③ 防火门监控系统的接地及防火要求均与火灾自动报警系统相同。

12）消防电源监控系统（详见强电工程图纸）

本建筑设置消防电源监控系统，该系统可实时监控消防设备的电源状况，当电源状况异常时发出声光信号报警，准确报出故障线路地址，监视故障点变化。

13）漏电火灾报警系统（详见强电工程图纸）

本建筑设置漏电火灾报警系统，该系统可探测漏电电流，当漏电流达到设定值时发出声光信号报警，准确报出故障线路地址，监视故障点变化。

14）其他

① 火灾自动报警系统应设有自动和手动两种触发装置。

② 火灾自动报警系统设备应选择符合国家标准和相关市场准入制度的产品。

③ 系统中各设备之间的接口和通信协议的兼容性应符合现行国家标准的有关规定。

④ 图纸中所涉及的产品型号，仅作为设计参数参考，不作为施工、采购、招标投标的依据。

⑤ 火灾自动报警系统主机、区域报警控制器、防火门监控分机等处设置适配的电涌保护器。

⑥ 其他未尽事宜，请按照有关施工及验收规范执行。

（2）系统图

本套图纸的消防施工图中只有一张系统图，即火灾自动报警系统图（图 3-46）。

火灾自动报警系统图对整栋建筑中的火灾报警设施排布及线路走向做了清晰而详细地表达。

图 3-47 中除了火灾自动报警系统图外，还有一个消防控制室设备布置图，包括视频监控机柜、报警门禁机柜、LED 大屏显示机柜、公共广播机柜、消防报警机柜、监控 LED 拼接屏和操作台等。

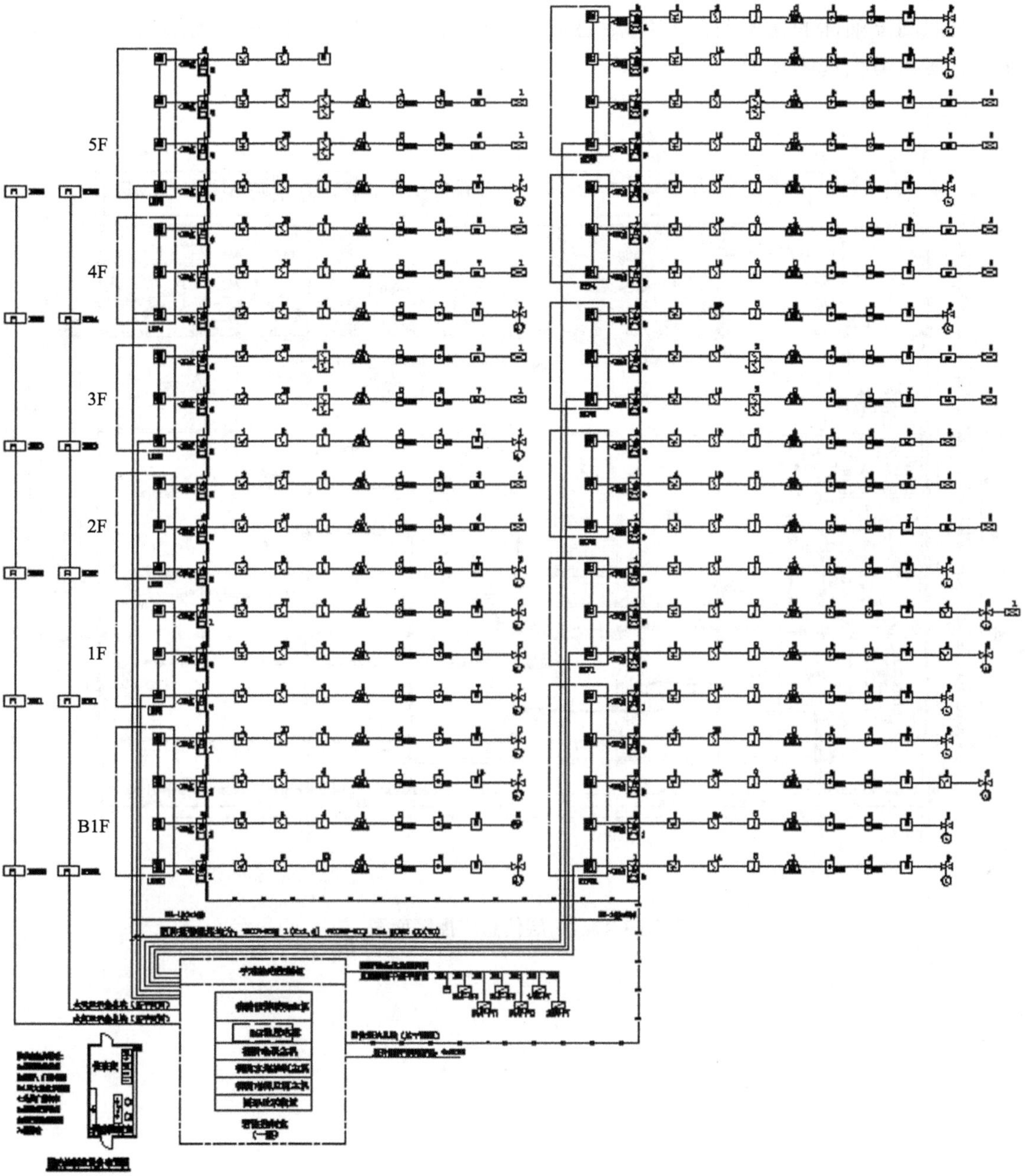

图 3-46　火灾自动报警系统图

（3）各类平面图

本案例电气消防施工图纸中，平面图包括各层消防广播平面图和各层消防报警平面图共 12 张图纸（图 3-47）。

对照阅读前面的系统图，了解系统组成概况后，可以依据消防平面图编制工程预算和施工方案，组织具体施工。

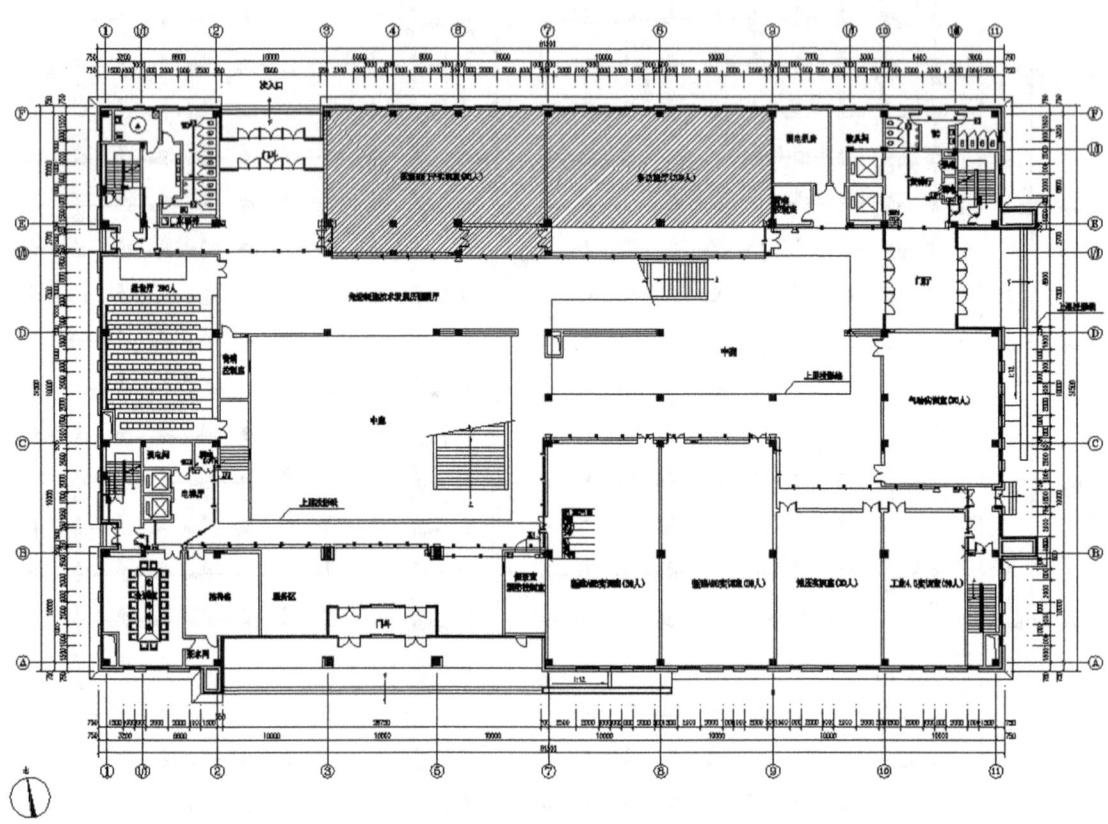

图 3-47 一层信息广播平面图

项目四　室内装饰施工图识读

单元 1　室内装饰施工图概述

1. 室内装饰施工图基本概念

装饰施工图是用于表达建筑物室内外装饰美化要求的施工图样。图纸内容一般有平面布置图、顶棚平面图、装饰立面图、装饰剖面图和节点详图等。装饰施工图与建筑施工图的图示方法、尺寸标注、图例代号等基本相同。因此，其制图与表达应遵守现行建筑制图标准的规定，它既反映了墙、地、顶棚三个界面的装饰构造、造型处理和装饰做法，又表示了家具、织物、陈设、绿化等的布置。

（1）建筑室内装修部位

建筑装饰工程涉及建筑室内外各个部位，包括建筑构件在空间所形成的各个界面，如地面、墙面、顶棚以及一些独立构件（如柱、楼梯）等。因此建筑装饰构造的部位是由楼地面、内外墙面、顶棚、门窗、隔墙隔断、花格、柱面等部分构成，有的工程还包括幕墙、采光屋顶、广告招牌等。图 4-1 为建筑物内外装饰部位示意图。

（2）建筑装饰装修构造

1）饰面构造

饰面总是附着于建筑主体结构构件的外表面，饰面构造与位置的关系密切。

由于构件位置不同，外表面的方向不同，使得饰面具有不同的方向性，构造处理措施也就相应不同（图 4-2）。

由于饰面所处部位不同，虽然选用相同的材料，构造处理也会有所不同，以保证连接可靠。

饰面构造要求附着牢固、可靠，严防开裂、剥落。饰面剥落不仅影响美观，而且危及安全。大面积现场施工抹面构造处理时往往要设置缝或加设分隔条，既便于施工、维修，又避免因收缩开裂剥落。

饰面构造厚度与分层合理。在设计和使用合理的情况下，饰面层厚度与材料的耐久性、坚固性成正比。在构造设计时必须保证饰面层具有相应的厚度，但厚度增加又会带来构造方法与施工技术的复杂化，因此饰面构造通常分为若干个层次，进行分层施工或采取其他构造加固措施。

饰面应均匀平整，色泽一致。饰面的质量标准，除了要求附着牢固外还必须做到均匀平整，色泽一致，从选料到施工都要严把质量关，严格遵循现行的施工规范，以保证获得理想的装饰效果。

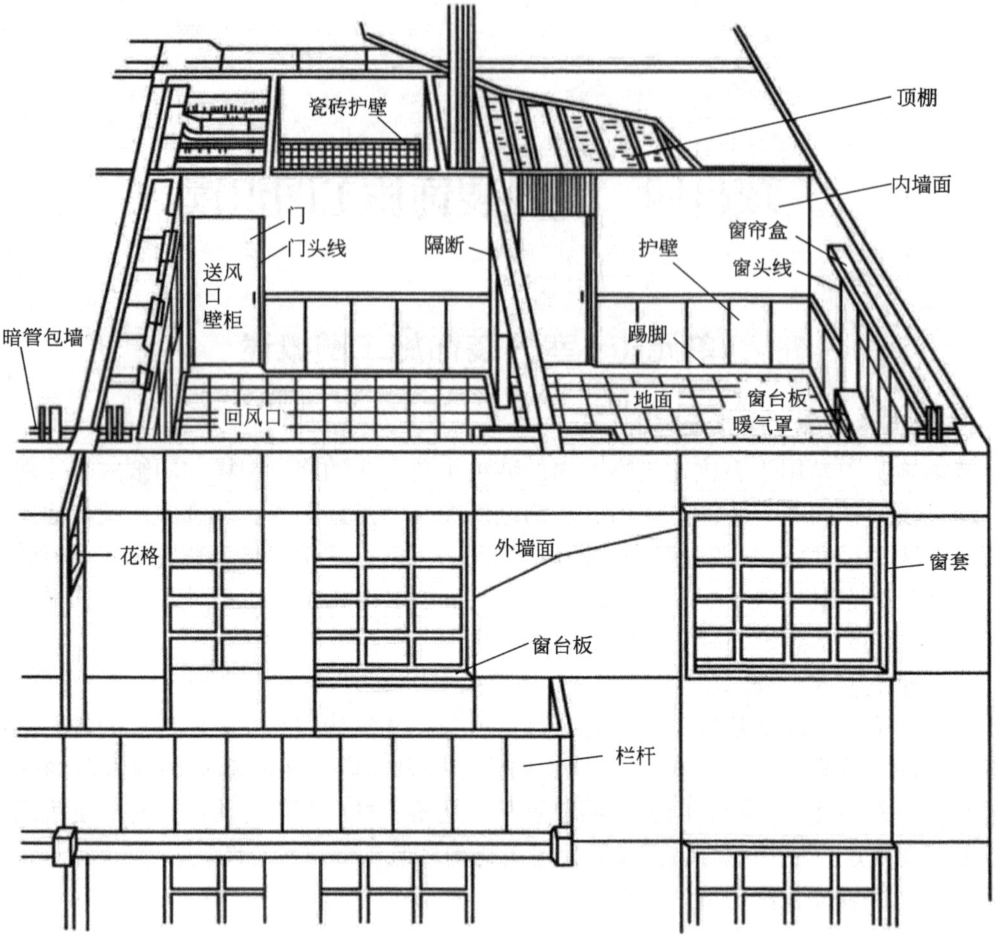

瓷砖护壁
顶棚
内墙面
门
门头线
隔断
窗帘盒
护壁
窗头线
送风口壁柜
暗管包墙
踢脚
地面
窗台板
回风口
暖气罩
花格
外墙面
窗套
窗台板
栏杆

图 4-1　装饰示意图

铺面	打底层 找平层 粘接层 饰面层		各种面砖、缸砖、瓷砖等陶土制品，厚度小于 12mm，规格尺寸繁多，为了加强粘结力，在背面开槽用水泥砂浆粘贴在墙上。地面可用 20mm × 20mm 小瓷砖至 600mm 见方大型石板，用水泥砂浆铺贴
粘贴	找平层 粘接层 饰面层		饰面材料呈薄片或卷材状，厚度在 5mm 以下，如粘贴于墙面的各种壁纸、玻璃布
钉嵌	防潮层 不锈钢卡子 木螺钉 企口木墙板 木龙骨 射钉		饰面材料自重轻或厚度小、面积大，如木制品、石棉板、金属板、石膏、矿棉、玻璃等制品，可直接钉固于基层，或借助压条、嵌条、钉头等固定，也可用涂料粘贴

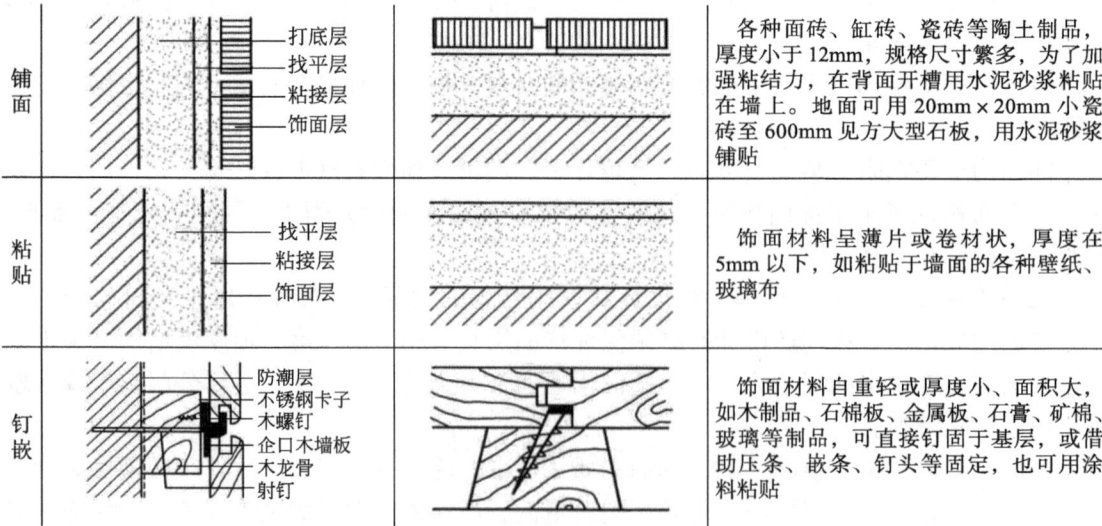

图 4-2　构造处理措施

饰面构造根据材料的加工性能和饰面部位特点可以分为罩面类、贴面类和钩挂类。

2）配件构造

① 塑造与铸造类。

塑造是指对在常温常压下呈可塑状态的液态材料（如水泥、石膏等），经过一定的物理和化学变化过程的处理，凝结成具有一定强度和形状的固体（如水泥花格、石膏花饰等）。目前常用的可塑材料有水泥、石膏、石灰等。铸造是指将生铁、铜、铝等可熔金属材料，经熔化后铸造成各种花饰和零件，然后在现场进行安装。

② 加工与拼装类。

对木材与木制品进行锯、刨、削、凿等加工处理，并通过粘、钉、开榫等方法拼装成各种装饰构件。一些人造材料如石膏板、碳化板、珍珠岩板等具有与木材相类似的加工性能与拼装性能。金属薄板如镀锌钢板等各种钢板具有剪、切、割的加工性能和焊、钉、卷、铆的拼装性能。此外，铝合金门窗和塑钢门窗也属于加工拼装的构件。加工与拼装的构造在装饰工程中应用广泛（图4-3）。

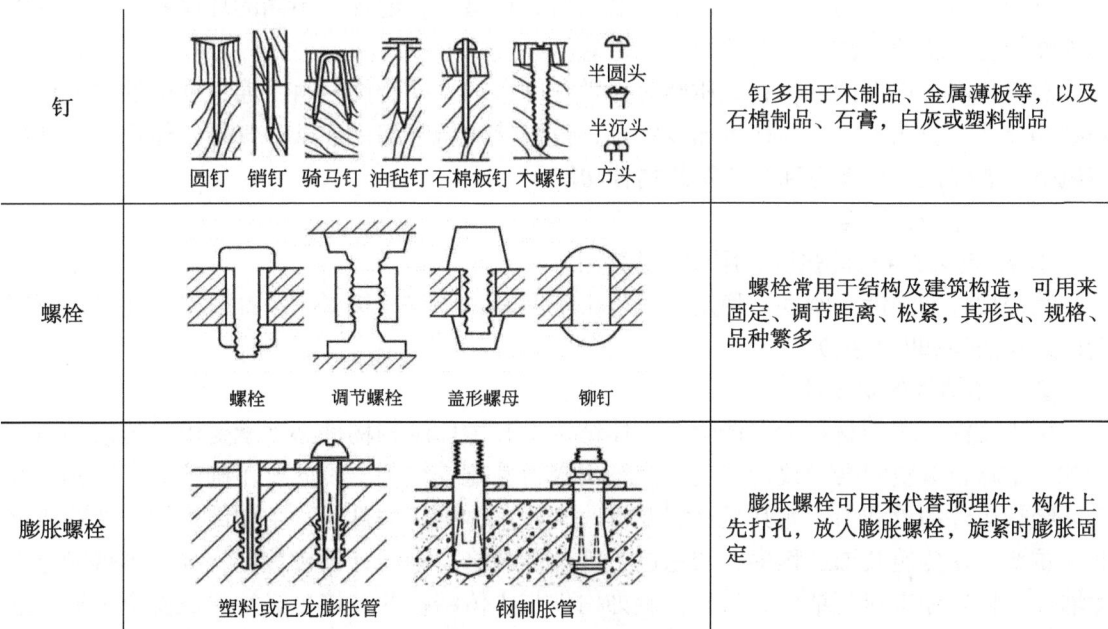

钉	圆钉 销钉 骑马钉 油毡钉 石棉板钉 木螺钉　半圆头 半沉头 方头	钉多用于木制品、金属薄板等，以及石棉制品、石膏，白灰或塑料制品
螺栓	螺栓 调节螺栓 盖形螺母 铆钉	螺栓常用于结构及建筑构造，可用来固定、调节距离、松紧，其形式、规格、品种繁多
膨胀螺栓	塑料或尼龙膨胀管 钢制胀管	膨胀螺栓可用来代替预埋件，构件上先打孔，放入膨胀螺栓，旋紧时膨胀固定

图4-3 加工与拼装构造

③ 搁置与砌筑类。

搁置、砌筑是将分散的块材通过一些黏结材料，相互叠置垒砌成各种图案。在建筑装饰上常用于搁置与砌筑构造的配件主要有花格、隔断、隔板、窗套等。

2. 室内装饰设计相关知识

（1）满足使用功能

建筑物主要应该满足人们的使用要求，因此建筑装饰装修构造也要最大限度地满足人们对使用功能的要求。

建筑物主体结构构件是装饰构件的基础和依托，是建筑物的支撑骨架，这些建筑构件直接暴露在大气中，会受到大气中各种介质的侵蚀，在建筑装饰工程中，通常采用油漆、抹灰等覆盖性的装饰构造措施进行处理。一方面能提高建筑构件的防火、防水、防锈、防酸碱的抵抗能力，另一方面可以保护建筑构件免受机械外力的碰撞和磨损。

建筑构造设计的目标就是创造出一个既舒适又能满足人们各种生理要求，还能给人以美感的空间环境。对建筑物室外进行装饰，可保持建筑物整洁清新的外观，改善建筑物的热工、声学、光学等物理性能，从而为人们创造舒适良好的生活、生产工作环境。对特殊要求的建筑，应根据其特点进行装饰，不同的部位需采用不同的装饰材料及相应的构造措施。

现代化设备的建筑，尤其是具有特殊要求的或大型的公共建筑，其结构空间大、设备数量多、功能要求复杂、各种设备错综布置，常利用装饰的各种构造方法将各种设施进行有机组织，如将通风口、窗帘盒、灯具、消防管道设施等与顶棚或墙面有机结合，不仅可以减少设备占用空间、节省材料，还可以起到美化建筑物的作用。

（2）满足精神生活

不同性质和功能的建筑，通过不同的构造处理措施，能形成不同的环境和气氛，并以其强烈的艺术感染力影响着人们的精神生活。

建筑装饰构造设计从色彩、质感等美学角度合理选择装饰材料，通过准确的造型设计和细部处理，将艺术与工程技术加以融合，可以使建筑空间形成某种气氛，体现某种意境与风格，这种艺术表现力称为建筑的精神功能。

（3）确保耐久安全

① 装饰构件自身的强度、刚度和稳定性。

装饰构件的强度、刚度、稳定性一旦出现问题，不仅直接影响装饰效果，而且还可能造成人身伤害和财产损失。

② 主体结构的安全性。

由于装饰所用的材料大多依附在主体结构上，主体结构构件必须承受由此传来的附加荷载，重新布置空间会导致荷载变化及结构受力性能变化等。因此要正确验算装饰构件和主体结构构件的承载力，尤其是当需要拆改某些主体结构构件时，主体结构构件的验算就非常重要。在建筑装饰工程中，切忌进行破坏性装修。不经计算校核和批准，不得随意拆除墙体，损坏原有建筑结构。另外，装饰构件与主体结构的连接也必须保证安全可靠。连接点承担外界各种荷载，并传递给主体结构，如果连接点强度不足，会导致装饰构件坠落，后果十分严重。

③ 建筑装饰设计必须与建筑设计协调一致，满足建筑设计规范要求。

不得在建筑装饰设计中对原有建筑设计中的交通疏散、消防处理进行随意改变，要考虑装饰处理后对建筑消防和交通的影响。例如装饰构造会减少疏散通道或楼梯宽度，增加隔墙会减少疏散口或延长疏散通道等。现代建筑装饰工程中经常采用木材、织物、不锈钢等易燃或易导热的材料，使建筑物受到火灾隐患的威胁，应根据消防规范要求采取调整和处理措施。

④ 应符合国家规范要求。

建筑装饰材料的选择和施工应符合《民用建筑工程室内环境污染控制标准》

GB 50325—2020 的要求，避免选择含有毒性物质和放射性物质的建筑装饰材料，如挥发有毒气体的油漆、涂料和化纤制品、放射性指标超过国家标准的石材，防止对使用者造成身体伤害，确保为人们提供一个安全可靠、环境舒适、有益健康的工作生活空间环境。

（4）选择合理材料

① 建筑装饰材料是装饰工程效果的物质基础，在很大程度上决定着装饰工程的质量、造价和装饰效果，轻质高强、性能优良、易于加工、价格适中是理想装饰材料所应具备的特点。

② 在材料选择时，首先应正确认识材料的物理性能和化学性能，如耐磨、防腐、保温、隔热、防潮、防火、隔声以及强度、硬度、耐久性、加工性能等，还应考虑装饰材料的纹理、色泽、形状、质感等外观特征；其次应了解材料的价格、产地及运输情况。

③ 在满足装饰效果和使用功能的前提下，就地取材是创造具有地方装饰特色和节省投资的好方法。

（5）施工方便可行

① 建筑装饰工程施工是建筑工程的最后一道主要工序，通过一系列施工，使装饰构造设计变为现实。一般装饰工程的施工工期约占工程总体施工工期的 30%~40%，高级建筑装饰工程的施工工期可达 50% 甚至更长。因此，构造方法应便于施工操作，便于各工种之间的协调配合，便于施工机械化程度的提高。

② 构造设计还应考虑维修方便和检修方便。

（6）满足经济合理

① 建筑装饰工程费用在工程造价中占有很高的比例，一般民用建筑装饰工程费用占工程总造价的 30%~40% 及以上。因此，根据建筑性质和用途确定装饰标准、装饰材料和构造方案，控制工程造价，对于实现经济合理性具有非常重要的意义。

② 装饰并不意味着多花钱和多用贵重材料，节约也不是单纯地降低标准，重要的是在相同的经济和装饰材料条件下，通过不同的构造处理手法，创造出令人满意的空间环境。

3. 室内装饰设计与其他工程的关系

（1）建筑装饰装修与建筑的关系

建筑装饰是对建筑物的装扮和修饰，因此对建筑要有一个准确地理解和认识，如对建筑的属性、艺术风格、建筑空间性质和特性、建筑时空环境的意境和气氛等应有较好地把握。建筑装饰是再创造的过程，只有对所要进行装饰的建筑有了正确地理解与把握，才能做好装饰工程的设计和施工，使建筑艺术与人们的审美观协调一致，从而在精神上给人们以艺术享受。

（2）建筑装饰装修与建筑结构的关系

建筑装饰与建筑结构的关系有两个方面：一是建筑结构给建筑装饰再创造提供了充分发挥的舞台，装饰在充分发挥结构空间的同时又保护了建筑结构；二是建筑装饰与建筑结构矛盾的处理，结构是传递荷载的构件，在设计时充分考虑其受力情况，要经过计算确定装饰需要改变结构或在结构构件上开洞或取舍，必然影响到建筑结构，所以规范规定不得在结构上任意开洞或取舍，如必须改变时应进行计算核实。

（3）建筑装饰装修与设备的关系

建筑装饰不仅要处理好装饰与结构的关系，而且还必须认真解决好装饰与设备的关系，如果处理不合理必然影响建筑装饰空间的处理，同时也影响设备的正常运行和使用。特别是装饰工程大部分属于界面处理，与建筑设备中的空调、水暖、监控、消防、强电、弱电、管线及照明设备等各方面的协调配合必须处理好。

（4）建筑装饰装修与环境的关系

建筑装饰虽然能给人们提供一个良好的生活、学习和工作环境，但如果选择材料和施工工艺不当，也会造成环境的二次污染，有时甚至出现人身伤亡事故。因此装饰施工必须严格执行国家规范，控制因建筑装饰材料选择不当以及工程勘察、设计、施工过程中造成的室内环境污染。

单元 2　室内装饰施工图基本知识

1. 室内装饰施工图的产生、特点及编排

（1）室内装饰施工图的产生

装饰装修工程施工图是用来表达建筑室内外装饰形式和构造的图，其图示原理与房屋建筑工程施工图的图示原理相同，是用正投影方法绘制的用于指导施工的图样，制图应遵守《房屋建筑制图统一标准》GB/T 50001—2017 的要求。

装饰装修工程施工图反映的内容多、形体尺度变化大，通常选用一定的比例、采用相应的图例符号和标注尺寸、标高等加以表达，必要时绘制透视图、轴测图等辅助表达，以方便识读。

装饰装修工程施工图一般由装饰设计说明、平面布置图、楼（地）面平面图、顶棚平面图、室内立面图、墙（柱）面装饰剖面图、装饰详图等图样组成，由于设计深度不同、构造做法的细化，以及为满足使用功能和视觉效果而选用材料的多样性等，在制图和识图上装饰装修工程施工图有其自身的规律，如图样的组成、施工工艺及细部做法的表达等都与建筑工程施工图有所不同。

装饰设计经历方案设计和施工图设计两个阶段。方案设计阶段是根据业主要求、现场情况以及有关规范、设计标准等，以透视效果图、平面布置图、室内立面图、楼（地）面平面图尺寸、文字说明等形式，将设计方案表达出来。经修改补充，取得合理方案后，报业主或有关主管部门审批，再进入施工图设计阶段。施工图设计是装饰设计的主要程序。

（2）室内装饰施工图的特点

装饰装修工程施工图与建筑施工图在绘图原理和图示标识方式等方面基本一致，由于专业分工不同、图示内容不同、也存在一定的差异。

① 装饰装修工程涉及面较广，它不仅与建筑有关，同时与水、暖、电等设备有关，而且还与家具、陈设、绿化及各种室内配套产品有关，还需要注意各种材料的搭配处理等。有时一个项目会出现建筑制图、家具制图、园林制图和机械制图等。

② 装饰工程比较细致，所以使用的局部大样图和节点详图比较多。

③ 装饰施工图图例无统一标准，多是在流行中互相沿用，故需加文字说明。

④ 标准定型化设计少，可选择的标准图不多，因此大部分装饰配件需画详图表明其构造。

⑤ 建筑装饰施工图多是建筑物某一装饰部位或某一装饰空间的局部图，其细部描绘比建筑施工图更为细腻。如将大理石板画上石材机理，玻璃或镜面画上反光，金属装饰制品画上抛光线等，使图真实、生动，并具有一定的装饰感，让人一看就懂，这些构成了装饰施工图自身形式的特点。

（3）室内装饰施工图的编排

装饰装修工程图由效果图、建筑装饰施工图和室内设备施工图组成。从某种意义上讲，效果图也应该是施工图。在施工制作中，它是形象、材质、色彩、光影与氛围等艺术处理的重要依据，是建筑装饰工程所特有的、必备的施工图样。

建筑装饰施工图编排顺序为：

① 图纸目录；

② 设计总说明，门窗表格，固定家具表格等；

③ 效果图；

④ 平面图：内容包括原始资料平面图、地面装饰平面图、平面布置图、顶棚图等；

⑤ 立面图；

⑥ 剖面图；

⑦ 大样图：玄关（隔断）大样图、垭口大样图、背景墙大样图、餐厅（背景）大样图、窗套大样图等；

⑧ 节点详图；

⑨ 水、电平面图：原始资料平面图，改造后的水、电平面布置图；

⑩ 设备图等。

装饰装修工程施工图简称为"饰施"，室内设备施工图可简称为"设施"，也可按工种不同，分别简称为"水施""电施"和"暖施"等。

2. 室内装饰施工图主要内容

（1）设计说明

与建筑施工图相同，室内装饰施工图的设计说明是室内装修设计者的纲领性文件，是装饰工程设计要点的总体概述。在施工说明中可以了解到建筑装修设计与建筑设计的关系，所使用的材料性能、防火等级，各部位的构造形式及做法等。

（2）平面图

建筑装饰装修平面图是建筑装饰装修施工图的首要图纸，其他图样大多是以平面图为依据而设计绘制的。建筑装饰装修平面图包括平面布置图和顶棚平面图。

建筑装饰装修平面布置图是假想用一个水平的剖切平面，在窗台上方位置，将经过内外装饰的房屋整个剖开，移去上面部分后，向下所做的水平投影图。它的作用主要是表明建筑室内外装饰布置的平面形状、位置、大小和所用材料，以及这些布置之间的相互关系等。

建筑装饰装修顶棚平面图有以下两种形成方法：

① 假想房屋水平剖开后，移去下面部分向上做直接正投影而成。

② 采用镜像投影法，将地面视为镜面，对镜中顶棚的形象做正投影而成。

顶棚平面图一般采用镜像投影法绘制。顶棚平面图的作用主要是表明顶棚装饰的平面形式、尺寸和材料，以及灯具和其他各种室内顶部设施的位置和大小等。

平面布置图和顶棚平面图都是建筑装饰施工放样、制作安装、预算和备料，以及绘制室内有关设备施工图的重要依据。

上述两种平面图中，平面布置图的内容尤其复杂，且它控制了水平向纵横两轴的尺寸数据，其他视图又多由它引出，因而平面布置图是识读建筑装饰施工图的重点和基础。

1）建筑装饰装修施工图的图示内容

① 被剖切的断面轮廓线，通常用粗实线表示。在可能的情况下，被剖切的断面内应画出材料图例，常用的比例是1：100和1：200。墙、柱断面内留空面积不大，画材料图例较为困难，可以不画或在描图纸背面涂红；钢筋混凝土的墙、柱断面可用涂黑表示，以示区别。

② 未被剖切图像的轮廓线，即形体的顶面正投影，如楼地面、窗台、家电和家具陈设、卫生设备、厨房设备等的轮廓线，实际与断面有相对高差，可用中实线表示。

③ 纵横定位轴线用来控制平面图的图像位置。用单点长画线表示，其端部用细实线画圆圈，用来写定位轴线的编号。起主要承重作用的墙、柱部位一般都设定位轴线。平面图上横向定位轴编号用阿拉伯数字，自左至右按顺序编写；纵向定位轴线编号用大写的拉丁字母，自下而上按顺序编写。其中，I、O、Z三个字母不得用作轴线编号，以免与1、0、2三个数字混淆。

④ 平面图上的尺寸标注一般分布在图形的内外。

A 凡上下、左右对称的平面图，外部尺寸只标注在图像的下方与左侧。不对称的平面图，根据具体情况而定，有时图形的四周都需要标注尺寸。

B 尺寸分为总尺寸、定位尺寸和细部尺寸三种。总尺寸是建筑物的外轮廓尺寸，是若干定位尺寸之和。

C 定位尺寸是指轴线尺寸，用以确定建筑物构配件（如墙体、门、窗、洞口、洁具等）与轴线或其他构配件位置的尺寸。

D 细部尺寸是指建筑物构配件的详细尺寸。

⑤ 平面图上的符号、图例用细实线表示。门窗符号在平面图上出现较多。门的代号为M，具有内外交通、采光、通风、隔热、保温及防盗的功能；窗的代号为C，具有采光、通风、眺望、隔声、保温及防盗的功能。

⑥ 楼梯在平面图上的表示随楼层而不同。底层楼梯只能表现下段可见的踏步面与扶手，在剖切处用折断线表示，剖切线以上梯段则不用表示出来。在楼梯起步处用细实线加箭头表示上楼方向，并标注"上"字。中间层楼梯应表示上、下梯段踏步面与扶手，用折断线区别上、下梯段的分界线，并在楼梯口用细实线加箭头画出各自的走向和"上""下"的标注。顶层楼梯应表示出自顶层至下一层的可见踏步面与扶手，在楼梯口用细实线加箭头表示下楼的走向，并标注"下"字。也可在与楼梯相关的中间平台标注标高。

2）装饰平面图的一般内容

① 表明装饰工程空间的平面形状和尺寸。建筑物在装饰平面图中的平面尺寸分为三

个层次，即工程所涉及的主体结构或建筑空间的外包尺寸、各房间或建筑装饰分隔空间的设计平面尺寸、局部装饰及工程增设装饰相应设计的平面尺寸。

② 表明装饰工程项目在建筑空间内的平面位置及其与建筑结构的相互尺寸关系；表明装饰工程项目的具体平面轮廓和设计尺寸。

③ 表明建筑楼地面装饰材料、拼花图案、装饰做法和工艺要求。

④ 表明各种装饰设置和固定式家具的安装位置及其与建筑结构的相互尺寸关系，并说明其数量、材质和制造（或成品）要求。

⑤ 表明与该平面图密切相关的各立面图的视图投影关系和视图的位置及标号。

⑥ 表明各剖面图的剖切位置、详图及通用配件等的位置和编号。

⑦ 表明各房间或装饰分隔空间的平面形式、位置和使用功能；表明走道、楼梯、防火通道、安全门、防火门或其他流动空间的位置和尺寸。

⑧ 表明门、窗的位置尺寸和开启方向。

⑨ 表明台阶、水池、组景、踏步、雨篷、阳台及绿化等设施和装饰小品的平面轮廓与位置尺寸。

3）顶棚装饰平面图的一般内容

① 表明顶棚装饰平面及其造型的布置形式和各部位的尺寸关系。

② 表明顶棚装饰所用的材料种类及其规格。

③ 表明灯具的种类、布置形式和安装位置。

④ 表明空调送风、消防自动报警和喷淋灭火系统以及与吊顶有关的音响等设施的布置形式和安装位置。

⑤ 对于需要另设剖视图或构造详图的顶棚装饰平面图，应表明剖切位置、剖切符号和剖切面编号。

4）室内装饰平面图的识读方法

① 识读室内装饰平面图要先看图名、比例和标题栏，确认该图是什么布置图；再看建筑平面基本结构及其尺寸，把各房间名称、面积以及门窗、走廊、楼梯等的主要位置和尺寸了解清楚；然后看建筑平面结构内的装饰结构和装饰设置的平面布置等内容。

② 通过对各房间和其他空间主要功能的了解，明确为满足功能要求所设置的设备与设施的种类、规格和数量，以便制定相关的采购计划。

③ 通过图纸中对装饰面的文字说明，了解各装饰面对材料规格、品种、色彩和工艺制作的要求，明确各装饰面的结构材料与饰面材料的衔接关系和固定方式，并结合面积制定材料计划和施工安排计划。

④ 面对众多的尺寸，要注意区分建筑尺寸和装饰尺寸。在装饰尺寸中，又要分清楚定位尺寸、外形尺寸和结构尺寸。定位尺寸是确定装饰面或装饰物在平面布置图上位置的尺寸。在平面图上需要两个定位尺寸才能确定一个装饰物的平面位置，其基准往往是建筑结构面。

外形尺寸是装饰面或装饰物的外轮廓尺寸，由此可确定装饰面或装饰物的平面形状与大小。结构尺寸是组成装饰面和装饰物各构件及其相互关系的尺寸，由此可确定各种装饰材料的规格，以及材料之间、材料与主体结构之间的连接固定方法。为了避免重复，平面布置图上同样的尺寸往往只代表性地标注一个，读图时要注意将相同的构件或部位归类。

⑤ 通过平面布置图上的投影符号，明确投影面编号和投影方向，并进一步查出各投影方向的立面图。通过平面布置图上的剖切符号，明确剖切位置及其剖视方向，进一步查阅相应的剖面图。通过平面布置图上的索引符号，明确被索引部位及详图所在的位置。

（3）立面图

将建筑物装饰的外部墙面或内部墙面向与其平行的投影面所做的正投影图称为装饰立面图。

1）室内装饰立面图绘图方法

① 假设将室内空间垂直剖开，移去剖切平面和观察者之间的部分，对剩余部分所做的正投影图。

② 假设将室内各墙面沿面与面相交处拆开，移去不予显示的墙面，将剩余墙面及其装饰布置沿铅直投影面所做的投影。

③ 假设将室内各墙面沿某轴阴角拆开，依次展开，直至都平行于同一投影面所形成的立面展开图。

室外装饰立面图是将建筑物经装饰后的外部形象向铅直投影面所做的正投影图。它主要表明屋顶、檐头、外墙面、门头与门面等部位的装饰造型、装饰尺寸和饰面处理以及室外水池、雕塑等建筑装饰小品的布置等内容。室内装饰立面图的形成比较复杂，且形式不一。

2）室内装饰立面图图示内容

① 立面图上用相对标高，即以室内地坪为标高零点，以此为基点标示地台、踏步的标高零点，并以此为基点标示地台、踏步的标高。

② 表明室内外墙面装饰的造型和样式，并用文字说明其饰面材料的品名、规格、色彩和工艺要求。

③ 表明装饰吊顶天花的高度尺寸及其叠级造型的互相关系尺寸，墙面与吊顶的衔接收口方式。

④ 表明室内外墙面上所用设备的位置尺寸和规格尺寸。

⑤ 表明门、窗、隔墙和装饰隔断物等设施的高度尺寸和安装尺寸。

⑥ 表明绿化、组景设置的高低错落位置尺寸。

⑦ 表明室内外景园小品或其他艺术造型体的立面形状和高低错落位置尺寸。

⑧ 表明楼梯踏步高度和扶手高度以及所用装饰材料和工艺要求等。

⑨ 表明建筑结构与装饰结构间的连接方式、衔接方法和相关尺寸。

⑩ 标明详图所示部位及详图所在位置。作为基本图的装饰剖面图，其剖切符号一般不应在立面图上标注。

⑪ 作为室内装饰立面图，还要标明家具和室内配置产品的安放位置和尺寸。

⑫ 建筑装饰立面图的线型选择和建筑立面图基本相同。

3）室内装饰立面图识读方法

① 通过图纸中不同线型的含义，明确立面上有几种不同的装饰面，以及这些装饰面所选用的材料与施工工艺要求。

② 立面上各装饰面之间的衔接收口较多，这些内容在立面图上标示得比较概括，多在节点详图中详细标明。

③ 明确装饰结构之间以及装饰结构与建筑主体之间的连接固定方式，以便提前准备预埋件和紧固件。

④ 明确建筑室内装饰立面图上与该工程有关的各部分尺寸和标高。

⑤ 要注意设施的安装位置，确定电源开关、插座的安装位置和安装方式，以便在施工中预留位置。

⑥ 识读室内装饰立面图时，要结合平面布置图、顶棚平面图和该室内其他立面图对照阅读，明确该室内的整体做法与要求。

（4）详图

在装饰装修施工图中，有时会因为图纸幅面、比例的制约，对于装修细部、装饰构配件及某些装修剖面节点的详细构造难以表达清楚，会给施工带来困难，有的甚至无法进行施工。因此，必须另外用放大的形式绘制图样才能表达清楚，以满足施工需要，这样的图样称为详图。

1）详图的内容

详图是室内视图和剖视图的补充，其作用是满足装饰装修细部施工的需要。主要包括建筑装饰装修剖面节点详图和建筑装饰装修构配件详图。

① 建筑装饰装修剖面节点详图。

将两个或多个装饰面的交汇点或构造的连接部位，按垂直或水平方向剖开，并以较大比例绘制的详图。

节点详图常采用的比例为 1∶1、1∶2、1∶5、1∶10，其中 1∶1 的详图又称为定尺图。建筑装饰装修剖面节点详图是装饰工程中最基本和最具体的施工图。它有时供构配件详图引用，有时又直接供基本图引用，在装饰装修工程图中，装饰装修节点详图与构配件详图具有同等重要的作用。

② 建筑装饰装修构配件详图。

一般而言，建筑装饰装修构配件详图内容较多，包括室内各种配套设施，如酒吧台、酒吧柜、服务台、售货柜和各种家具；还包括结构上的一些装饰构件，如装饰门、门窗套、装饰隔断、花格、楼梯栏板（杆）等。

这些配置体和构件受图幅和比例的限制，在基本图中无法精确表达，所以要根据设计意图另行做出比例较大的图样，来详细表明它们的式样、用料、尺寸、做法等，这些图样均为装饰装修构配件详图。

建筑装饰装修构配件详图的主要内容有：详图符号、图名、比例；构配件的形状、详细构造、层次、详细尺寸和材料图例；构配件各部分所用材料的品名、规格、色彩以及施工做法要求等；部分需放大比例详图的索引符号和节点详图。

在识读装饰装修构配件详图时，应先看详图符号和图名，弄清楚从何图索引而来。识读时要注意联系被索引图样，并进行核对，检查它们之间在尺寸和构造方法上是否相符。通过阅读了解各部件的装配关系和内部结构，紧紧抓住尺寸、详细做法和工艺要求这三个要点。

183

详图可以是平面图、顶棚图、立面图、剖面图和断面图，也可以是轴测图和构造节点图等。

根据装饰装修工程的实际情况，可适当增减详图数量，以表达清楚、满足施工需要为原则。对详图总的要求是:翔实简明，表达清楚，满足施工要求。具体要求包括以下内容:

A 文字详:不能用图像表达，也无处标注数据的内容，如构造分层的用料和做法、材料颜色、施工要求和说明、套用的图集以及详图名称等都要用文字说明，并要简洁明了。

B 数据详图样细部尺寸、构件断面尺寸和材料规格尺寸等的标注要完善;带有控制性的标高、有关定位轴线和索引符号的编号、套用图号、图示比例及其他有关数据都要标注无误。

C 图形详:图示形象要真实正确，各部分相应位置符合实际，各部件的构造连接一定要清楚切实，各构件的材料断面要用适当的图示线，大比例尺的分层构造图应层层可见。整个图像要概念清晰，让人一目了然。

2）建筑装饰装修详图的图示内容

① 装饰面上的设施安装方式或固定方法以及设施与装饰面的收口收边方式。

② 装修结构与建筑主体结构之间的连接方式及衔接尺寸。

③ 装饰面和装饰造型的结构形式、饰面材料与支撑构件的相互关系。

④ 装饰面板之间拼接方式及封边、盖缝、收口和嵌条等处理的详细尺寸和做法。

⑤ 重要部位的装饰构件、配件的详细尺寸、工艺做法和施工要求。

3）建筑装饰装修详图的识读要点

① 首先看详图符号，结合装修平面图、装修立面图和装修剖面图，了解详图来自哪个部位。

② 其次对于复杂的详图，可将其分成几块，分别进行识读。

③ 接着找出各块的主体，进行重点识读。

④ 最后注意看主体和饰面之间采用哪种形式连接。

3. 室内装饰施工图的识读步骤

（1）总体了解

先看首页（目录、标题栏、设计总说明和总平面图等），大致了解工程情况，如工程名称、工程设计单位、建设单位、新建房屋的位置、周围环境、施工技术要求等。

然后对照目录检查图样是否齐全，采用了哪些标准图并备齐这些标准图。

最后看建筑平面图、立面图、剖面图，大体上想象一下建筑物的立体形状及内部布置。

（2）顺序识读

在了解建筑物的大体情况后，根据施工的先后顺序，从基础、墙体（或柱）、结构平面图、建筑结构及装修的顺序，仔细阅读有关图样。

（3）前后对照

读图时，要注意平面图、立面图、剖面图对照着读，建筑施工图与结构施工图对照着读，建筑施工图与设备施工图对照着读，做到对整个工程施工情况及技术要求心中有数。

（4）重点细读

根据工种的不同，将有关专业施工图有重点地再仔细阅读一遍，并将遇到的问题记录下来，及时向设计部门反映。识读一张图样时，应按照由外向内看、从大到小看、由粗到细看、图样与说明交替看、有关图样对照看的方法，重点看轴线及各种尺寸关系。要熟练的识读施工图，除了要掌握正投影原理、熟悉房屋建筑的基本构造、熟知国家制图标准外，还必须掌握各专业施工图的用途、图示内容和方法。看图时还要联系生产实践，经常深入到施工现场对照图样、观察实物，如此就能比较快速地掌握图样的内容。

在施工图中，有些构配件和节点详图（材料、构造做法）常选自某标准图集，因此要学会查阅工程施工图所采用的标准图集。根据施工图中注明的标准图集名称和编号及编制单位，查找相应的图集。阅读标准图集时，应阅读总说明，了解编制该标准图集的设计依据、使用范围、施工要求及注意事项等；了解标准图集的编号和有关表示方法。根据施工图中的详图索引编号查阅详图，核对有关尺寸。

单元3　室内装饰施工图案例识读

任务一　图纸目录

图纸目录是了解建筑设计整体情况的文件，建筑装饰装修施工图的目录包括图别、图号、图样内容（图4-4）。

一套完整的装饰工程图样数量较多，为了方便阅读、查找、归档，需要编制相应图样的目录，它是设计图样的汇总表。图样目录一般都以表格的形式表示。

若建筑装饰装修工程设计规模较大，图样数量一般很大，需要分册装订。通常为了便于工作，以楼层或者功能分区为单位进行编制，但每个分册都应包括图样总目录。图纸齐全后就可以按图纸顺序看图了。

图纸目录包括工程名称、建筑面积、序号、图号、图名等内容。

本工程为某学校教学楼装饰装修施工图，共36张图纸，编号分别为装施—01、装施—02……装施—36。

任务二　设计说明

设计说明包括工程概况、设计依据、技术要求、施工要求、施工做法、消防设计等内容。

本案例的设计说明内容为：

1. 总则

（1）工程设计依据

①《中华人民共和国建筑法》；

②建设单位提供的设计任务委托书；

③沈阳市勘察测绘研究院提供的1∶500现场地形图；

④沈阳市发展和改革委员会《关于某学校装备制造职业教育公共实训基地建设项目

	工程编号： 2018-3724 专 业： 装修			工程图纸目录	
	序号	图号	标准图号	图纸名称	备注
校对	01	装施 -01		设计说明	图幅 A1
	02	装施 -02		主要装修材料及燃烧性能等级表	图幅 A1
	03	装施 -03		建筑装修构造表（一）	图幅 A1
	04	装施 -04		建筑装修构造表（二）	图幅 A1
编写	05	装施 -05		一层平面图	图幅 A1
	06	装施 -06		一层天花图	图幅 A1
	07	装施 -07		一层墙面材料图	图幅 A1
	08	装施 -08		二层平面图	图幅 A1
	09	装施 -09		二层天花图	图幅 A1
	10	装施 -10		二层墙面材料图	图幅 A1
	11	装施 -11		三层平面图	图幅 A1
	12	装施 -12		三层天花图	图幅 A1
	13	装施 -13		三层墙面材料图	图幅 A1
	14	装施 -14		四层平面图	图幅 A1
	15	装施 -15		四层天花图	图幅 A1
	16	装施 -16		四层墙面材料图	图幅 A1
	17	装施 -17		五层平面图	图幅 A1
	18	装施 -18		五层天花图	图幅 A1
	19	装施 -19		五层墙面材料图	图幅 A1
	20	装施 -20		报告厅、多功能厅平面图	图幅 A1
	21	装施 -21		立面图 1	图幅 A1
	22	装施 -22		立面图 2	图幅 A1
	23	装施 -23		立面图 3	图幅 A1
	24	装施 -24		立面图 4	图幅 A1
	25	装施 -25		立面图 5	图幅 A1

图 4-4 装饰装修图纸目录

（大东校区）可行性研究报告的批复》；

⑤沈阳市规划和国土资源局《建设项目选址意见书》；

⑥沈阳市规划和国土资源局《建设用地规划许可证》；

⑦沈阳市规划和国土资源局《建设工程规划设计方案审定通知书》；

⑧沈阳市规划和国土资源局《建筑扩初设计审定通知书》；

⑨沈阳市发展和改革委员会《关于某学校装备制造职业教育公共实训基地建设项目初步设计及概算的批复》；

⑩沈阳市消防局《建筑消防设计审核意见书》；

⑪沈阳市规划和国土资源局《建筑工程规划许可证》；

⑫《建设工程设计合同》。

（2）主要设计规范依据（包括但不限于）

①《民用建筑设计统一标准》GB 50352—2019；

②《建筑设计防火规范（2018 年版）》GB 50016—2014；

③《沈阳市绿色建筑评价标准》DB2101/TJ 22—2015；

④《无障碍设计规范》GB 50763—2012；

⑤《公共建筑节能设计标准》GB 50189—2015；

⑥《屋面工程技术规范》GB 50345—2012；

⑦《建筑内部装修设计防火规范》GB 50222—2017；

⑧《工程建设标准强制性条文：房屋建筑部分（2013 年版）》；

⑨ 与工程相关的国家、行业规范、规程。

（3）工程概况

① 工程名称：某学校装备制造职业教育公共实训基地建设项目；

工程地点：某学校校园内。

② 建设规模：

总建筑面积：21397.32m²；

结构形式：钢筋混凝土框架结构；

设计使用年限：50 年；

建筑防火类别：多层公共建筑；

耐火等级：地上部分的耐火等级为二级，地下部分的耐火等级为一级；

抗震设防烈度：7 度。

（4）设计标高

① 装修平面图所标注 ±0.000 与建筑标高一致。

② 顶棚平面图中吊顶标高为相对标高，以本层地面完成面标高为基准，即吊顶至地面成活面之间的垂直净尺寸。

③ 本工程标高以米（m）为单位，其他尺寸以毫米（mm）为单位。

（5）设计内容

① 由本专业完成某学校装备制造职业教育公共实训基地建设项目室内装修部分的方案及施工图设计内容。

② 精装修房间为：

地下一层：电梯厅、货梯厅；

一层：大厅、公共区域、报告厅、多功能厅、会议室、接待室、电梯厅、货梯厅、卫生间；

二层：公共区域、走廊、会议室、电梯厅、货梯厅、卫生间；

三层：公共区域、走廊、会议室、电梯厅、货梯厅、卫生间；

四层：公共区域、走廊、会议室、电梯厅、货梯厅、卫生间；

五层：公共区域、走廊、会议室、电梯厅、货梯厅、卫生间。

③ 其他房间基础装修见工程做法表。

④ 家具样式见家具选样表；窗帘见选样表；灯具见灯具选样表。

⑤ 涉及建筑结构、机电、设备、空调、消防等专业由相应专业配合深化完成。

⑥ 紧急照明、安全指示灯以及本套图纸未提及的其他设备均见建筑及设备图纸；安装应与灯具成线布置。

2. 技术要求

① 本工程建筑防火类别为多层公共建筑，耐火等级：地上部分的耐火等级为二级，地下部分的耐火等级为一级。室内防火设计严格按照《建筑内部装修设计防火规范》GB 50222—2017 规定；

② 本工程选用固定家私和装饰织物等严格按照《建筑内部装修设计防火规范》GB 50222—2017 规定达到相应的等级要求，并报请地方消防局审查通过；

③ 本工程严格按照《民用建筑电气设计标准》GB 51348—2019 执行；

④《建筑地面设计规范》GB 50037—2013；

⑤《建筑装饰装修工程质量验收标准》GB 50210—2018；

⑥ 其他现行国家、地方标准和消防部门的要求；

⑦ 涉及结构施工部分应以《建筑结构荷载规范》GB 50009—2012 为依据，并得到结构工程师的计算、核准，以及设备工程师和专家确认后施工；

⑧《建筑设计防火规范（2018 年版）》GB 50016—2014；

⑨《建筑玻璃应用技术规程》JGJ 113—2015；

⑩《建筑安全玻璃管理规定》。

3. 施工及验收技术要求

① 本工程室内设计施工工艺及验收程序严格按照《建筑装饰装修工程质量验收标准》GB 50210—2018、《建筑安装分项工程施工工艺规程》DBJ/T 01—26—2003 执行。

② 本工程施工焊接工艺严格按照《钢结构焊接规范》GB 50661—2011 执行。

③ 本工程环境控制部分严格按照《民用建筑工程室内环境污染控制标准》GB 50325—2020 执行。

④ 装饰装修中所涉及的装修材料：

A 建筑装饰装修工程必须保证建筑物的结构安全和主要使用功能。当涉及主体和承重结构改动或增加荷载时，必须由原结构设计或具备相应资质的设计单位核查有关原始资料，对既有建筑结构的安全性进行核验、确认。

B 建筑装饰装修工程所用材料的品种、规格和质量应符合设计要求和国家现行标准的规定。当设计无要求时应符合国家现行标准的规定。严禁使用国家明令淘汰的材料。

C 建筑装饰装修工程所用材料的燃烧性能应符合现行国家标准《建筑内部装修设计防火规范》GB 50222—2017、《建筑设计防火规范（2018 年版）》GB 50016—2014。

D 建筑装饰装修工程所用材料应符合国家有关建筑装饰装修材料有害物质限量标准的规定。

E 建筑装饰装修工程所用材料应按设计要求进行防火、防腐和防虫处理。所有实木部件必须经消防部门认定经技术处理后方可使用。

⑤ 建筑装饰装修工程施工中，严禁违反设计文件擅自改动建筑主体、承重结构或主要使用功能；

严禁未经设计确认和有关部门批准擅自拆改水、暖、电、通信等配套设计。

⑥ 施工单位应遵守有关环境保护的法律法规，并应采取有效措施控制施工现场的粉尘、废气、废弃物、噪声振动等对周围环境造成的污染和危害。

4. 施工做法与选材要求

① 装饰设计中涉及装饰面（包含：木装饰挂板墙、墙砖、地砖等）需施工单位现场复尺后方可生产加工及施工。

② 卫生洁具需现场复尺后方可采购安装。

③ 为避免施工拆改及保证最终设计效果，施工单位需参照施工图中装饰主材选型表、家具选型表、洁具选型表、灯具选型表、窗帘选型表进行施工，家具、洁具、灯具尺寸严格按照表中数据采购。家具选型需经使用方确认进行材料封样后方可采购，并根据封样进行竣工验收。家具生产厂商应根据地域特点对家具进行防潮、防白蚁处理。

④ 安装顶棚吊筋前需对现场设备进行复尺后确定顶棚标高方可施工。

⑤ 石材需做六面防护处理。

⑥ 所有装饰材料及构件需做防白蚁处理。

⑦ 室内装修材料所选用的主要材料均需保证质量，并经过建设方、设计方及监理方进行材料封样，经三方认可验收（与样品、封样品质、等级、检测报告相符），方可施工。

⑧ 内装修选用的各项材料［地砖、踢脚线、楼梯踏步（含防滑槽）、水晶灯、吊灯、木门、门套口线、家具］，均由施工单位制作样板和选样，经确认后进行封样，并据此进行验收。

⑨ 室内装修所采用油漆涂料见构造做法表，均选用适合该地区的油漆涂料。由施工单位制作样板，经确认后进行封样并据此进行验收。

⑩ 本工程油漆除特殊注明外，均为硝基清漆。

⑪ 墙体上嵌入箱柜穿透墙体时，露明处应在箱体固定后将背面墙洞用钢板网封闭，再做室内装修，不同材料墙体在粉刷前应在交接处铺钉。

⑫ 金属网布料与两边墙体搭接宽度不小于 100mm。

⑬ 本工程做法除图纸具体要求的面层外，对构造层未作具体要求时，严格遵守国家现行标准《高级建筑装饰工程质量验收标准》有关要求。

⑭ 石膏板吊顶：内装所用轻钢龙骨（C50 上人轻钢龙骨），吊杆为 $\phi 8$ 镀锌通丝螺纹吊杆，吊杆与结构楼板以穿心胀管或螺母固定，横向间距为 1200mm 以内，距离墙体 200~300mm，石膏板为 9.5mm 厚双层纸面石膏板，乳胶漆饰面采用环保型乳胶漆。

⑮ 墙面、地面、顶棚材料大面积采用不燃或难燃型材料，如大理石、轻钢龙骨石膏板等。

⑯ 所有龙骨为冷镀锌龙骨、所有挂件为不锈钢挂件。不允许采用木质龙骨。

⑰ 卫生间地面向地漏方向找坡 2%。

⑱ 卫生间上下水及消防立管采用轻体隔墙封包后挂铁网粘贴瓷砖。

⑲ 消火栓箱遇石材和金属板材装饰墙面，应设置加强龙骨。

⑳ 楼地面构造交接处和地坪高度变化处，除图中另有注明外均位于齐平门扇开启面处。凡设有地漏房间就应做防水层，图中未注明整个房间做坡度者，均在地漏周围 1m 范

围内做 1%~2% 坡度坡向地漏，有水房间的楼地面应低于相邻房间 15mm 或设置挡水门槛（无障碍房间为 15mm）。

㉑ 凡有较强噪声设备的房间，内墙面、顶棚均应做吸声构造，内墙面吸音构造距地 300mm 以上，应待设备支架或管线安装完毕后才能施工面层。

㉒ 材料做法表中与图纸做法不符的，以说明为准，并与设计师核对确认。

㉓ 本图中所装修区域具体施工工艺除已标明外均需按国家有关规定进行外装配合施工，以确保安全。

㉔ 成品家具：室内家具均为成品家具，厂家加工，现场安装。家具控制尺寸详见施工图，由家具厂家进行深化设计。

㉕ 金属部件：不露面金属构件必须做防锈处理，焊接牢固。五金材料样品须送设计方核准，安装五金必须小心，遇有切、凿不当处必须慎加修整，部件表面应无凹痕等伤害，装妥后必须检验试做，门把手、栏杆等处成品保护须包裹至油漆完成为止，或试装后拆除，待油漆完成后安装。内门合页、执手及门锁等应选用不锈钢材质。

㉖ 检修口：吊顶部分由施工承包商根据设备位置及饰面材料相应留取，如可随意拆卸的铝扣板、矿棉吸音板等不必刻意留取；轻钢龙骨纸面石膏板等材质的具体做法参见施工图，平面位置可根据设备位置留取，但同一平面内须整齐划一，并由设计方现场设计师确认。

㉗ 通用做法详见材料做法表。

㉘ 门：门立面图中所示尺寸均以洞口尺寸为依据，生产厂商在制作前应现场测量准确，需复尺后方可生产加工及安装，并根据不同装饰面层进行门尺寸的确定。选用国内厂家生产，进行防潮处理、防火处理。

5. 消防设计（见附表：主要材料表、材料性能等级表）

① 本工程建筑防火类别为多层公共建筑，耐火等级：地上部分的耐火等级为二级，地下部分的耐火等级为一级，主体结构耐久年限 50 年。

② 设计依据：

A《建筑设计防火规范（2018 年版）》GB 50016—2014；

B《建筑内部装修设计防火规范》GB 50222—2017；

C《建筑内部装修防火施工及验收规范》GB 50354—2005；

D 建筑防火封堵验收合格后方可进行装饰施工。

③ 防火设计要点：

A 本装修工程的设计严格按照原建筑设计的防火、防烟分区及使用功能执行，对于消防构造、消防设施均未做任何原则性改动和调整，以保证原防火分区的完整性及有效性。

B 消防设备如消防栓等均未附加装饰物造成遮挡，公共消防设施标志醒目、鲜明。

④ 安全疏散、防火分区、防烟分区均见建筑图纸，本次装修未做修改。

⑤ 安全疏散：遵守消防法规对公共区域及交通空间的通行规范，严格按照原建筑设计对通道、出入口等部位相关疏散宽度、门开启方向及逃生距离的限定，保证动线通畅、便捷，导向明确。

⑥ 防火建筑构造措施：装饰装修设计及施工不得对消防设施相关的建筑构造及工艺

做法形成妨碍，更不得随意更改和变动。并且装饰装修施工必须在所有上述隐蔽工程检验合格后方可施工。设施管线、桥架严格按有关规范设计并且由具备专业资质的工程单位承担施工。

⑦ 所有外露的钢构件表面均涂刷防火涂料。

⑧ 变形缝跨越防火分区时需对变形缝进行防火封堵。

⑨ 室内装修应遵照《建筑内部装修设计防火规范》GB 50222—2017 的规定。

⑩ 装饰材料的选用符合现行国家有关标准，根据消防部门关于建筑室内装修设计防火规定，选材严格，采用阻燃性良好的装饰材料。墙面、地面装饰木结构隐蔽部分（木龙骨、防火衬板等）均刷防火涂料，使其燃烧性能等级达到 B1 级，技术标准符合《饰面型防火涂料》GB 12441—2018 的技术指标。防火性能达到一级。

施工工艺：基层应平滑、结实、干燥和清洁，无尘土、油渍、水渍等污物。涂覆施工前须将涂料搅拌均匀。涂料过稠时，可加少量水稀释；刷涂、喷涂和辊涂的涂覆方法均可采用。至少分两遍进行涂覆，上一遍涂层表干后方可进行下一遍涂覆。涂层要求完整、无漏涂、表面平整均匀、色泽一致，涂层厚度不得低于 0.3mm，以免影响防火效果。

注意事项：涂刷施工前，可燃性基材的含水率不应超过 12%。施工环境应保持空气流通，但须避免尘土飞扬。参考用量 0.5kg/m²。

⑪ 装饰织物部分：装饰装修涉及的所有织物、包布必须采购经阻燃剂处理的难燃物，并有符合相关要求的证明材料。

⑫ 固定家具及门装饰材料：公共空间所有防火隔声门及其他防火门按原建筑设计要求执行。所有固定墙柜等均采用防火饰面等耐火材质，内结构以防火衬板、金属龙骨构造为主材，面饰木质部分以防火涂料处理后加工成形，以确保家具的防火性能。

⑬ 装修材料燃烧性能等级为 A 级、B1 级等。

6. 其他

① 装施图纸与现场不一致时，以建施图纸为准。

② 各处材料排布需经施工方根据现场实际情况进行深化。

任务三　材料做法表

为了清楚一些细部构造或复杂构件的做法，需要有材料做法表。材料做法表的主要内容包括室内的楼（地）面做法，墙面、踢脚、顶棚的做法，卫生间、油漆、雨水管的做法等。

以一层门厅为例，从本案例中的主要装修材料及燃烧性能等级表可以看出，一层门厅的地面采用 6mm 厚环氧磨石地坪，燃烧性能等级为 A 级（图 4-5）。

楼层	序号	空间名称	地面	燃烧性能等级
一层	1	门厅 / 休息区 / 电梯厅 / 货梯厅 / 走廊	6厚环氧磨石地坪	A

图 4-5　燃烧性能表（一层）

顶棚采用的是白色铝合金瓦楞复合板（1mm 厚铝合金面板背贴铝合金瓦楞）/ 软膜顶

棚 /200mm×100mm 白色镀锌钢方通，燃烧性能等级均为 A 级（图 4-6）。

顶棚	燃烧性能等级	墙面	燃烧性能等级
白色铝合金瓦楞复合板（1厚铝合金面板背贴铝合金瓦楞）/ 软膜顶棚 /200×100 白色镀锌钢方通	A/A/A	复合金属板墙面（0.8 厚镀锌钢板氟碳烤漆 +12 厚石膏板）	A

图 4-6　燃烧性能表（顶棚）

墙面采用的是复合金属板墙面（0.8mm 厚镀锌钢板氟碳烤漆 +12mm 厚石膏板），燃烧性能等级为 A 级。

踢脚采用的是 100mm 高 0.8mm 厚镀锌钢板踢脚白色，燃烧性能等级为 A 级（图 4-7）。

踢脚	燃烧性能等级
100 高 0.8 厚镀锌钢板踢脚白色	A

图 4-7　燃烧性能表（踢脚）

其他楼层或部位的材料及做法都可以在燃烧性能表中找出，要仔细阅读此表，了解该装饰装修工程中用到的所有材料及做法。

任务四　装修构造表

与材料做法表不同，装修构造表将整栋建筑各个部位做了划分，并详细描述了各部位的构造做法。

以"楼面 2"为例，其构造做法如图 4-8 所示。

1．2厚同质透心塑胶地面，用专用胶粘剂粘贴
2．自流平找平层
3．水泥自流平界面剂
4．20厚1:2.5水泥砂浆，压实抹光
5．C25细石混凝土垫层50厚
6．刷水泥浆一道（内掺建筑胶）
7．钢筋混凝土楼板
8．岩棉板100厚（内嵌钢丝固定）
9．刷水泥浆一道（内掺建筑胶）
10．1:2.5混合砂浆打底20厚
11．刮防裂，耐水腻子三道，分遍找平
12．喷刷深灰色涂料

图 4-8　楼面构造做法

该楼面的材料为塑胶地面，燃烧性能等级为 B1 级。从表中还可以看出，"楼面 2"应用的部位为：一层西门子实训室、气动实训室、报告厅、多功能厅、ABB 实训室、液压实训室、工业 4.0 实训室、会议室及接待室、教具间等。

在备注中对需要注意的也做了详细的说明。

PVC 塑胶地板采购标准：

①PVC 塑胶地板结构为：同质透心碎花纹卷材；

②PVC 塑胶地板产品厚度为 2.0mm、卷材幅宽 2m；

③耐磨等级 T 级，确保产品的耐磨性和使用寿命（必须具备检测报告）；

④ 防火等级达到 B1 级；

⑤ 产品重量≤ 2780g/m^2；

⑥ 产品色牢度 6 级；

⑦ 产品环保性能要求：不含 DOP（具备不含邻苯类增塑剂检测报告）、欧盟 svhc 高关注物质 183 项检验报告、不含 54 项有机挥发物检测、不含重金属（19 项检测）；

⑧ 抗污染性（碘酊、黑色鞋油等）；

⑨ 抗菌率≥ 90%：大肠杆菌、金黄色葡萄球菌；

⑩ 耐椅子脚轮检测。

任务五　装饰装修平面图

本案例室内装修平面图共分为三类：装修平面图、墙面材料图和顶棚平面图。

1. 装修平面图

本工程装修平面图共有六张图纸，从地下一层至地上五层每层一张图纸。以地上一层平面图为例进行讲解。

装修平面图是在建筑施工图的基础上对每个房间所采用的装修材料及做法做了详细的说明和标识（图 4-9）。

从图 4-10 中可以看出，在入口门厅西侧的会议室室内地面采用的是暖灰色同质透心塑胶地面（地毯纹理），其茶水间需要定制橱柜，由厂家进行二次设计。会议室的四个立面图分别对应图纸第 24 页的 D 图和第 25 页的 A、B、C 图。

再看建筑西北角（图 4-11），从图中可以看出，卫生间地面采用高档灰色防滑地砖 600mm×600mm×10mm，楼梯间地面采用灰色花岗岩 600mm×600mm×20mm，踏步为整块花岗岩板带防滑槽。

以同样的方法查看每一层平面图的各个房间部位，就可以了解装饰装修工程中每个细节部位的构造做法。

2. 墙面材料图

与装修平面图相同，本工程墙面材料图共有六张图纸，从地下一层至地上五层每层一张图纸。以地上一层平面图为例进行讲解。

墙面材料图是在建筑施工图的基础上对每个房间的墙面所采用的装修材料做了标识（图 4-12）。

材料的表示方法是使用不同的线型沿着墙面进行绘制，想知道每种线型所代表的是哪一种具体的材料，可以在墙面材料图例表中找到（图 4-13）。

比如，位于建筑西北角处的无障碍卫生间，其墙面用粗实线做了标识，在图例中就可以找到其使用的材料为 600mm×300mm×10mm 暖灰色墙砖。

再比如，位于建筑西南角处的会议室，其墙面用粗虚线做了标识，在图例中就可以找到其使用的材料为复合金属板墙面 0.8mm 厚镀锌钢板氟碳烤漆 +12mm 厚石膏板。

以同样的方法查看每一层平面图的各个房间的墙面所标识的线型，就可以了解装饰装修工程中每个房间所选用的材料。

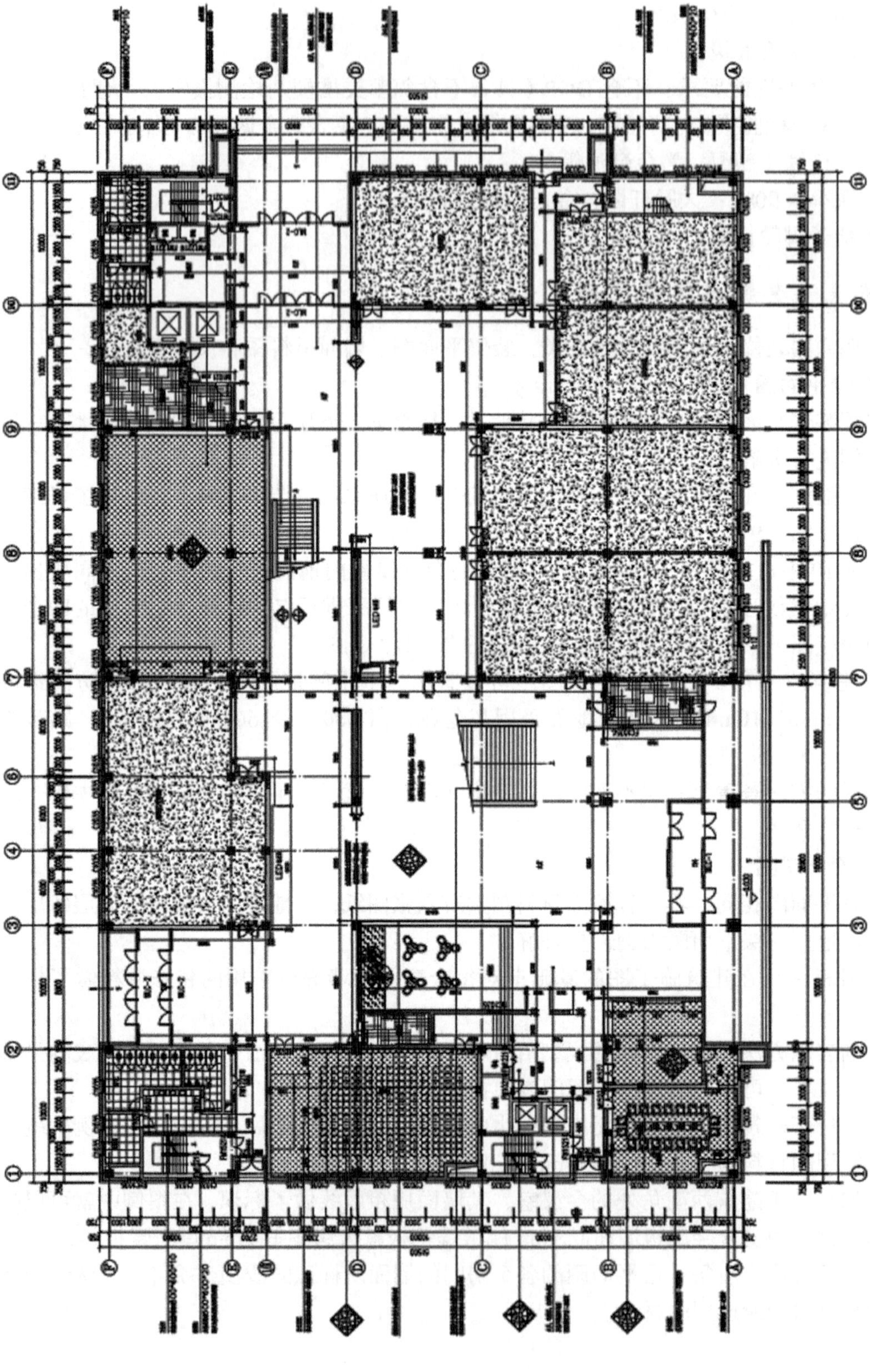

图 4-9 一层装修平面图

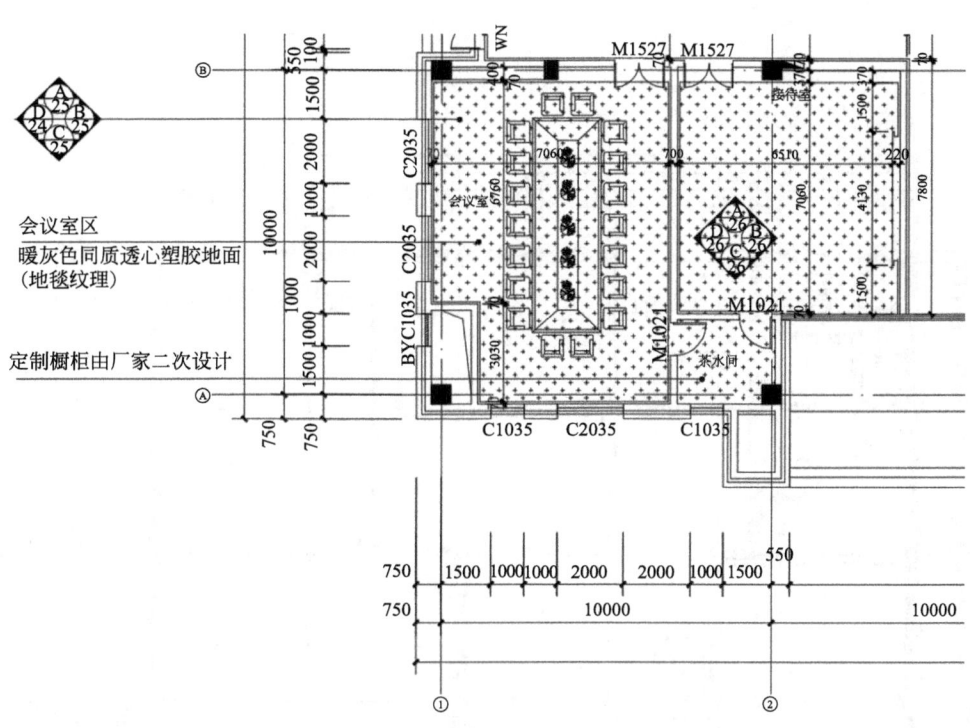

会议室区
暖灰色同质透心塑胶地面
（地毯纹理）

定制橱柜由厂家二次设计

图 4-10　一层平面图局部

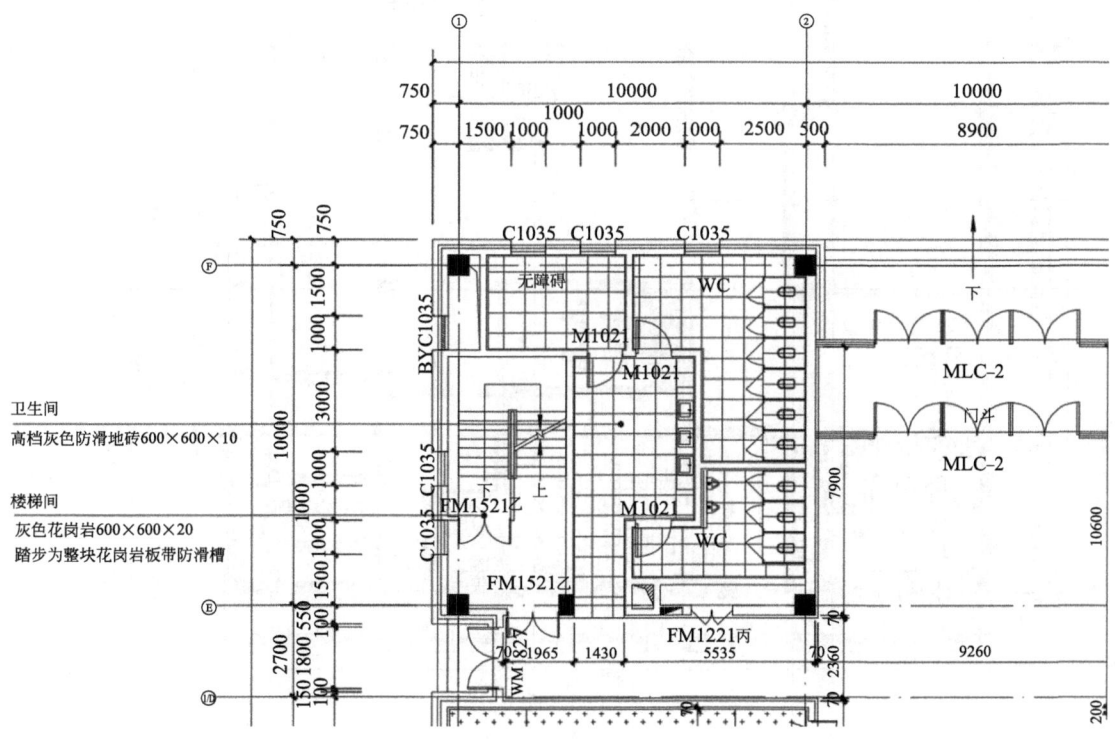

卫生间
高档灰色防滑地砖600×600×10

楼梯间
灰色花岗岩600×600×20
踏步为整块花岗岩板带防滑槽

图 4-11　一层装修平面图局部

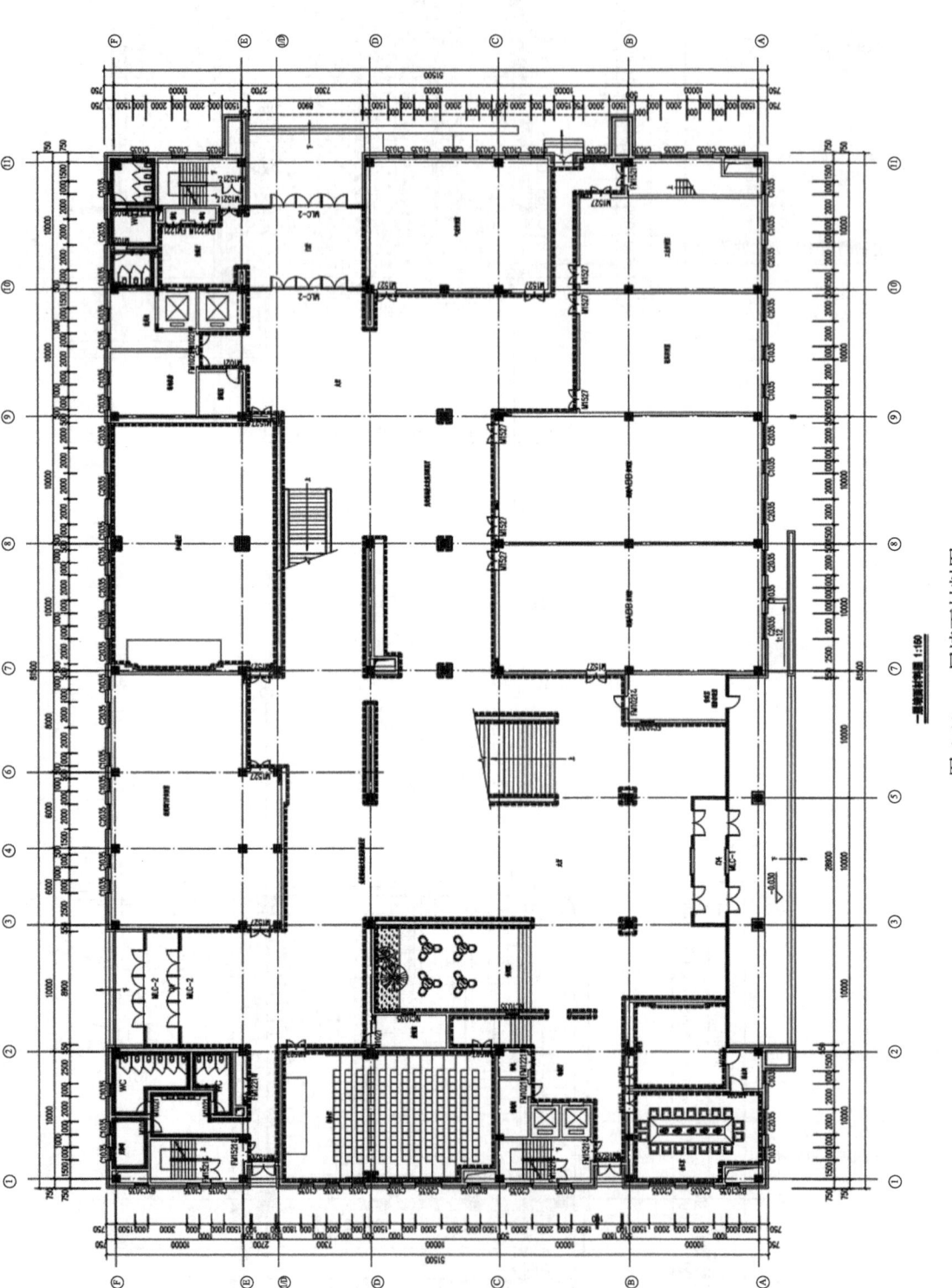

图 4-12　一层墙面材料图

复合金属板墙面 0.8厚镀锌钢板氟碳烤漆+12厚石膏板	钢框防火玻璃隔墙 灌注型复合防火玻璃+白色钢制冷弯型材框 内侧金属百叶帘	600×300×10 暖灰色墙砖

图 4-13 墙面材料图例表

3. 顶棚平面图

由于地下一层是车库，在地下一层并没有做顶棚的设计，管道是暴露在外的，因此顶棚平面图是从地上一层至五层，共五张图纸。以地上一层平面图为例进行讲解（图 4-14）。

从图 4-14 中可以看出，建筑西侧报告厅，讲台的顶棚采用的是白色铝合金瓦楞复合板，座席的顶棚采用的是白色微孔铝合金瓦楞复合板 1800mm×650mm，周边白色铝合金瓦楞复合板，中央位置配备了投影幕、可升降投影仪。

建筑北侧的多功能厅，顶棚采用的是白色微孔铝合金瓦楞复合板 2350mm×650mm，每间隔 2351mm 有一条 1.2mm 厚黑色镀锌钢板凹槽 300mm×100mm，中央位置同样配备了投影幕、可升降投影仪。

建筑东南角的工业实训室，顶棚采用 500 mm×500 mm×15mm 岩棉板，白色铝制收边，原顶棚白色无机涂料，旁边的楼梯间顶棚采用的是原顶棚涂料，而一些公共空间采用的是 200 mm×100mm 白色镀锌钢方通，四周白色铝合金瓦楞复合板（图 4-15）。

任务六 装饰立面图

室内装饰立面图中表达了在平面图中无法细致表达的一些装修做法（图 4-16）。在识读平面图时，会看到有些房间里做了立面图的索引标识，按照这些索引标识上的页码可以准确地找到该房间的立面图。以一层西南角的会议室为例进行讲解。

从 A 立面图（图 4-17）中可以看出，墙体左侧为白色复合金属板，中央为成品投影幕，底部采用 100mm 深灰色镀锌钢板踢脚，右侧的入口采用定制的成品白色木门。

再看 B 立面图，从图 4-18 中可以看出，墙面左侧为白色复合金属板，中部的图案是定制成品金属世界地图装饰品，右侧的门采用定制成品深灰色木门，底部仍然是 100mm 深灰色镀锌钢板踢脚。

C 立面图是靠窗的一侧，从图 4-19 中可以看出，墙面左侧为白色复合金属板，窗帘采用的是定制白色成品百叶帘，右侧采用的是白色复合金属板，底部仍然是 100mm 深灰色镀锌钢板踢脚。

最后是 D 立面图（图 4-20），仔细观察可以发现，D 立面图的做法与 C 立面图极为相似，墙面也是采用白色复合金属板，窗帘采用的是定制白色成品百叶帘，底部也是 100mm 深灰色镀锌钢板踢脚。

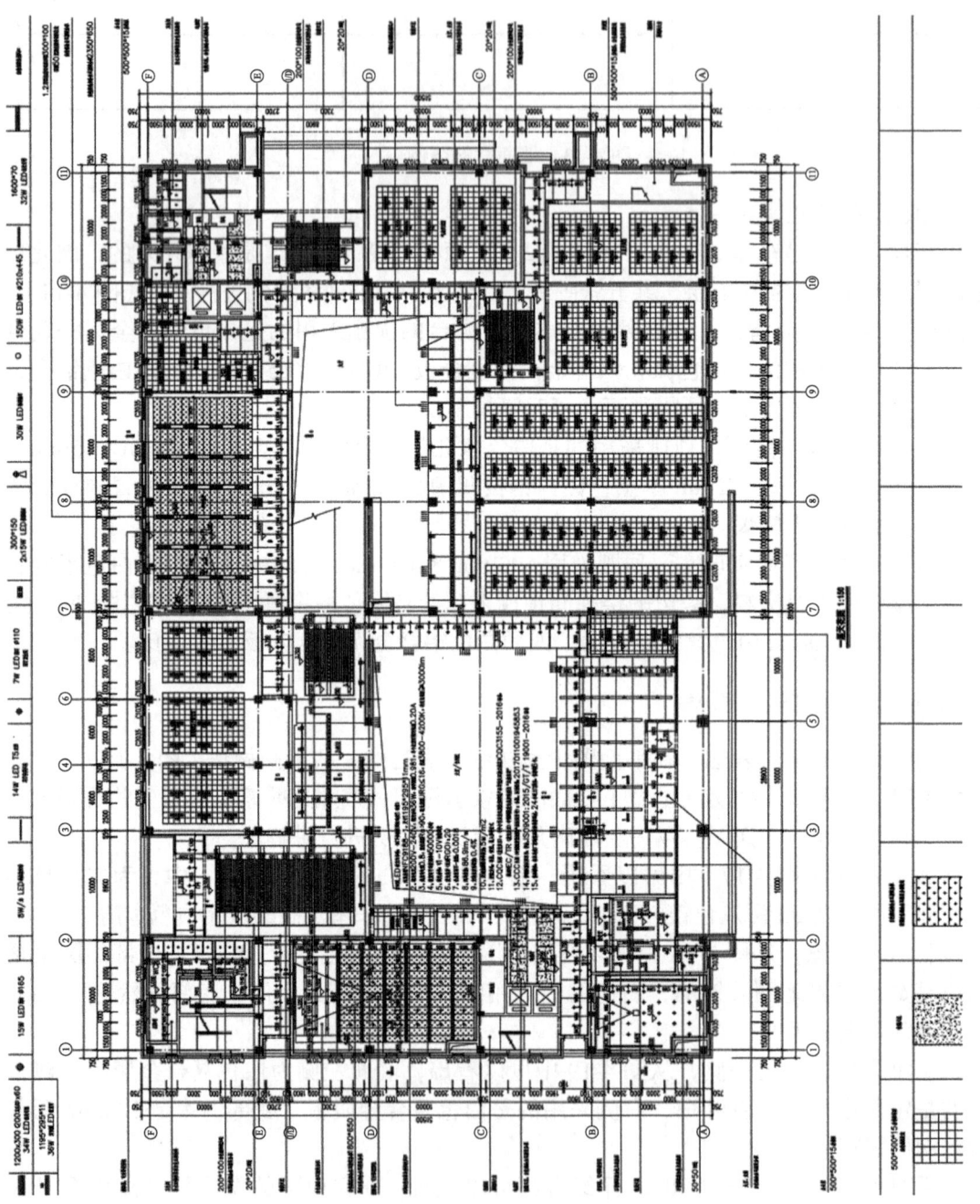

图 4-14 一层顶棚平面图

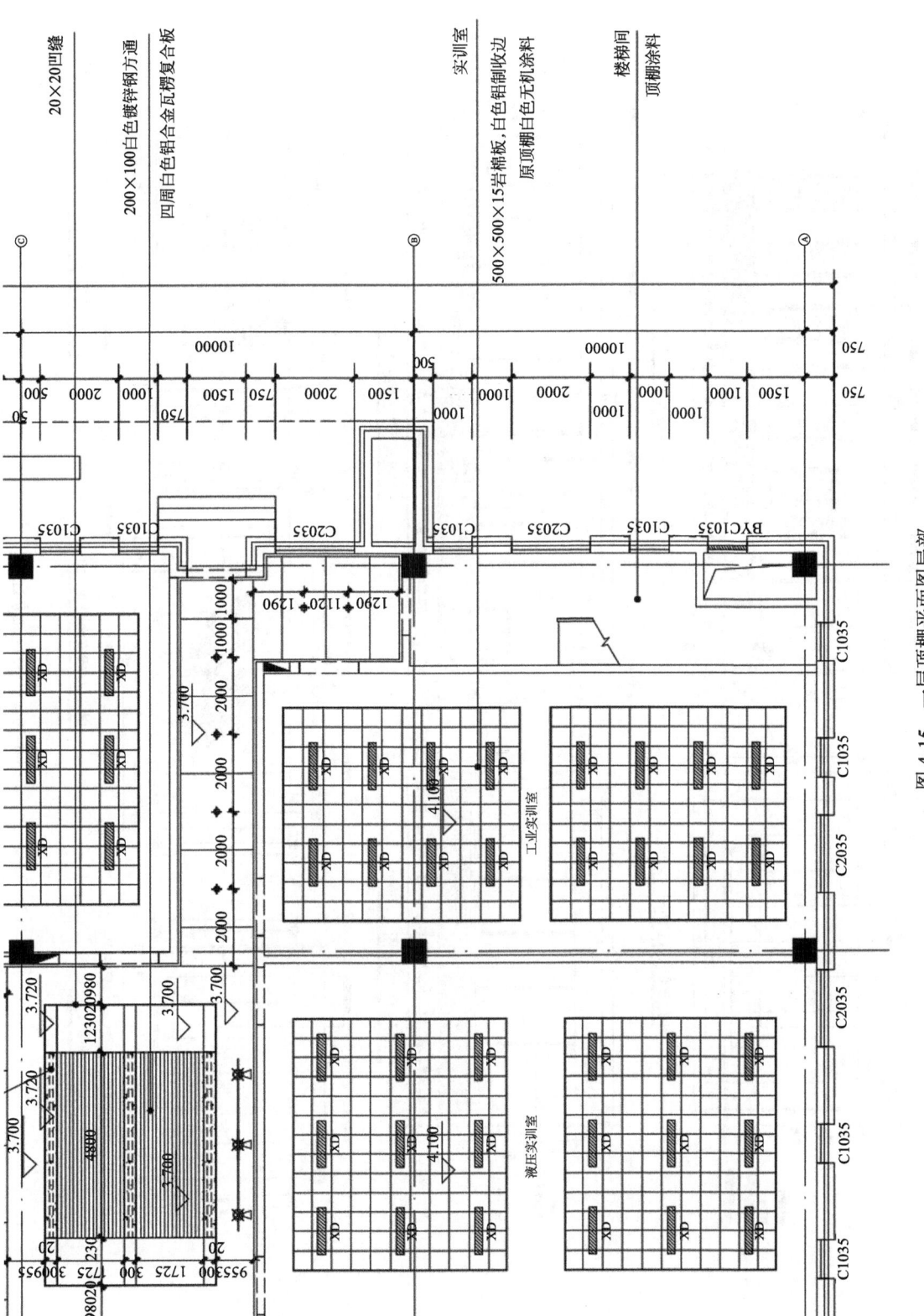

图 4-15　一层顶棚平面图局部

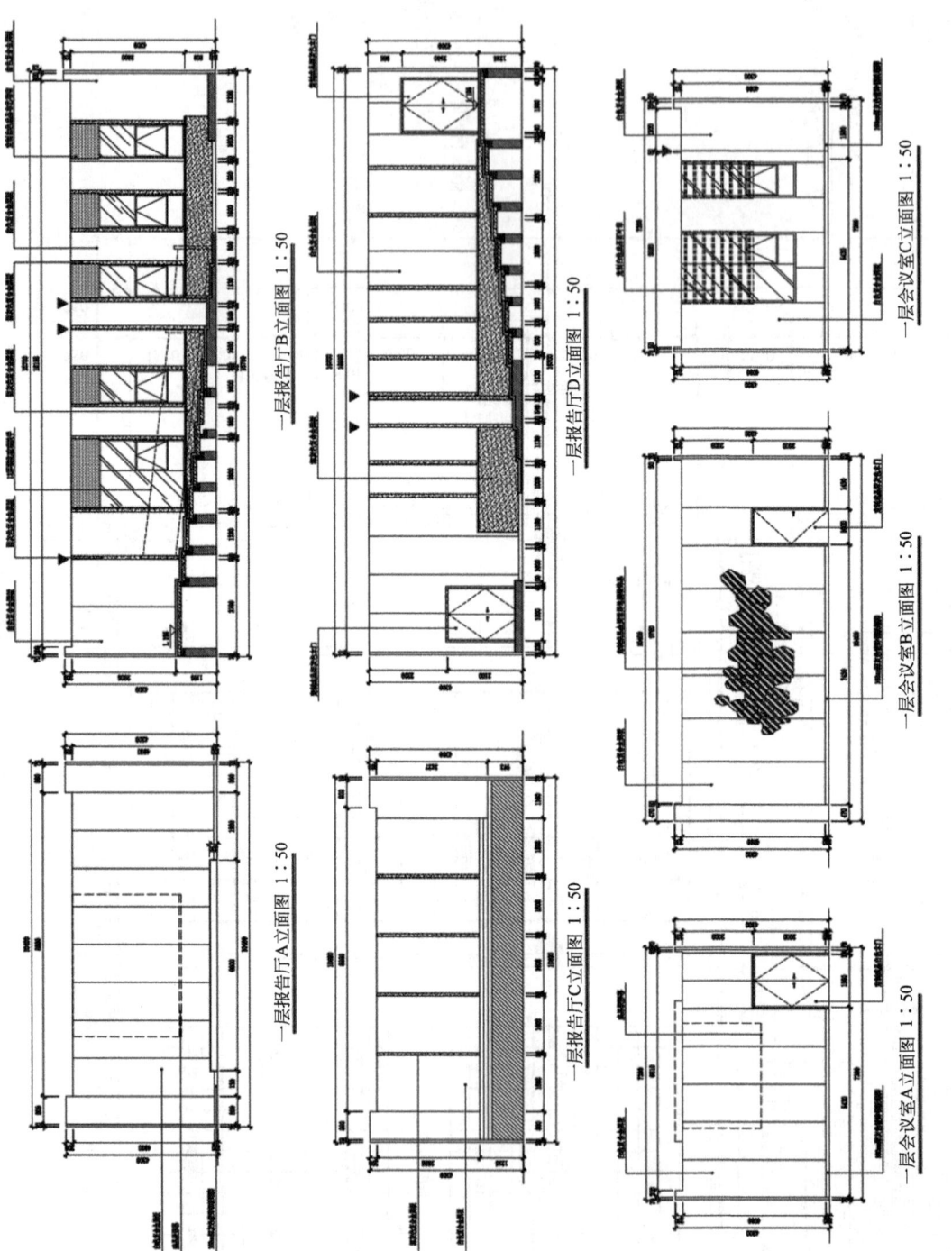

图 4-16 一层装饰立面图

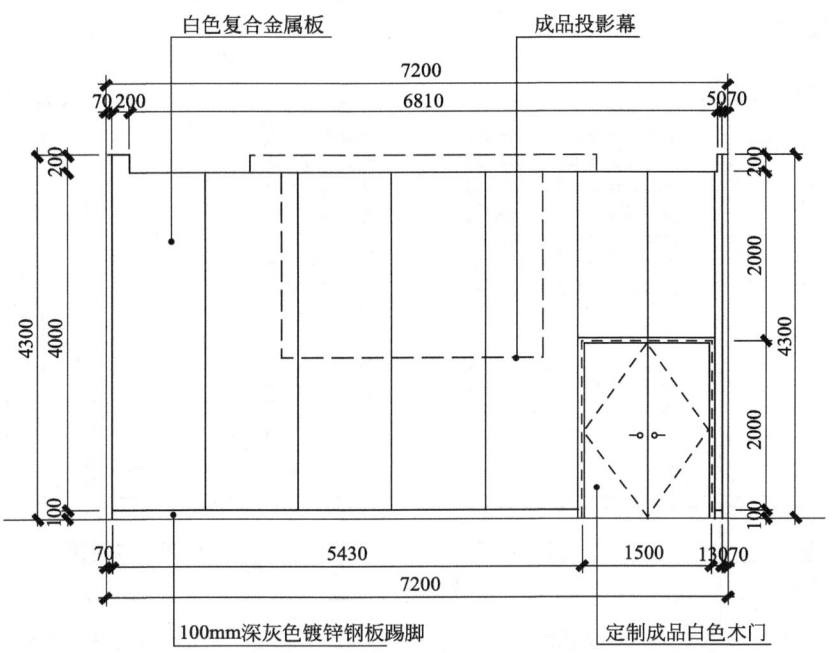

白色复合金属板　　　　　成品投影幕

100mm深灰色镀锌钢板踢脚　　　定制成品白色木门

图 4-17　一层会议室 A 立面图

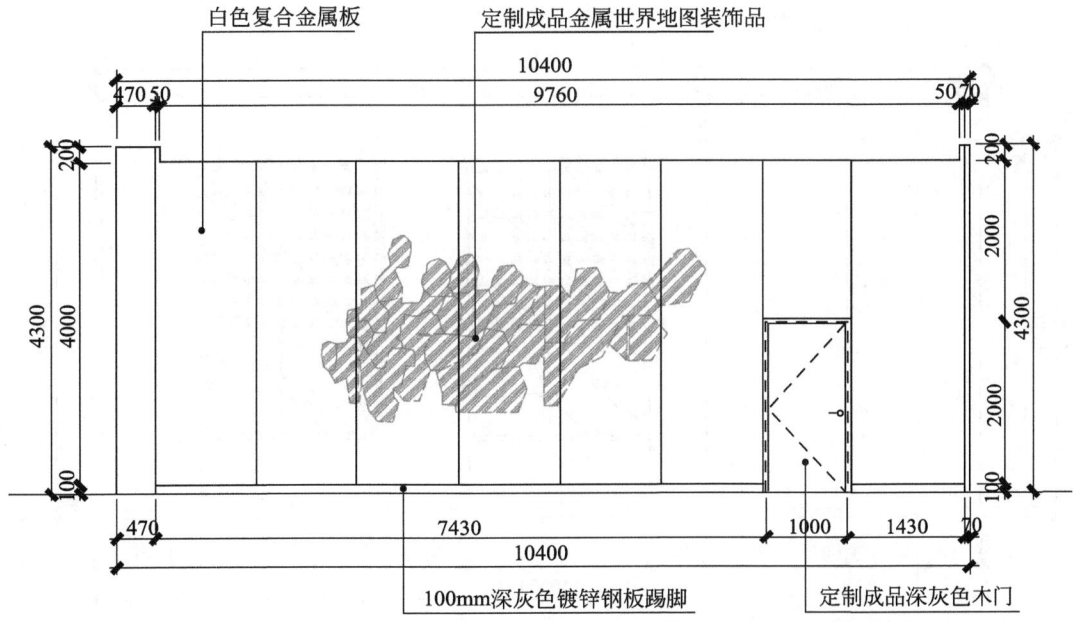

白色复合金属板　　　　　定制成品金属世界地图装饰品

100mm深灰色镀锌钢板踢脚　　　定制成品深灰色木门

图 4-18　一层会议室 B 立面图

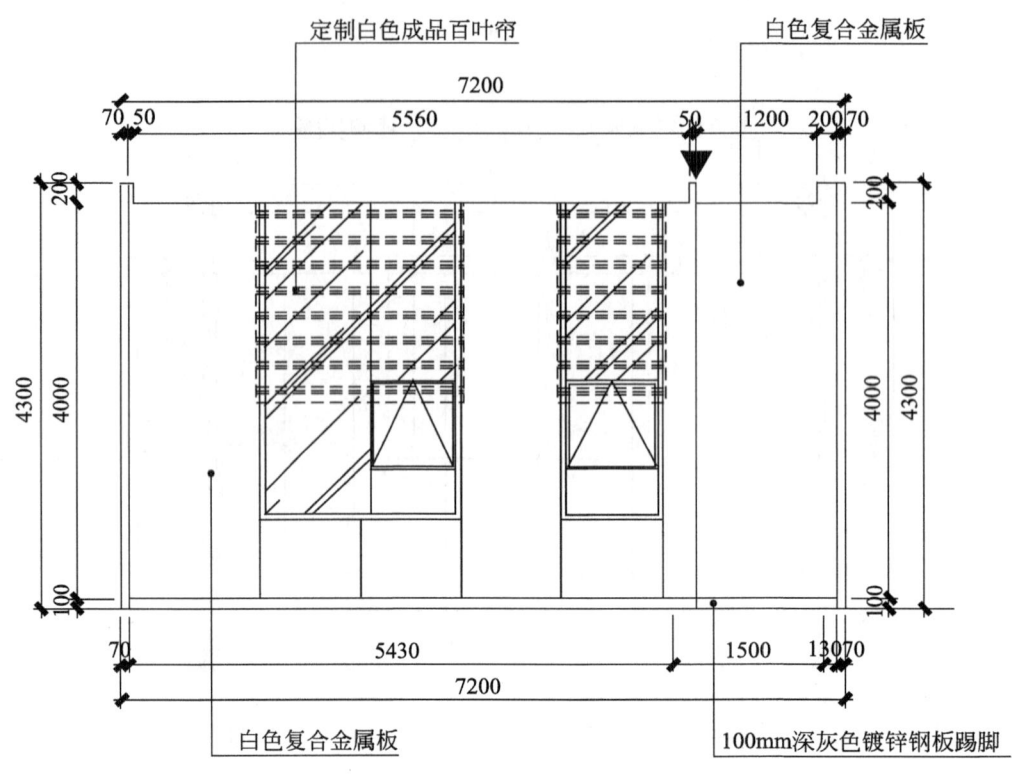

图 4-19　一层会议室 C 立面图

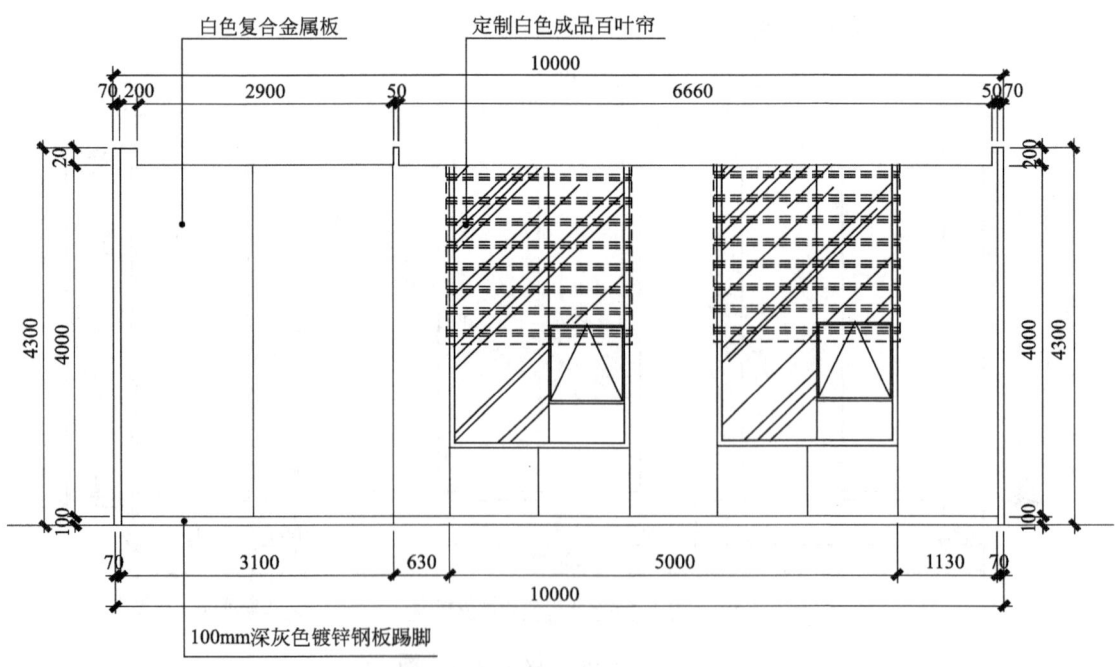

图 4-20　一层会议室 D 立面图

任务七　详图

详图是标示建筑某节点处的细部构造，在其他图纸中会看到详图的索引符号，根据这些索引符号可以在详图页找到与之对应的节点详图（图4-21）。

用一个最简单的柱子详图进行讲解（图4-22）。

从图5-22可以看出，柱子采用的是干挂石材的装修形式。最内一层是柱子的结构层（即基层）；向外是40 mm×20 mm×3mm镀锌方钢竖龙骨，间距按板块与楼板、梁固定；然后是40 mm×20 mm×3 mm镀锌方钢横龙骨@1000mm；再向外是黑线龙骨，间距按板缝；最外层是13mm厚白色复合金属板墙面（0.8mm厚镀锌钢板氟碳烤漆+12mm厚石膏板）。

接着以楼梯踏步为例进行讲解（图4-23）。该详图适用于5号、6号、7号楼梯，对照平面图，可以找到5号、6号、7号楼梯间所在的位置。

从图5-23可以看出，最下面一层是楼梯的基层（即钢筋混凝土板），向上是刷水泥浆一道（内掺建筑胶），再向上是40mm厚C25细石混凝土，表面随打随抹光，强度达标后表面进行打磨或喷砂处理，然后是环氧底油辊刷一遍，最后是6mm厚环氧磨石涂料拌彩石摊铺、刮平，固化后用专用机械打磨平整、抛光。

另外，还需要注意在楼梯踏步的边缘40mm处，留有5mm×5mm的防滑槽。

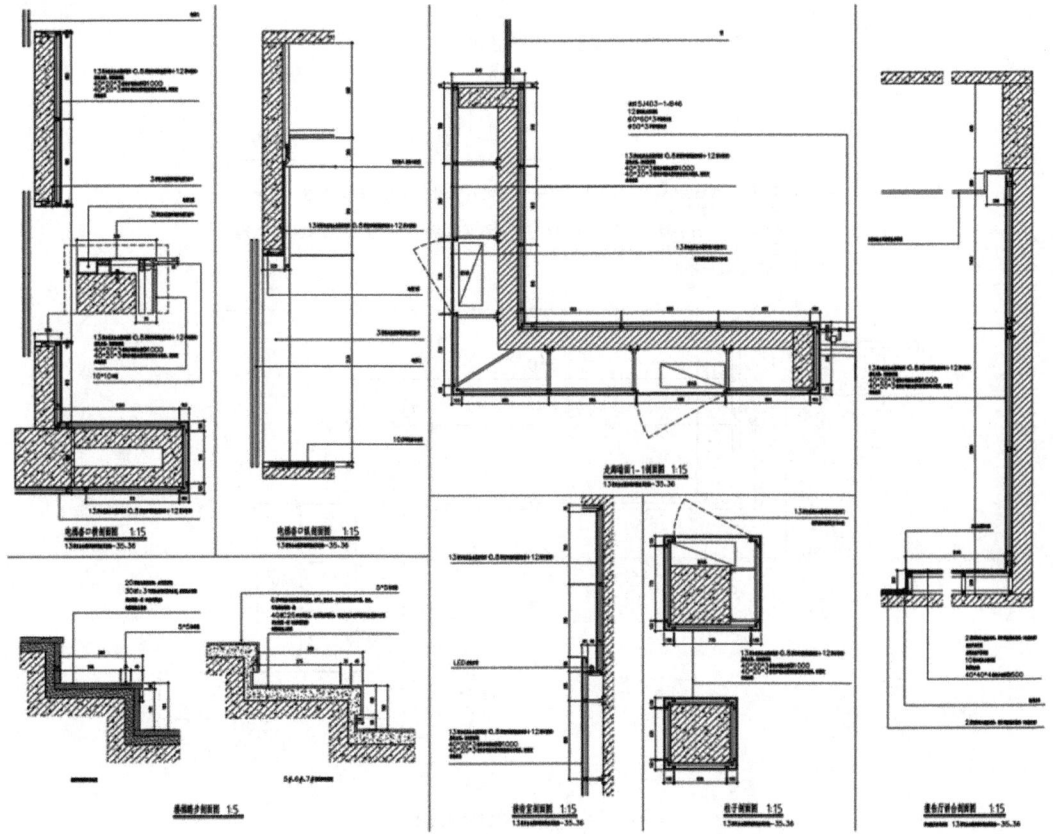

图4-21　节点详图

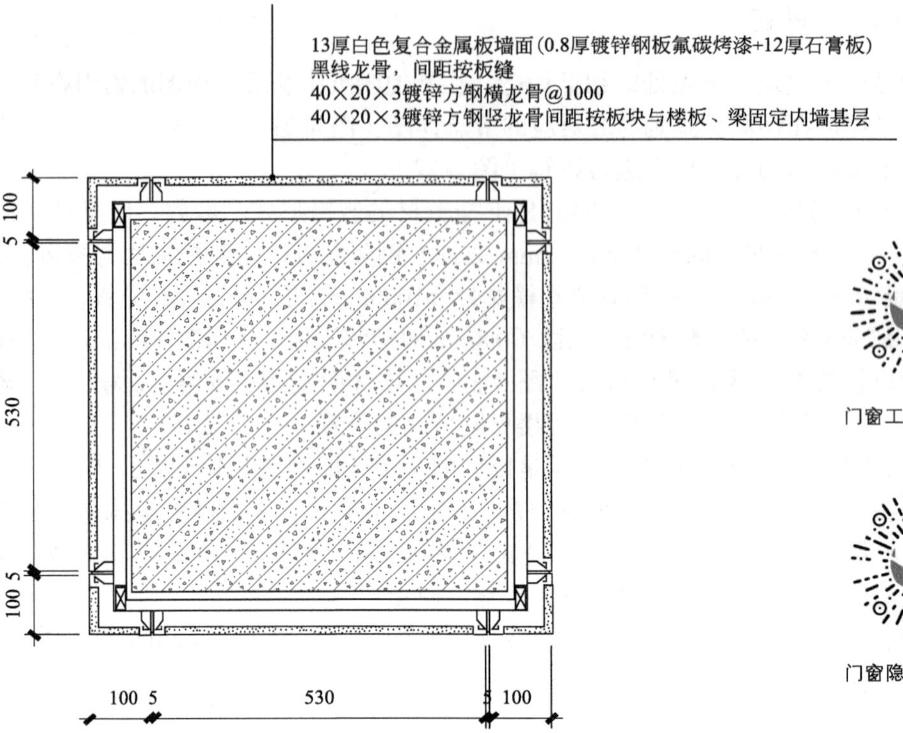

13厚白色复合金属板墙面(0.8厚镀锌钢板氟碳烤漆+12厚石膏板)
黑线龙骨，间距按板缝
40×20×3镀锌方钢横龙骨@1000
40×20×3镀锌方钢竖龙骨间距按板块与楼板、梁固定内墙基层

5 100

530

100 5

100 5   530   5 100

图 4-22　柱子剖面图

门窗工程整体施工
流程

门窗隐蔽安装工程

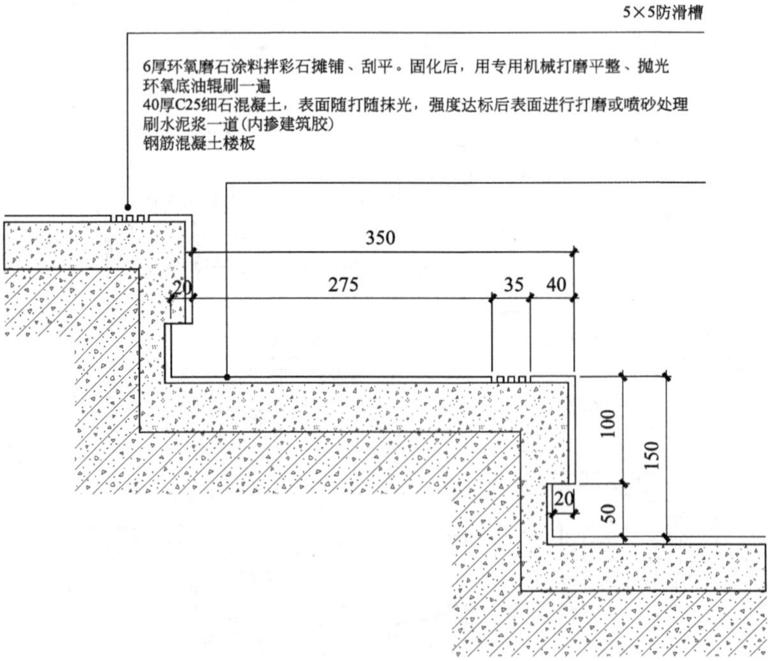

5×5防滑槽

6厚环氧磨石涂料拌彩石摊铺、刮平。固化后，用专用机械打磨平整、抛光
环氧底油辊刷一遍
40厚C25细石混凝土，表面随打随抹光，强度达标后表面进行打磨或喷砂处理
刷水泥浆一道(内掺建筑胶)
钢筋混凝土楼板

350

20   275   35 40

100

150

20

50

5号、6号、7号楼梯参照此图

图 4-23　楼梯详图

项目五　建筑工程施工图审核

单元 1　建筑工程施工图自审

施工图设计文件自审，是参与建设的各个单位在收到施工图纸后，先组织各专业相关人员进行施工设计文件的学习，然后组织这些人员进行图纸综合审查，对施工图进行校核，找出图纸中的问题，对表达遗漏的内容加以补充，对存在的碰头、错误、不合理的或者无法施工的内容提出修改建议，对无法判断的疑难问题也要记录下来，最终形成图纸自审纪要，自审纪要分专业进行编制。

施工单位组织图纸自审的目的为：督促施工技术人员熟悉图纸，弄清设计意图，尽量减少图纸会审时因不熟悉图纸而增添麻烦，减少施工过程中的阻碍。实际工程中常见的问题归纳、列举如下。

1. 建筑施工图自审要点

（1）建筑总平面图

① 平面设计中建筑物坐标、定位尺寸、标高标注是否有误或者缺漏；

② 竖向设计中场地及道路标高是否不利于排水；

③ 必要的详图设计是否缺漏；

④ 消防车道宽度、距离是否满足消防要求。

（2）建筑设计总说明

① 装饰做法表达是否完整，每个房间的楼地面、内墙面、顶棚、踢脚、墙裙等采用的材料做法是否合理并符合功能使用要求；

② 门窗内容表达是否有误，如门窗大小、数量；是否注明材质；特种门窗、防火门等级是否注明；

③ 电梯（自动扶梯）选择及性能说明是否缺漏。

（3）建筑平面图

① 建筑轮廓是否与总图一致；

② 底层平面图中指北针、剖面图剖切位置、散水的表示是否缺漏；

③ 局部定位尺寸、标高是否有误或者缺漏；

④ 局部房间名称、建筑设备、固定家具布置或做法是否缺漏；

⑤ 门窗编号、数量与门窗表是否一致；

⑥ 楼梯上下方向标注是否缺漏；与楼梯详图是否一致；

⑦ 屋顶平面图中上人孔、水箱、检修梯等是否缺漏；

⑧ 主要建筑构造节点做法是否缺漏。

（4）建筑立面图

① 立面图中表达的内容是否与平面图、剖面图和详图一致；

② 关键标高标注是否齐全；

③ 平面图中未能表达清楚的窗，立面图中是否标注编号；

④ 立面图中构造节点索引标注是否有误或者缺漏；

⑤ 外立面装饰做法是否标注齐全。

（5）建筑剖面图

① 轴线编号、尺寸、标高标注是否有误或者缺漏；

② 剖面图应表达的内容是否完整；

③ 墙身节点详图与其他详图的详图符号是否齐全、准确；

④ 剖面图中所示圈梁、过梁、楼板主次梁位置是否与结构施工图一致。

（6）建筑详图

① 详图所示的轴线、编号、标高、尺寸是否与平面图、立面图、剖面图相符；

② 详图索引编号是否正确；

③ 节点详图的造型、尺寸、标高是否与平面图相符；

④ 楼梯布置是否符合建筑设计规范要求，如楼梯平台上部及下部过道处的净高不应小于 2.00m，楼梯段净高不应小于 2.20m 的规定；

⑤ 栏杆设计是否符合建筑设计规范要求，如栏杆高度不应小于 1.05m；有儿童活动的场所，栏杆设计是否采用不易攀登的构造。

2. 结构施工图自审要点

（1）结构设计总说明

① 设计采用的规范、规程等是否缺漏；

② 结构安全等级、设计使用年限、耐火等级、抗震设防类别、抗震设防烈度、抗震等级等参数取值是否缺漏；

③ 混凝土结构环境类别是否准确、清楚；

④ 结构材料选用及强度等级说明是否完整，包括各部分混凝土强度等级、钢筋种类、砌体块材种类及强度等级、砌筑砂浆种类及等级、后浇带和防水混凝土掺加剂要求等；

⑤ 有关构造要求说明或者详图是否缺漏。

（2）基础平面图

① 桩位说明是否完整准确，如桩顶标高、桩长、进入持力层深度等；桩基施工控制要求是否合理；沉管或成孔有无困难；

② 桩位标注是否缺漏；与桩基平面图对照是否有误；

③ 基础图的轴线编号、位置是否与上部结构图、建筑图相符；

④ 基础详图是否完整准确；

⑤ 基础平面位置和高度方向与排水沟、集水井、工艺管沟布置是否碰头；

⑥ 根据基础结构特点、开挖方式和可能遇到的其他不利因素，综合施工单位的施工技术条件、设备条件等评估施工的可能性及难易程度。

（3）柱平法施工图

①柱布置及定位尺寸标注是否有误，特别注意上下层变截面柱的定位；

②柱详图是否缺漏或者有误。

（4）墙平法施工图

①墙布置及定位尺寸标注是否有误，特别注意上下层变截面墙的定位；

②墙身、墙边缘构件、连梁配筋标注是否缺漏或者有误。

（5）梁平法施工图

①对照建筑平面图的墙体布置，查看梁布置是否合理、梁定位尺寸是否缺漏；

②梁平法标注内容是否完整准确；

③对照建筑施工图的门窗、洞口位置及标高，查看梁顶面、梁底标高是否合理，有无冲突；

④查看结构设计是否引起施工困难，比如操作空间不够、施工质量不能保证等；

⑤梁预埋件是否缺漏。

（6）楼（屋）面板结构平面图

①对照建筑平面图，查看板面标高是否有误或者缺漏；

②现浇板配筋标注是否完整准确；

③现浇板预留孔洞、洞口加筋等标注是否有误；

④屋面结构图，特别是坡屋面结构图中造型比较复杂的屋面构架图，看图纸是否全面、准确、清晰地反映其结构做法。

（7）结构详图

①结构详图造型、尺寸等是否与建筑详图相符；

②结构详图配筋等标注是否有误或者缺漏。

3. 给水排水施工图自审要点

①对照目录表，看图纸是否有缺漏；

②对照设计说明的内容，与平面图、系统图或材料表表达的内容是否一致，比如供水方式、排水体制、管材材料、水箱大小等；

③平面图、详图中给水排水管道是否与门窗相碰；

④给水排水管道之间、给水排水管道与其他工种的风管、桥架等是否相碰；

⑤给水排水进出户管是否与地梁相碰；

⑥消火栓位置是否与配电箱相碰，喷头的位置是否与暖通专业的风口相碰；

⑦卫生设备安装详图所参照的标准图集是否标注；

⑧管道在平面图的走向与系统图是否一致，管道管径、标高的标注是否缺漏或有误。

4. 电气施工图自审要点

①对照目录表，看图纸是否有缺漏；

②对照设计说明的内容，与平面图、系统图或材料表表达的内容是否一致，比如供电方式、管线敷设方式、所选用的灯具、规格、型号、材料等；

③平面图看配电箱位置是否合理，暗装是否方便且不破坏结构，有无与给水排水专业以及消火栓相碰。灯具安装高度是否便于检修维护，位置否合理，有无和梁相碰或设置

207

于梁边的情况。线路的走向是否与其他专业相碰，有无迂回供电，力求做到线路距离最短、便于施工、美观合理。同时要结合其他专业看电气设备位置是否冲突，预留孔洞是否有碰撞；

④ 看防雷平面图首先复核防雷等级，再就是注意避雷带、避雷网的布置情况是否符合各防雷等级的要求，看敷设方法、引下线的位置及做法是否合理恰当；

⑤ 基础接地平面图看接地形式、接地电阻的大小选择是否合理，看接地测试点的位置、标高及做法等是否已标注。接地总等电位、电梯、设备接地引上线是否缺漏。

单元 2　图纸会审

图纸会审是指工程各参与建设单位（建设单位、监理单位、施工单位等相关单位）在收到施工图审查机构审查合格的施工图设计文件（包括施工图和审查时变更的联系单）后，由监理单位负责组织施工单位、设计单位、建设单位、材料设备供货商等相关单位，在施工前进行的全面熟悉和会同审查施工图纸的活动。图纸会审由施工单位整理会议纪要，与会各方会签。

图纸会审的目的，一是使施工单位和各参建单位熟悉设计图纸，了解工程特点和设计意图，找出需要解决的技术难题并制定解决方案；二是解决图纸中存在的问题，减少图纸的差错，将图纸中的质量隐患消灭在萌芽之中。

1. 图纸会审的内容

① 本专业图纸表达内容有无缺漏或错误，不同图纸之间有无碰头；

② 各专业之间有无矛盾，如建筑物基础与地沟、工艺设备基础等是否相碰，工艺管道、电气线路、设备装置与建筑物之间或相互间有无矛盾，布置是否合理；

③ 图纸与设计说明是否符合规范和地方标准；

④ 图纸中要求的施工条件能否满足，材料来源有无保证，新材料、新技术的应用在施工过程中是否存在问题；

⑤ 建筑与结构构造是否存在难以施工、不方便施工，或容易导致质量、安全、工程费用增加等方面的问题。

2. 图纸会审的程序

图纸会审应在施工前进行，基本程序为：

① 建设单位或监理单位代表主持会议；

② 设计单位进行图纸交底；

③ 施工单位、监理单位代表提问题；

④ 逐条研究，统一意见后形成图纸会审记录；

⑤ 各方签字、盖章后生效。

单元 3 图纸会审记录案例

［学习任务］根据某高校教学楼图纸会审记录样例（图 5-1~ 图 5-3），按照图纸会审要求和程序，分角色进行图纸会审模拟，最后形成会审纪要。

图纸会审记录

工程名称		某办公楼		
建设单位	沈阳 ×× 学院		设计单位	辽宁省 ×× 设计研究院
施工单位	×× 集团有限公司		监理单位	沈阳市 ×× 建设工程监理股份有限公司
图纸名称及图号	主 要 内 容		结 论 意 见	
建施—05	顶棚 7 岩棉板（钢丝网固定）1：2.5 混合砂浆 20 厚改为粘贴岩棉板（锚栓固定），聚合物抗裂砂浆 5~7 厚（压入两层耐碱纤维网格布）		同意	
建施—05	消防水池侧壁 100 厚粉煤灰墙改为 100 厚挤塑聚乙烯板板兼作保护层		同意	
建施—05	坡道 2 防水做法同地面 1		同意	
建施—23	电梯顶板标高是 25.4m 还是 24.4m		24.4 m	
建施—05	桩头是否有防水措施及做法？		有防水措施，1.5mm 厚聚氨酯防水涂料	
建施—07	西门北门台阶为内缩式，地下室顶板标高为 -0.1m，台阶位置需要调整？		台阶调整到紧邻地下室外墙外，内缩地面需设置防水层，材料同地下室外墙	
建施—06	汽车坡道底部截水沟节点做法？		参见建施 29	
建施—04	内墙 1 混合砂浆配比需明确		采用 1：3 混合砂浆	
建施—05	内墙 3 混合砂浆配比需明确		采用 1：3 混合砂浆	
建施—28	报告厅和地下室台阶具体做法需明确		台阶采用混凝土空心砌块灌孔	
建施—07	3—6/F—E 下沉板范围与结施—10 不符		按结施 -10	

建设单位签章	设计单位签章
项目负责人： 年 月 日	项目负责人： 年 月 日
施工单位签章	监理单位签章
技术负责人： 年 月 日	总监理工程师： 年 月 日

图 5-1 图纸会审记录（结构施工图）

图纸会审记录

工程名称	某办公楼		
建设单位	沈阳××学院	设计单位	辽宁省××设计研究院
施工单位	××集团有限公司	监理单位	沈阳市××建设工程监理股份有限公司
图纸名称及图号	主 要 内 容		结 论 意 见
结施	建施平面图防火卷帘门两侧构造柱结构做法需明确		200×400截面，纵筋6根ϕ14，箍筋ϕ8@300
结施—02	预制管桩顶标高为−5.55m即进入筏板内50mm，预制管桩型号为PHC400 AB 95-9.0		确定
结施—03	坡道梁配筋图La(1)顶部钢筋为3ϕ18还是4ϕ18		4ϕ18
结施—09	7—8/A轴悬挑梁标高为−0.1m影响坡道施工		标高改为−0.55m
结施—09	11/B轴挑梁与建施—07墙体位置不符		设挑檐，做法同挡土墙外侧挑耳做法
结施—09	11/D—F轴$l_a(1)$顶部钢筋为2ϕ18，架立筋需明确		顶部为4ϕ18
结施—11	3—5/A—B轴2—2剖下挂梁延伸到5轴		同意
结施—01	基础底板及楼层配筋放大图中，阳角附加筋规格需要明确		基础附加筋同筏板，楼层为ϕ12
结施—01	筏板钢筋封边水平筋做法图集未明确		ϕ14@150
结施—01	钢筋牌号是HRB400还是HRB400（E）		HRB400（E）
结施—03	汽车坡道墙DT2顶标高随坡道顶板变化		同意
结施—04	2—2,3—3,4—4,5—5剖面墙顶标由−0.4m改为−0.1m		同意
结施—04	10/E轴的框架柱为KZ4		确定
结施—04	11/E—F轴墙编号为DWQ1		确定

建设单位签章		设计单位签章	
项目负责人：	年 月 日	项目负责人：	年 月 日
施工单位签章		监理单位签章	
技术负责人：	年 月 日	总监理工程师：	年 月 日

图 5-2 图纸会审记录（建筑施工图）

图纸会审记录

工程名称	某办公楼		
建设单位	沈阳××学院	设计单位	辽宁省××设计研究院
施工单位	××集团有限公司	监理单位	沈阳市××建设工程监理股份有限公司
图纸名称及图号	主　要　内　容	结　论　意　见	
电施—21	回路线面板和探测器安装高度须明确	回路板高度为1.3m，探测器为吸顶安装	
电施—32	应急照明回路是三线制还是四线制	四线制	
电施—38	电施—38和电施—21中的1AL1-2位置不一致	按电施—21	
电施—13	充电桩电源线桥架CT150×75是否可以延伸到末端	同意	
电施—27	音响室照明控制箱的系统图与平面图不符	在AL1-BGT箱中加一回路 翘板开关控制	
电施—16	7轴卷帘门控制箱位于门框处，位置需调整	三、四层安装在D/7轴处	
电施—14	2AL1-1和2AL1-2箱线路长、预埋管径大，是否可以改为桥架敷设	可以	
电施—14	一层桥架规格需明确	主干桥架为400×100	
电施—18	2AC5-FJ箱电源从2号井引来，在5层9—10轴处的桥架是否可以连通	可以	
电施—14	电井放大图中，梯架规格需明确	照明：400×100 消防：300×100	
电消防—03	消防进户控制线位置需明确	7轴消防控制室室外地面下800，地下室内为200×100防火线槽	
讯施—04	弱电管进户位置需明确	弱电室室外地面下800	
电施—12	热风幕控制箱线路过长，能否从就近桥架引出	可由临近非消防用电桥架引出	

建设单位签章	设计单位签章
项目负责人：　　　　年　月　日	项目负责人：　　　　年　月　日
施工单位签章	监理单位签章
技术负责人：　　　　年　月　日	总监理工程师：　　　　年　月　日

图 5-3　图纸会审记录（电气工程施工图）

211

项目六 BIM 技术在建筑识图中的应用

BIM（Building Information Modeling）技术是一种应用于工程设计建造管理的数据化工具，通过参数模型整合项目的各种相关信息，并让这些相关信息在项目策划、运行和维护的全生命周期过程中进行共享和传递，使工程技术人员对各种建筑信息做出正确理解和高效应对，为设计团队以及包括建筑运营单位在内的各方建设主体提供协同工作的基础，在提高生产效率、节约成本和缩短工期方面发挥着重要作用。

BIM 是以建筑工程项目的各项相关信息数据作为模型的基础，进行建筑模型的建立，但它并不是简单地将数字信息进行集成，而是对数字信息的深度应用，并可以用于设计、建造、管理的数字化方法，支持建筑工程的集成管理环境，可以使建筑工程在其整个进程中显著提高效率、大量减少风险。目前的 BIM 应用中还是以三维浏览、专业间的协同工作和碰撞检查居多。BIM 贯穿于建筑工程整个生命周期，通过项目设计、建造、运营过程的沟通和协同，提高整个进程的效率，优化资源，从而实现较大的经济价值和社会效益。

1. BIM 技术的主要特点

在建筑设计技术研究中，BIM 技术的发展与应用成了建筑设计中经常采用的技术模式。这一技术在实际应用中具有以下特点。

（1）可视化：BIM 技术作为一项模型技术，虽然是采用信息化技术在计算机界面完成，但是依然拥有良好的可视性特点。特别是这一技术采用了三维立体成像技术，保证了立体化的可视效果，以及对视图中各个部分的细化观察效果。

（2）协调性：在建筑设计过程中，协调性是设计过程中的重要考虑因素。只有确保建筑设计整体协调性，才能真正保证建筑设计的质量。BIM 技术的应用可以对设计过程中的各种元素，如管道、电力系统等进行综合性考察，对于其中不协调的因素及时调整。

（3）模拟性：BIM 技术采用了信息化模拟技术，使得在设计过程中可以利用电子模拟技术，对设计结果进行现实模拟展示，对建筑的设计理念进行展示，保证了设计理念在实际工作中得到实现。

（4）可出图性：BIM 技术因其采用的是计算机图像技术内容，使得在设计完成后，可以将设计好的三维图像进行处理，得出管线综合图、预留线路图等综合类立体图纸，为建筑施工程具体工作的开展提供参考。

2. BIM 技术在建筑识图中的主要应用

在实际的建筑识图过程中，结合 BIM 技术的特点，利用 BIM 模型对照施工图纸进行识读，可以有效地提高识图质量，减少以往在识图过程中容易出现的错误，有了三维模型后还可以加快识读复杂图纸的速度（图 6-1）。

图 6-1　BIM 三维模型图

（1）提高识图者对建筑结构的全面认识

在建筑施工图的识图过程中，一个很重要的问题就是识图者如何将建筑结构图纸与实际的建筑结构结合起来，对建筑结构形成立体化的印象。在实际调查中发现，BIM 技术的应用对于识图者对建筑建立全面的意识，特别是立体化意识的产生有着重要作用，首先使识图者形成整体的结构认识，BIM 技术是一项三维立体化技术，这就保证了识图者在识图过程可以利用三维视图对建筑结构的构成特点形成立体化的认识。特别是对于一些结构图纸或普通模型难以体现的内容（如建筑内部布局、细节内容等），BIM 技术都可以很好地体现出来。其次可以实现多角度观察，因为 BIM 技术采用的是新型模拟技术，可以利用计算机软件实现多角度的移动、缩放等功能，使得识图者可以对建筑结构实现多角度的整体观察，实现其对建筑整体结构的认识。最后提高了识图者对结构细节的认识。在建筑结构设计与施工过程中，细节化处理对于建筑工作的质量有着重要作用。在 BIM 技术的支持下，识图者可以很好地观察建筑结构中的细节内容，对其形成直接的感官认识，提高建筑结构理解的质量。

（2）便于识图者将建筑、结构、设备图纸综合识读

在传统的识图工作中，虽然也会将建筑、结构、设备图纸进行对照识读，但对于一些复杂的建筑形式，各类图纸之间经常会出现冲突，BIM 技术在实际应用中可以很好地解决这一问题。通过对建筑信息模型的实践观察，可以起到与建筑实地考察类似的实践作用。同时 BIM 技术在实际应用中还具有以下优势：一是可以实现重复应用。在识图过程中，BIM 与实地观察性相比，虚拟模型观察不用考虑安全以及对工程进度的影响使得识图可以进行重复观察，而不用考虑其他问题，让识图者可以清楚地观察建筑、结构、设备图纸的相对关系，更加清晰地完成实践观察过程。二是可以对隐藏结构进行实践观察。在工地的实践过程中，对于管道内部、电力系统构成等隐藏性结构难以开展观察，但是 BIM 技术的虚拟性与可出图性特点，使得识图者可以对隐藏性结构进行分解观察，保证实践观察课程目标的实现。

（3）能够对图纸进行有效地纠错

在建筑施工图的绘制过程中，难免会出现一些疏漏。在传统的识图过程中，很多识图者对于图纸中出现的错误难以全面察觉，即使是修改完成也对其错误原因难以形成正确的认识，BIM 技术的应用对于这类问题的解决具有极大的实际作用。在实际工作过程中，对于图纸中出现的错误问题，利用模拟技术进行排查，利用立体化形式使识图者对于工程项目进行全面地了解，使识图者对于图纸中的错误有了较为详细与直观地理解。可以利用 BIM 的协调性特点，对模型中出现的错误问题进行现场修改与展现，使得识图者提高其对图纸错误的认识与应对水平。

总之，为了确实提高建筑从业者在识图过程中的工作质量，保证这一技术水平的提升，鼓励识图者在识图中应用 BIM 技术，利用建筑信息模型开展识图工作。BIM 技术的应用，对于识图者在建筑结构理解与识图工作中出现问题的解决、实践工作的开展起着重要的促进作用。